量化金融R语言
高级教程

［匈牙利］Edina Berlinger 等　著

高蓉　译

人民邮电出版社

北　京

图书在版编目（CIP）数据

量化金融R语言高级教程 / （匈）艾迪娜·伯林格
(Edina Berlinger) 等著；高蓉译. -- 北京：人民邮
电出版社，2017.5（2019.2重印）
ISBN 978-7-115-44982-5

Ⅰ. ①量… Ⅱ. ①艾… ②高… Ⅲ. ①程序语言－程
序设计－教材 Ⅳ. ①TP312

中国版本图书馆CIP数据核字(2017)第054188号

版权声明

◆ 著　　　[匈牙利] Edina Berlinger 等
　　译　　　高　蓉
　　责任编辑　胡俊英
　　责任印制　焦志炜

◆ 人民邮电出版社出版发行　　北京市丰台区成寿寺路 11 号
　　邮编　100164　　电子邮件　315@ptpress.com.cn
　　网址　http://www.ptpress.com.cn
　　北京虎彩文化传播有限公司印刷

◆ 开本：800×1000　1/16
　　印张：18.25
　　字数：350 千字　　　　　　　2017 年 5 月第 1 版
　　印数：3101 - 3 400 册　　　　2019 年 2 月北京第 4 次印刷
　　著作权合同登记号　图字：01-2016-3960 号

定价：79.00 元
读者服务热线：(010)81055410　印装质量热线：(010)81055316
反盗版热线：(010)81055315
广告经营许可证：京东工商广登字 20170147 号

内容提要

R 语言是用于统计分析、绘图的语言和操作环境，是属于 GNU 系统的一个自由、免费、源代码开放的软件。它是一个用于统计计算和统计制图的优秀工具。

本书通过 13 章的内容向读者详细介绍了使用 R 语言实现量化金融的方方面面。本书包括实证金融（第 1～4 章）、金融工程（第 5～7 章）、交易策略优化（第 8～10 章）和银行管理（第 10～13 章）等主题。

本书的目标读者是那些既熟悉基本金融概念又具有一定编程能力的人。通过阅读本书，读者可以了解 R 语言与量化金融相关的各类知识和编程技巧。

译者序

自 20 世纪 50 年代马可维茨开创投资组合理论以来，金融学开始与数学模型和数据分析紧密融合，逐渐形成了高度数理化的现代金融学。时至今日，无论是对传统的金融学理论，还是对如日中天的量化投资，又或是对方兴未艾的金融科技（Fintech），数学模型与数据科学源源不断地为这些金融理论和实践提供着发展工具，一起构建了复杂深奥、丰富多彩的量化金融世界。由于数学模型与数据分析本身的复杂性，量化金融技术一直被公众视为数学家或华尔街的"火箭科学家"的秘密武器。

近年来，开源软件得到了迅速推广，促进了各行各业对数据科学的学习与应用。R 就是这样一种开源数据分析工具。它灵活易用，数据分析能力强大，从技术上降低了量化金融技术的学习和应用难度，目前在世界范围内被广泛地采用，在中国也拥有大量用户。但是，可以结合量化金融与数据科学的图书，在市场上依然很少，而本套书正是基于这种需求而作的关于量化金融的学习教程。本套书选择 R 语言作为工具，通过 R 语言学习量化金融，帮助读者快速掌握知识并加以实践应用，为各种金融问题提供实践解决方案，同时还可使用第三方贡献的免费 R 包。

本套书内容广泛、取舍精当，涵盖了实证金融、金融工程、交易策略与银行管理等内容，可以帮助读者全面学习金融理论与技术。本套书既包含金融时间序列分析、资产定价和期权定价等理论知识，也包括投资组合管理、信用风险管理等实践知识，还涉及金融学的前沿领域以及 2008 年金融危机后发展起来的金融网络分析理论。本套书包括两本，分别是《量化金融 R 语言初级教程》和《量化金融 R 语言高级教程》。学习《量化金融 R 语言初级教程》不需要读者精通 R 和金融理论，但需要对金融领域具有一定了解。学习《量化金融 R 语言高级教程》要求读者具备一定的 R 编程能力和金融学基本概念，建议读者在学习"初级教程"的基础上再学习"高级教程"。

　　作为一名金融学教师，我认为本套书是通向量化金融世界的一把"金钥匙"，可以有效地促进金融知识和计算技术的传播。我很荣幸能够承担本书的翻译工作。在此特别感谢胡俊英编辑，胡编辑认真专业的审核工作，有力保证了本书翻译的如期完成，我亦受益匪浅。同时特别感谢天津理工大学的李茂老师，书中多处的专业词汇敲定，都来自与李茂老师的讨论结果。当然，文责自负。同时，感谢杭州电子科技大学 2016 年高等教育研究资助项目 YB201631"投资学教学与 R 软件应用"的支持。

——高蓉，2017 年 3 月

译者简介

　　高蓉，任教于杭州电子科技大学经济学院。博士毕业于南开大学经济学院，本科毕业于南开大学数学科学学院。研究领域包括资产定价、实证金融、数据科学应用。已出版教材《实验投资学》，译著《数据科学入门》，发表学术论文数篇。

作者简介

Edina Berlinger 拥有布达佩斯考文纽斯大学的博士学位。她是一位助理教授，讲授公司财务、金融学和金融风险管理。她还是大学金融系的领导，也是匈牙利科学院金融分会的主席。她的专业领域涉及信贷系统、风险管理以及最近的网络分析。她已经领导过几个研究项目：学生贷款设计、流动性管理、异质代理模型和系统风险。

"本工作由匈牙利科学院的动量项目（LP-004/2010）支持。"

Ferenc Illés 拥有罗兰大学的数学硕士学位。毕业之后的一些年中，他开始研究精算和金融数学，而且他即将开始在布达佩斯考文纽斯大学的博士学习。最近几年，他在银行业工作。目前他正在开发使用 R 的统计模型。他的兴趣与大型网络以及计算复杂性有关。

Milán Badics 拥有布达佩斯考文纽斯大学的硕士学位。现在，他是一名博士生，并且是 PADS 博士奖学金项目的成员。他讲授金融计量学，而且他的研究主题是使用数据挖掘方法的时间序列预测、金融信号处理以及利率模型的数值敏感分析。2014 年 5 月，他在由匈牙利证券交易所组织的 X. Kochmeister 奖项的竞赛中获胜。

Ádám Banai 从布达佩斯考文纽斯大学得到投资分析和风险管理的硕士学位。他加入了匈牙利国家银行（Magyar Nemzeti Bank，MNB，匈牙利的中央银行）的金融稳定性部门。从 2013 年起，他成为金融系统分析理事会（MNB）应用研究和压力测试部门的领导。自 2011 年起，他也是布达佩斯考文纽斯大学的博士生。他的主要研究领域是偿付能力压力测试、资金流动性风险和系统风险。

Gergely Daróczi 是一位狂热的 R 包开发者，并且是一家位于 Rapporter 的 R 网络应用公司的创始人和 CTO。他同时也在攻读社会学博士学位，并且目前作为 R 开发者领导在洛杉矶的 CARD.com 工作。如果算上讲授统计学和从事数据分析项目的几年时间，他大约已经有 10 年的 R 编程环境的工作经验。Gergely 是《量化金融 R 语言初级教程》(*Introduction to R for Quantitative Finance*) 的合著者，目前除了一些关于社会科学的杂志文章和报告，他同时还忙于另一本 Packt 出版社的图书《精通 R 语言数据分析》(*Mastering Data Analysis with R*)。他对那本书的贡献是审阅并负责 R 源代码的格式。

Barbara Dömötör 是布达佩斯考文纽斯大学金融系的一名助理教授。在 2008 年开始博士学习之前，她曾为多家跨国银行工作。她的博士论文与公司的套期保值有关。她撰写了关于公司财务、金融风险管理和投资分析的讲义。她的主要研究领域是公司财务、金融风险管理和公司的套期保值。

Gergely Gabler 自 2014 年起是匈牙利国家银行（MNB）金融监管单位的商业模型分析部门领导。在这之前，自 2008 年起，他曾经是匈牙利 Erste 银行宏观经济研究部门的领导人。他在 2009 年毕业于布达佩斯考文纽斯大学，并获得金融数学的硕士学位。自 2010 年起，他在布达佩斯考文纽斯大学任客座讲师，同时也在 MCC 学院做高等研究的讲座。他预计会在 2015 年结束 CFA 考试，并成为一名持证人。

Dániel Havran 是一名匈牙利科学院经济和区域研究中心经济研究所的博士后研究人员。他同时作为布达佩斯考文纽斯大学兼职助理教授，在那里他讲授公司财务（本科、博士）以及信用风险管理（硕士）。在 2011 年，他获得了布达佩斯考文纽斯大学的经济学博士学位。

"我非常感谢匈牙利科学院博士后奖学金计划的支持。"

Péter Juhász 拥有布达佩斯考文纽斯大学的工商管理博士学位，同时也持有 CFA 证书。作为一名助理教授，他讲授公司财务、商业估值、Excel 的 VBA 编程以及沟通技巧。他的研究领域涉及无形资产的估值、商业表现分析和建模以及政府采购和体育管理。他曾写过一些文章和书的某些章节，主要关于匈牙利公司的财务表现。同时，他也定期为中小企业服务，而且在安永商业学院的 EMEA（欧洲、中东和非洲）区域任高级培训师。

István Margitai 是 CEE（中东欧）区域一家主要银行集团的资产负债管理团队的分析师。他主要处理方法论问题、产品建模以及内部转移定价等主题。在 2009 年，他开启了在匈牙利的资产负债管理的职业生涯，并收获了战略流动性管理和流动性计划的经验。他在布达佩斯考文纽斯大学主修投资和风险管理。他的研究兴趣是银行业的微观经济学、市场微观结构以及订单驱动市场的流动性。

Balázs Márkus 从事金融衍生品工作已经超过 10 年。他曾经交易过多种类型的衍生品，从碳互换到国债期货的期权。他是布达佩斯 Raiffesien 银行外汇衍生品部门的领导。他是 Pallas Athéné Domus 环境科学基金会顾问委员会的一员、匈牙利国家银行的兼职分析师以及一家小型的证券自营和顾问公司 Nitokris 有限公司的常务董事。目前，他正在布达佩斯考尔纽斯大学攻读动态对冲作用的博士学位，同时他还是那里的一名教学助理。

Péter Medvegyev 拥有布达佩斯 Marx Károly 大学的经济学硕士学位。在 1977 年毕业之后，他开始了匈牙利管理发展中心的顾问工作。他在 1985 年获得了经济学博士学位。自 1993 年开始，他为布达佩斯考文纽斯大学数学系工作。他在考文纽斯大学的教学经历涵盖随机过程、数理金融以及其他多门数学专业课。

Julia Molnár 是布达佩斯考文纽斯大学的一名博士学位候选人。她的主要研究兴趣包括金融网络、系统风险以及零售银行业的金融技术创新。自 2011 年起，她为 McKinsey & Company 工作，在那里她参与了银行业领域的多项数字和创新研究。

Balázs Árpád Szűcs 是布达佩斯考文纽斯大学的金融学博士生，并同时在该大学的金融系任研究助理。他拥有投资分析和风险管理的硕士学位。他的研究兴趣包括最优执行、市场微观结构和日内交易量预测。

Ágnes Tuza 拥有布达佩斯考文纽斯大学的应用经济学学位，而且是巴黎高等商学院（HEC Paris）的转学生。她的工作经验包括为摩根斯坦利从事结构化产品估值，同时承担波士顿咨询集团的管理顾问一职。她是一名活跃的外汇交易者，并且为 Gazdaság 电视台拍摄了一个月的投资思想的直播，在节目里她经常用到技术分析，这一主题自她 15 岁起就开始感兴趣。她曾经是维尔纽斯大学多门金融相关科目的助教。

Tamás Vadász 拥有布达佩斯考文纽斯大学的经济学硕士学位。毕业之后，他从事金融服务业的顾问工作。目前，他正在进行金融学博士学位的学习，他的主要研究兴趣包括金融经济学和银行业的风险管理。他在考文纽斯大学教的课程包括金融计量学、投资学和公司财务。

Kata Váradi 自 2013 年起是布达佩斯考文纽斯大学金融系的助理教授。作为金融学学生，Kata 毕业于 2009 年，并在 2012 年其毕业论文关于匈牙利股票市场的市场流动性风险分析通过答辩，获得了布达佩斯考文纽斯大学的博士学位。她的研究领域是市场流动性、固定收益证券以及医疗保健系统的网络。除了做研究，她也积极从事教学。她主要讲授公司财务、投资学、估值以及跨国金融管理。

Ágnes Vidovics-Dancs 是一位博士学位候选人，并且是布达佩斯考文纽斯大学的助理教授。此前她的工作是匈牙利政府债务管理局的初级风险管理师。她的主要研究领域是政府债务管理（一般）以及主权危机和违约（特别的）。她持有 CEFA 和 CIIA 证书。

审稿人简介

Matthew Gilbert 是一名量化分析师，在加拿大多伦多的加拿大养老基金投资公司（CPPIB）的全球宏观组工作。他拥有多伦多大学的量化金融硕士学位，以及皇后大学的应用数学和机械工程本科学位。

Hari Shanker Gupta 博士是一位算法交易系统开发领域的高级量化研究分析师。在此之前，他是位于印度班加罗尔的印度科学研究院（Indian Institute of Science，IISc）的博士后。他在 IISc 获得了应用数学和科学计算的博士学位。他在印度瓦拉纳西的巴纳拉斯印度大学（Banaras Hindu University，BHU）完成了硕士学位。在瓦拉纳西，他因为杰出的表现，获得过 4 次金奖。

Hari 已经在数学和科学计算的著名期刊上发表过 5 篇研究论文。他拥有在数学、统计和计算领域的工作经验。经验主题包括数值方法、偏微分方程、数理金融、随机分析、数据分析、时间序列分析、有限差分以及有限元方法。他擅长数学软件 Matlab、统计编程语言 R、Python 和编程语言 C。

他曾经为 Packt 出版的《量化金融 R 语言初级教程》（*Introduction to R for Quantitative Finance*）和《Python 数据分析学习指南》（*Learning Python Data Analysis*）两本书审稿。

Ratan Mahanta 拥有计算金融的硕士学位。目前他就职于 GPSK 投资集团，是一名高级量化分析师。对于卖方和风险顾问公司的量化交易和开发等方面，他拥有 3 年半的相关工作经验。他在 Github 开源平台为量化交易领域编写算法代码。他是自我激励、求知欲旺盛并且努力工作的人，热爱解决市场、技术、研究和设计交叉领域的困难问题。目前，他正在开发高频交易策略和量化交易策略。

量化交易：外汇、股权、期货与期权以及关于衍生品的工程。

算法：偏微分方程、随机微分方程、有限差分方法、蒙特卡洛以及机器学习。

代码：R 编程、RStudio 的 Shiny、C++、Matlab、HPC 以及科学计算。

数据分析：大数据分析（EOD 到 TBT）、Bloomberg、Quandl 以及 Quantopian。

策略：波动率套利、香草和奇异期权建模、趋势跟踪、均值回复、协整、蒙特卡洛模拟、在线价值、压力测试、高夏普比的买方策略、信用风险建模以及信用评分。

他也审阅过 Packt 出版社的《精通 R 语言科学计算》（*Mastering Scientific Computing with R*），目前，他正在审阅的图书是 Packt 出版社的《R 语言机器学习手册》（*Maching Learning with R Cookbook*）。

前言

本书是我们的前一本书《量化金融 R 语言初级教程》（*Introduction to R for Quantitative Finance*）的续作。本书是为那些希望学习 R 语言来建立更高级量化金融模型的读者而写的。本书包括实证金融（第 1～4 章）、金融工程（第 5～7 章）、交易策略优化（第 8～10 章）和银行管理（第 10～13 章）等主题。

本书内容

第 1 章，"时间序列分析"讨论了一些重要的概念，比如，协整（结构化）、向量自回归模型、脉冲-响应函数、基于非对称 GARCH 模型的波动率建模以及信息影响曲线。

第 2 章，"因素模型"讲述了如何建立多因子模型并实施。借助主成分分析方法，可以识别出 5 个独立因子解释资产回报率。为了给出例证，我们基于真实市场数据重新建立了 Fama-French 模型。

第 3 章，"成交量预测"讲述了日内成交量预测模型，及其基于 DJIA 指数数据的 R 语言实现。模型没有使用成交率，而是使用了换手率，并从动态成分中分解出季节成分，进而分别预测了这两个成分。

第 4 章，"大数据—高级分析"使用 R 访问开源数据，并在大数据上执行多种分析。为了给出例证，我们将 K-均值聚类和线性回归运用到了大数据上。

第 5 章，"FX 衍生品"推广了用于衍生品定价的 Black-Scholes 模型。Margrabe 公式是对 Black-Scholes 模型的一种扩展，可以用来编程实现对股票期权、货币期权、外汇期权和

quanto 期权的定价。

第 6 章,"利率衍生品和模型"给出了利率模型和利率衍生品的概览。使用 Black 模型对上限和上限单元定价,并给出了利率模型,如 Vasicek 模型和 CIR 模型。

第 7 章,"奇异期权"介绍了奇异期权,解释了它们与普通香草期权的关系,并对任意衍生品定价函数估计了它们对应的希腊字母表示,并且更详细地考察了一种特殊的奇异期权——无触发二元期权。

第 8 章,"最优对冲"分析了衍生品对冲过程中的一些应用问题,这些问题由组合在离散时间上重新安排和交易成本引起。为了找到最优对冲策略,使用了不同的数值算法。

第 9 章,"基本面分析"研究了如何基于基本面建立交易策略。为了选出收益最佳的股票,一方面,根据公司过去的表现创建它们的聚类;另一方面,借助决策树区分出表现卓越的股票。基于这些结果,定义股票选择的规则并实施了回测。

第 10 章,"技术分析、神经网络和对数优化组合"给出了技术分析和一些相应策略的概述,如神经网络和对数优化组合;并以动态的设定研究了预测单资产(比特币)价格、优化交易择时以及(NYSE 股票)组合配置的问题。

第 11 章,"资产和负债管理"讲述了如何使用 R 语言支持银行的资产和负债管理。关注点在于数据生成、利率风险的度量和报告、流动性的风险管理以及无到期存款行为的建模。

第 12 章,"资本充足率"总结了巴塞尔协议的原则,而且借助历史的、delta-正态的、蒙特卡洛模拟的方法计算了在险价值(VaR),用以确定银行的资本充足性。同时也对信用和操作风险的特定问题有所涉猎。

第 13 章,"系统风险"讲述了两种方法,这些方法基于网络理论,并有助于识别系统性重要的金融机构,分别是核心-边缘模型和传染模型。

Gergely Daróczi 审核了本书大多数章节的程序代码,感谢其为本书做出的贡献。

阅读本书之前的准备工作

首先,你需要在自己的计算机上安装 R 控制台。本书提供的所有代码示例需要在 R 控制台上运行。你可以免费下载软件,并找到适用于所有主要操作系统的安装指导。尽管我们没有包括高级主题,比如,如何在整合发展环境中使用 R 语言,但是对于 Emacs、Eclipse、vi 或者 Notepad++以及其他的编辑器有许多极好的插件,并且我们高度推荐你试一试 RStudio,这是一款致力于 R 语言的免费开源 IDE。

除了安装 R 的操作平台，我们还会使用一些用户贡献的 R 包，可以轻易从 CRAN（Comprehensive R Archive Network）进行安装。为了安装 R 包，可以在 R 控制台使用 `install.packages` 命令，显示如下：

```
> install.packages('Quantmod')
```

这个包安装完毕之后，需要先装载在当前的 R 会话中，再进行使用：

```
> library (Quantmod)
```

在 R 的主页，你可以找到免费的入门文章和手册。

目标读者

本书的目标读者是那些既熟悉基本金融概念又具有一定编程能力的人。但是，即使你具备量化金融的基础，或者你已经拥有一些 R 的编程经验，本书同样可以给你新的启示。即使你已经是相关领域的专家，本书也能帮助你迅速切入其他领域。不过，如果你希望完美地掌握各章的内容，需要具备中级水平的量化金融知识，并且还需要掌握关于 R 的相关知识。以上这些技能可以从本书的前作——《量化金融 R 语言初级教程》中获得。

排版约定

在本书中，你会发现一些不同的文本样式，用以区别不同种类的信息。这里举例说明其中一些样式，以及它们的含义。

命令行的输入和输出的格式如下：

```
#generate the two time series of length 1000
set.seed(20140623)          #fix the random seed
N <- 1000                   #define length of simulation
x <- cumsum(rnorm(N))       #simulate a normal random walk
gamma <- 0.7                #set an initial parameter value
y <- gamma * x + rnorm(N)   #simulate the cointegrating series
plot(x, type='l')           #plot the two series
lines(y,col="red")
```

新术语和**重要的词**以黑体表示。你在屏幕上看到的文字，例如，在菜单或对话框中，就像这样出现在文本中："另一种有用的可视化练习是看对数尺度上的密度。"

> 警告或者重要的注解出现在这样的图标中。

> 提示或者技巧像这样出现。

读者反馈

我们始终欢迎读者的反馈。如果你对本书有任何想法，喜欢或者不喜欢什么，请让我们知道。读者的反馈对我们来说非常重要，这样我们才能出版读者最需要的图书。

一般性的反馈，请通过电子邮件发送到 feedback@packtpub.com，在邮件的主题中请注明书名。

如果你精通某个领域而且有兴趣写作或者促成一本书，请参考我们的作者指南 www.packtpub.com/authors。

客户支持

现在，你是一位自豪的 Packt 图书的拥有者，我们会竭尽全力帮助你充分利用手中的书。

下载示例代码

可以使用你的账户从 http://www.packtpub.com 下载所有已购买的 Packt 图书的示例代码文件。如果你从其他地方购买了本书，可以访问 http://www.packtpub.com/support 并且注册，我们会通过电子邮件把文件发送给你。

勘误表

虽然我们已经尽力确保本书的内容正确，但疏漏之处依旧在所难免。如果你在我们的图书中发现错误，无论是文本还是代码，希望能告知我们，我们不胜感激。这样做可以减少其他读者的困扰，帮助我们改进本书的后续版本。如果你发现任何错误，请访问 http://www.packtpub.com/submit-errata 并提交，选择你的书，单击勘误表提交表单的链接，并输入详细的说明。勘误一经核实，你的提交将被接受，此勘误将上传到本公司网站或者添加到现有勘误表中。

要查看之前提交的勘误，请到 https://www.packtpub.com/books/content/support 并在搜索框中输入书名，请求的信息会在勘误部分出现。

侵权行为

互联网上的侵权材料是所有媒体都要面对的问题。在 Packt，我们非常重视保护版权和许可证。如果你发现我们的作品在互联网上以任何形式被非法复制，请立即为我们提供网址或者网站名称，以便我们能够寻求补救。

请把可疑盗版材料发送到 copyright@packtpub.com。

非常感谢你帮助我们保护作者，以及我们给你带来有价值内容的能力。

问题

如果你对本书内容有疑问，不管是哪个方面的，都可以通过 questions@packtpub.com 来联系我们，我们将尽最大努力来解决问题。

目录

第1章
时间序列分析

在本章中，我们探讨一些时间序列分析的高级方法以及如何通过 R 来实现。作为一门学科，时间序列分析已有数百部著作，内容非常广泛（我们会在本章末的阅读列表中，列出在理论与 R 编程两方面最重要的参考目录）。我们责无旁贷地精心界定了本章的范围，专注于实证金融与量化交易中必不可少的重要主题。但是，在起始阶段我们必须强调，本章仅仅为时间序列分析的进一步研究奠定了基础。

我们之前曾经出版过一本图书——《量化金融 R 语言初级教程》（*Introduction to R for Quantitative Finance*）。那本书探讨了时间序列分析的一些基本主题，如线性单变量时间序列建模、自回归单整移动平均（Autoregressive Integrated Moving Average，ARIMA）建模、广义自回归条件异方差（Generalized Autoregressive Conditional Heteroskedasticity，GARCH）波动建模。如果你未曾用 R 做过时间序列分析，可以考虑同时阅读那本书的第 1 章"时间序列分析"。

本书对所有这些主题探讨得都更加深入。你将会熟悉一些重要概念，如协整、向量自回归模型、脉冲响应函数、非对称 GARCH 波动率建模（包括指数 GARCH 模型和门限 GARCH 模型）、信息冲击曲线。我们首先介绍相关理论，然后讲解多变量时间序列模型实际建模的知识，同时介绍几个有用的 R 包及其功能。此外，我们通过简单明了的例子，一步一步地指导读者使用 R 编程语言进行实证分析。

1.1　多元时间序列分析

金融资产价格的运动、技术分析和量化交易的基本问题常常被纳入单变量框架下进行建模。我们能否预测证券价格未来是上升还是下降？这只特定的证券处于向上还是向下的趋势中？我们该买还是该卖？这些问题都需要慎重考虑。此外，投资者常常面对着更复杂的局面，不能仅仅把市场看成不相关的工具与决策问题组成的集合。

如果单独观察这些工具，可以发现正如市场有效假说所示，它们既非自相关又非均值可预测。但是，工具之间的相关性又显而易见。这个特性很可能为交易行为所利用，或者出于投机目的，或者出于对冲目的。以上探讨证实了多变量时间序列技术在数量金融中的应用。在本章中，我们会讨论两个在金融中应用广泛的著名计量经济学概念——协整和向量自回归模型。

1.1.1 协整

现在，我们考虑一个时间序列向量 y_t，它由元素 $y_t^{(1)}, y_t^{(2)}, \cdots, y_t^{(n)}$ 构成，每个元素独立地表示一个时间序列，如不同金融产品价格的变动。我们从协整数据序列的正式定义开始。

如果 $n \times 1$ 的时间序列中的每个序列都是 d 阶单整（特别在大多数的应用中，这些序列是 1 阶单整，这意味着序列是非平稳的单位根过程或者随机游走过程）。同时，存在一个线性组合 $\beta' y_t$ 是 $d-1$ 阶单整（特别是当阶数为 0 时，序列是一个平稳过程）。那么，我们称时间序列向量 y_t 为协整的。

直观地来看，这个定义意味着经济中存在某些潜藏力量。这种力量使 n 个时间序列看似是相互独立的随机游走过程，但在长期中趋于一致。协整时间序列的一个简单例子是下文这个取自 Hamilton（1994）的配对向量。我们通过这个例子研究协整，同时熟悉 R 中一些基本模拟技术：

$$x_t = x_{t-1} + u_t, u_t \sim N(0,1)$$

$$y_t = y_{t-1} + v_t, v_t \sim N(0,1)$$

标准统计检验可以严格地展示 y_t 中的单位根。R 的 tseries 包或者 urca 包都可以实施单位根检验，本文使用后者。下文的 R 代码模拟了两个长度为 1000 的序列：

```
#生成两个长度为 1000 的时间序列

set.seed(20140623)        #固定随机数种子
N <- 1000                 #定义模拟的长度
x <- cumsum(rnorm(N))     #模拟一个正态随机游走
gamma <- 0.7              #设置初始的参数值
y <- gamma * x + rnorm(N) #模拟协整序列
plot(x, type='l')         #画出两个序列
lines(y,col="red")
```

小提示

下载示例代码

如果你购买了 Packt 出版社的任何图书，都可以用自己的账号在网站 http://www.packtpub.com 下载示例的代码文件。如果你通过其他途径购买本书，那么可以访问网站 http://www.packtpub.com/support，注册之后文件会直接通过邮件发送给你。

上列代码的输出结果如图 1-1 所示。

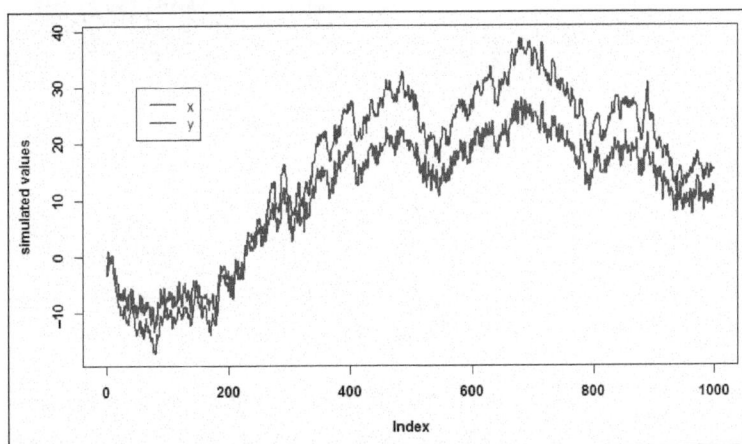

图 1-1　模拟的协整序列

从图形上看，这两个序列看似都是随机游走过程，可以通过 urca 包实施 ADF 检验来检验平稳性。此外，R 中还有很多其他检验方法。原假设的内容是过程中存在一个单位根（输出已经省略）。如果检验统计量小于临界值，我们就拒绝原假设：

```
#统计检验
install.packages('urca');library('urca')
#对模拟的单个时间序列做 ADF test
summary(ur.df(x,type="none"))
summary(ur.df(y,type="none"))
```

对于这两个模拟序列，检验统计量大于一般显著性水平（1%、5% 和 10%）的临界值。因此，我们不能拒绝原假设，并且我们认为这两个序列各自都是单位根过程。

现在，对这两个序列取下文中的线性组合并绘出残差序列：

$$z_t = y_t - \gamma x_t$$

```
z = y - gamma*x                #取序列的线性组合
plot(z,type='l')
```

上文代码的输出结果如图 1-2 所示。

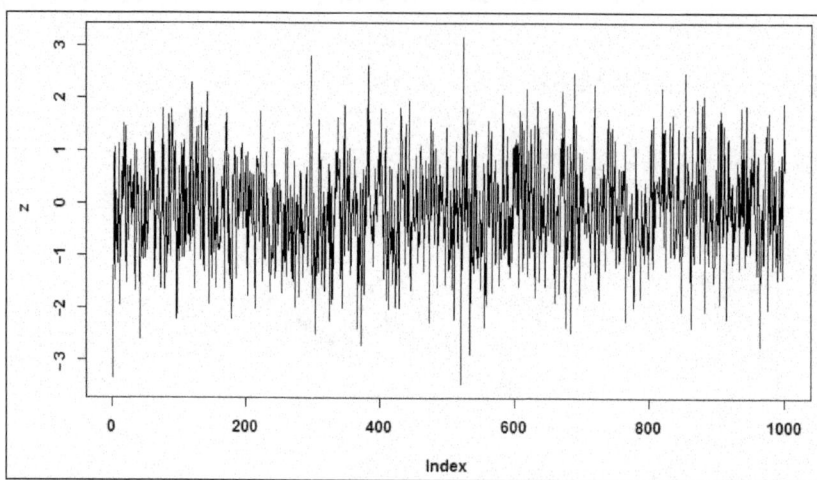

图 1-2 协整序列的线性组合

z_t 显而易见是个白噪声过程。但是拒绝单位根还是需要 ADF 检验的结果判定:

```
summary(ur.df(z,type="none"))
```

在实际应用中,显然我们并不知道 γ 的值。我们需要基于原始数据,通过一个序列对另一个序列进行线性回归来估计这个值。这个检验协整的方法称为 Engle-Granger 方法,实施这个方法需要下文两个步骤。

(1) y_t 对 x_t 进行线性回归(简单的最小二乘估计)。

(2) 检验残差以确定单位根的存在。

小提示

我们在这里应该注意 n 个序列的情形,其中独立协整向量的可能个数落在 $0 < r < n$ 的范围。因此,当 $n > 2$ 时,协整关系可能不唯一。我们会在本章后面简要讨论 $r > 1$ 的情况。

简单线性回归可以通过 lm 函数拟合。残差可以从结果对象获得，如下文例子所示。ADF 检验先按常规方式实施，再在所有显著性水平上确认是否拒绝原假设。此外，我们在本章后面讨论一些需要注意的事项：

```
#估计协整关系
coin <- lm(y ~ x -1)            #不带截距项的回归
coin$resid                      #获取残差
summary(ur.df(coin$resid))      #残差的 ADF 检验
```

现在，我们考虑如何将这个理论转化为成功的交易策略。此时，我们需要援引统计套利（statistical arbitrage）或者配对交易（pair trading）的概念。这个概念，在它最早期最简单的形式中，精准地探索这种协整关系。这些方法的主要目的是基于两个时间序列之间的价差来建立交易策略。如果序列是协整的，那么我们可以预期它们的平稳线性组合将会回复到 0。因此，我们只要卖出高估证券买入低估证券，然后坐等价差回复，就能赚钱。

> **小提示**
>
> 统计套利这个术语，通常用于多种复杂统计和计量经济学技术，目的是在统计意义上探索资产定价的相对偏误，而非在理论均衡模型中进行比较。

这种观点背后的经济原理是什么？潜在的经济力量决定了时间序列的线性组合形成协整关系。这种力量无法在统计模型中得到严格确认，但是有时会作为问题中变量之间的长期关系而存在。比如，我们可以预期相同行业中的相似公司会具有相似的增长，可以预期金融产品的即期价格和远期价格通过无套利原则联系在一起，还可以预期存在某种贸易往来的国家的外汇汇率会共同运动，或者可以预期短期利率和长期利率趋于接近。当交易员推测未来价格相关性的时候，变量偏离了统计上或者理论上的预期联动开启了各种各样的量化交易策略。

协整概念会在随后的章节中更深入讨论。为此，我们首先需要介绍向量自回归模型。

1.1.2　向量自回归模型

显然，向量自回归模型（VAR）可以看成自回归模型（AR）从单变量向多变量的扩展。它们在应用计量经济学中的普及可以追溯到 Sims（1980）的开创性论文。VAR 模型是最重要的多变量时间序列模型，在计量经济学和金融学中有广泛应用。R 包中的 vars 为 R 用户提供了一个优秀的框架。如果需要这个包的详细评论，可以参考 Pfaff（2013）。如果需要计量经济学理论，可以参考 Hamilton（1994）、Lütkepohl（2007）、Tsay（2010）或者 Martin et al.（2013）。在本书中，我们仅对该主题提供一个简洁又直观的概述。

在 VAR 模型中，我们从考虑一个长度为 n 的时间序列向量 y_t 开始。VAR 模型将每个变量的演进设定为所有其他变量滞后值的线性函数。换句话说，一个 p 阶的 VAR 模型如下：

$$y_t = A_1 y_{t-1} + A_2 y_{t-2} + ... + A_p y_{t-p} + u_t$$

这里，对所有的 $i = 1, 2, \cdots, p$ ，A_i 是一个 $n \times n$ 的系数矩阵，而 u_t 是一个协方差矩阵正定的向量白噪声过程。向量白噪声这个术语假设不存在自相关，但允许各成分之间同期相关。换句话说，u_t 的协方差矩阵是非对角的。

矩阵记号清楚地解释了 VAR 模型的一个特殊的特征：所有变量仅仅取决于该变量本身与其他变量的滞后值，这意味着模型没有显式地刻画变量之间的同期相依性。该特征允许我们通过普通最小二乘方法逐个估计方程。这样的模型称为缩减型 VAR 模型，与之相对的是结构型 VAR 模型，我们随后介绍。

显然，不存在同期影响的假设存在过度简化的问题。而且，由此推出的脉冲—响应关系结果（某个特定变量发生冲击引起的过程变动）也许会产生误导性，也许没有用。这些问题引发了我们介绍结构型 VAR 模型，这一类模型显式地刻画了变量间的同期影响：

$$A y_t = A_1^* y_{t-1} + A_2^* y_{t-2} + ... + A_p^* y_{t-p} + B\epsilon_t$$

这里，$A_i^* = AA_i$ 而且 $B\epsilon_t = Au_t$ ，因此，结构形式可以通过简化形式乘上一个恰当的参数矩阵 A 得到，这个矩阵刻画了变量之间同期的结构关系。

> **小提示**
> 和往常一样，我们的符号与 vars 包的技术文档保持一致，它与 Lütkepohl（2007）的符号类似。

在缩减型模型中，同期相依性没有纳入建模。因此，这种相依性会出现在误差项的相关结构中，也就是 u_t 的协方差矩阵，定义为 $\Sigma_{u_t} = E(u_t u_t')$ 。在 SVAR 模型中，同期相依性显式地建模（通过左侧的矩阵 A），并且扰动项定义为互不相关，因此协方差矩阵 $E(\epsilon_t \epsilon_t') = \Sigma_\epsilon$ 是对角矩阵。在这里，扰动项常常指代结构冲击。

SVAR 建模中既有趣又困难的地方是所谓的识别问题。SVAR 模型是不可识别的，换句话说，如果没有额外约束，矩阵 A 的参数无法被估计。

给定一个缩减式模型，总能导出一个恰当的参数矩阵，使残差正交。协方差矩阵 $E(u_t u_t') = \Sigma_u$ 是半正定的，因此我们可以使用 LDL 分解（或者 Cholesky 分解也可以）。这种分解是指存在一个下三角矩阵 L 和一个对角阵 D，使得 $\Sigma_u = LDL^T$。通过选择 $A = L^{-1}$，结构模型的协方差矩阵变成 $\Sigma_\epsilon = E(L^{-1} u_t u_t' (L')^{-1}) = L^{-1}\Sigma_u(L')^{-1}$，由此给出 $\Sigma_u = L\Sigma_\epsilon L^T$（注：原文此处有误）。现在，正如预期，我们得到 Σ_ϵ 是一个对角阵的结论。注意，这种方法在本质上源于我们在方程上强加了一个主观的递归结构。irf() 函数的缺省状态采用了这一方法。

在文献中，还有多种识别 SVAR 结构的方法，包括短期或者长期参数的约束，或者脉冲响应的符号约束 [例如，见 Fry-Pagan（2011）]。其中很多方法在 R 中仍然没有本地支持。这里，我们只介绍施加短期参数约束的一组标准技术，它们分别称为 A 模型、B 模型和 AB 模型，每种技术在 vars 包里都有本地支持。

- 在 A 模型情形下，$B = I_n$，对矩阵 A 上施加约束，使得 $\Sigma_\epsilon = AE(u_t u_t')A' = A\Sigma_u A'$ 是一个对角协方差矩阵。为了保证模型是"恰好可识别"，我们需要 $n(n+2)/n$ 个额外约束。这让人想到施加了一个三角矩阵（但已不需要那种特定的结构）。

- 或者，通过给矩阵 **B** 施加一个结构（B 模型），即直接施加在相关结构上，在这种情况下，$A = I_n$ 且 $u_t = B\epsilon_t$。这样基于约束模型残差有可能识别结构信息。

- AB 模型同时对 A 和 B 施加约束，并且约束模型和结构模型之间的联系由 $Au_t = B\epsilon_t$ 决定。

脉冲响应分析常常是建立 VAR 模型的主要目标之一。脉冲响应函数本质上刻画了一个变量对系统中任何其他变量被冲击的反应（响应）。如果系统包含 K 个变量，那么可以确定 K^2 个脉冲响应函数。脉冲响应可以通过 VAR 过程的向量移动平均形式推导出数学方程，类似于单变量情形 [细节参见 Lutkepohl（2007）]。

VAR 案例实现

作为一个说明性的案例，我们使用以下部分建立三元 VAR 模型。

- 股票收益率：本书中指定为从 2004 年 1 月 1 日到 2014 年 3 月 3 日微软的价格指数（注，原文如此）。

- 股票指数：它指定为从 2004 年 1 月 1 日到 2014 年 3 月 1 日的 S&P500 指数。

- 从 2004 年 1 月 1 日到 2014 年 3 月 3 日的美国国债利率。

我们的首要目的是通过额外变量预测股票市场指数，并识别脉冲响应。在这里，我们假设在给定的股票、股票市场整体和债券市场之间存在一种隐性长期关系。选择这个例子主要为了展示 R 编程环境中多种数据操作的可能性，以及通过一个很简单的案例说明详尽内容，而不是为了它的经济含义。

我们使用 vars 和 quantmod 包。如果你还没有这两个包，别忘了安装并加载它们：

```
install.packages('vars');library('vars')
install.packages('quantmod');library('quantmod')
```

quantmod 包提供了大量工具，可以直接从在线资源下载金融数据，在本书中我们会频繁地需要。我们使用 getSymbols()函数：

```
getSymbols('MSFT', from='2004-01-02', to='2014-03-31')
getSymbols('SNP', from='2004-01-02', to='2014-03-31')
getSymbols('DTB3', src='FRED')
```

默认状态下，雅虎财经（yahoofinance）用作股票和指数价格序列的数据源（参数设置为 src='yahoo'，在本例中被省略了）。惯例是下载开盘价、最高价、最低价、收盘价、成交量及调整价格。下载的数据存储在一个 xts 数据类里，默认根据股票代码自动命名（MSFT 和 SNP）。通过调用泛型 plot 函数可以画出收盘价，但 quantmod 包的 chartSeries 函数提供了更好的图形示例。

使用以下缩写可以访问下载数据的各个部分：

```
Cl(MSFT)      #收盘价
Op(MSFT)      #开盘价
Hi(MSFT)      #当日最高价
Lo(MSFT)      #当日最低价
ClCl(MSFT)    #收盘价对收盘价的日收益率
Ad(MSFT)      #当日调整收盘价
```

比如，使用这些缩写，日收盘价的收益率可以按以下方式绘制出来：

```
chartSeries(ClCl(MSFT)) #利用代码缩写的画图例子
```

上述命令输出如图 1-3 所示。

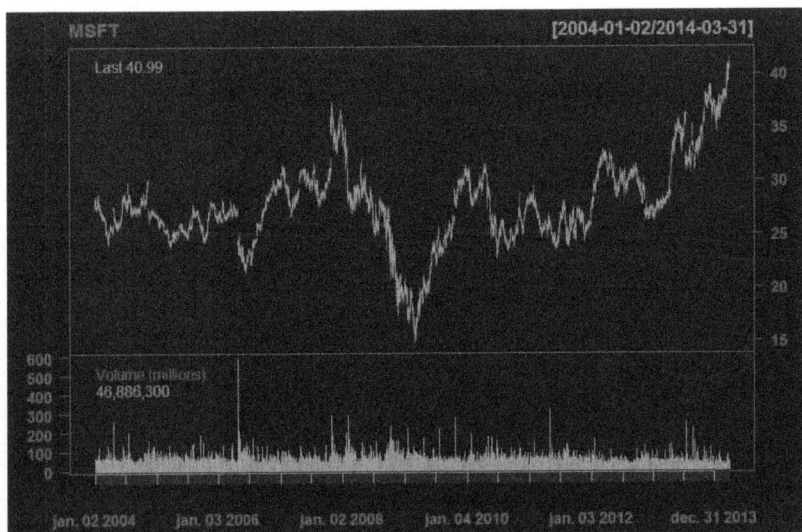

图 1-3 利用代码缩写 MSFT 绘制的股价图形

利率下载自联储经济数据（Federal Reserve Economic Data，FRED）数据源。接口的当前版本不允许对日期取子集。但是，下载的数据存储在一个 xts 数据类中，我们可以直接对需要的时期取子集。

```
DTB3.sub <- DTB3['2004-01-02/2014-03-31']
```

下载的价格（假设是非平稳时间序列）需要先转化为平稳序列才能分析。换句话说，我们处理的是根据调整序列计算出的对数收益率：

```
MSFT.ret <- diff(log(Ad(MSFT)))
SNP.ret <- diff(log(Ad(SNP)))
```

在转向 VAR 模型拟合之前，我们最后需要一个数据清洗的步骤才能继续。通过目测数据，我们可以看到在 T-bill 收益率序列中存在着缺失数据，而且数据集的长度各不相同（在某些日期，有利率报价，但没有股票价格）。为了解决这些数据质量问题，我们选择现在最易行的一种解决方案：合并数据集（通过省略那些没有全部 3 个数据的点），并删掉所有的 NA 数据。前者通过内连接参数执行（细节参见 merge 函数的帮助文档）。

```
dataDaily <- na.omit(merge(SNP.ret,MSFT.ret,DTB3.sub), join='inner')
```

在这里需要注意，VAR 建模通常对低频数据进行。有一种简单的方法，可以把数据转成为月度或者季度的频率，使用以下函数可以返回给定时期内的开盘价、最高价、最低价和收盘价：

```
SNP.M <- to.monthly(SNP.ret)$SNP.ret.Close
MSFT.M <- to.monthly(MSFT.ret)$MSFT.ret.Close
DTB3.M <- to.monthly(DTB3.sub)$DTB3.sub.Close
```

简单的缩减 VAR 模型可以使用 vars 包的 VAR()函数拟合数据。下列代码中的参数化允许在方程中有最大 4 阶的滞后，并且通过使用最优（最低）的赤池信息量值（Akaike Information Criterion）选择模型：

```
var1 <- VAR(dataDaily, lag.max=4, ic="AIC")
```

对于更多已有模型的选择，可以考虑使用 VARselect()，它提供了多种信息准则（输出省略）：

```
>VARselect(dataDaily,lag.max=4)
```

结果对象是一个 varest 类的对象。通过 summary()方法或者 show()方法可以获得参数估计和其他更多统计结果（换句话说，只需输入变量）：

```
summary(var1)
var1
```

还有其他方法值得一提。varest 包的自定义绘图方法可以对所有变量——包括它的拟合值、残差、残差的自相关和偏自相关函数——分别生成图像。你需要敲击回车键获得新变量的图像。vars 包还提供了大量自定义设置，请查阅这个包的文档。

```
plot(var1)        #Diagram of fit and residuals for each variables
coef(var1)        #concise summary of the estimated variables
residuals(var1) #list of residuals (of the corresponding ~lm)
fitted(var1)      #list of fitted values
Phi(var1)         #coefficient matrices of VMA representation
```

通过简单地调用 predict 函数并加上想要的置信区间，可以得到使用估计的 VAR 模型进行的预测。

```
var.pred <- predict(var1, n.ahead=10, ci=0.95)
```

脉冲响应由 irf()函数首先生成数值结果，然后可以通过 plot()方法绘出图形。接着我们可以再得到每个变量的不同图像，包括各个脉冲响应函数以及相应自助置信区间，如下列命令所示：

```
var.irf <- irf(var1)
plot(var.irf)
```

现在，考虑使用之前讲过的 A 模型参数约束拟合结构 VAR 模型。识别 SVAR 模型需要 $\dfrac{K(K-1)}{2}$ 个约束，在我们的例子里，约束个数是 3。

> **小提示**
>
> 细节可以参见 Lütkepohl（2007）。本来额外需要 $\dfrac{K(K+1)}{2}$ 个约束，但对角元素标准化为 1，因而我们所需额外约束数如上。

SVAR 模型的分析始于一个已估计的缩减型 VAR 模型（var1）。再用一个恰当的结构约束矩阵修正它。

为了简化，我们使用下列约束。

- S&P 指数的冲击对微软股票不存在同期影响。
- S&P 指数的冲击对利率不存在同期影响。
- 国债利率的冲击对微软股票不存在同期影响。

这些约束通过在矩阵 **A** 中设置相应的 0，施加到 SVAR 模型中，矩阵 **A** 如下：

$$
\begin{matrix}
1 & a_{12} & a_{13} \\
0 & 1 & 0 \\
0 & a_{32} & 1
\end{matrix}
$$

当在 R 中设定矩阵 **A** 为 SVAR 的估计参数，需要估计的参数的位因果设为 NA 值。这可以通过下列分配完成：

```
amat <- diag(3)
amat[2, 1] <- NA
amat[2, 3] <- NA
amat[3, 1] <- NA
```

最后，我们可以拟合 SVAR 模型，并且绘出脉冲响应函数（输出省略）：

```
svar1 <- SVAR(var1, estmethod='direct', Amat = amat)
irf.svar1 <- irf(svar1)
plot(irf.svar1)
```

1.1.3　协整 VAR 和 VECM

最后，我们综合已学内容，并且讨论协整 VAR 和误差修正模型（Vector Error Correction Models，VECM）的概念。

我们从一个协整变量系统（例如，在交易情形下，这表示一组可能由相同基本面驱动的相似股票）开始。前面讨论过的标准 VAR 模型必须在变量平稳时才能估计。我们知道，移除单位根模型的传统方法是对序列取一阶差分。但是，在协整序列情形下，这会导致过度差分，并且损失了变量水平长期共同运动表达的信息。最终，我们的目的是建立一个平稳变量的模型，它也包含初始协整非平稳变量之间的长期联系，即建立一个协整 VAR 模型。向量误差修正模型（VECM）捕捉了这种思想，它包括变量差分的 $p-1$ 阶 VAR 模型和一个从已知的（估计的）协整关系推导出的误差修正项。从直觉上，使用股票市场案例，VECM 模型建立了股票收益率之间的短期关系，同时通过对价格长期共同变动的偏离加以修正。

一个两变量的 VECM 可以正式写成下面公式，并作为一个数值例子进行讨论。设 y_t 是一个由两个非平稳单位根序列 $y_t^{(1)}$、$y_t^{(2)}$ 组成的向量，这两个序列协整，协整向量为 $\beta = (1, \beta)$。因此，一个恰当的 VECM 模型可以如下面的公式所示：

$$\Delta y_t = \alpha \beta' y_{t-1} + \psi_1 \Delta y_{t-1} + ... + \psi_1 \Delta y_{t-p+1} + \epsilon_t$$

这里，$\Delta y_t = y_t - y_{t-1}$ 且其中第一项通常称为误差修正项。

实践中有两种方法可以检验协整关系，并建立误差修正模型。在两变量情形下，Engle-Granger 方法很有指导性，我们的数值案例基本沿袭了这种思想。在多变量情形下，其中可能的协整关系个数最大为 $(n-1)$，这时需要采用 Johansen 过程进行协整检验。尽管后者的理论框架远超本书范围，我们仍然会简要介绍实用工具，并且为你更深的研究提供参考书。

为了讲授一些运用于 VECM 建模的基本 R 功能，我们使用一个标准案例。它包括 3 个月和 6 个月的国债二级市场利率，正如之前所讨论的，可以从 FRED 数据库下载。我们先任意选择某个时期，如从 1984 年～2014 年，再考虑检验这段时间内的数据。ADF 检验（Augmented Dickey Fuller tests）表明不能拒绝单位根原假设。

```
library('quantmod')
getSymbols('DTB3', src='FRED')
getSymbols('DTB6', src='FRED')
DTB3.sub = DTB3['1984-01-02/2014-03-31']
DTB6.sub = DTB6['1984-01-02/2014-03-31']
plot(DTB3.sub)
lines(DTB6.sub, col='red')
```

我们通过运行一个简单的线性回归，可以一致地估计两个序列之间的协整关系。为了简化代码，我们定义变量 x_1、x_2 表示两个序列，y 表示相应的向量序列。代码片段中的其他变量名惯例是明显的：

```
x1=as.numeric(na.omit(DTB3.sub))
x2=as.numeric(na.omit(DTB6.sub))
y = cbind(x1,x2)
cregr <- lm(x1 ~ x2)
r = cregr$residuals
```

如果回归残差（变量 r）恰好是变量的某个线性组合构成的平稳序列，那么这两个序列确实协整。你可以使用常见的 ADF 方法进行检验，但在这个情形下，传统的临界值不合适，应该使用修正值 [例如，参见 Phillips and Ouliaris（1990）]。

因此对于协整的存在性，更合适的方法是使用指定检验，如 Phillips-Ouliaris 检验，它在 tseries 和 urca 包中都可以运用。下面采用最基本的 tseries 包，演示如下：

```
install.packages('tseries');library('tseries');
po.coint <- po.test(y, demean = TRUE, lshort = TRUE)
```

原假设表示两个序列不协整，因此 p 值小表示拒绝原假设并且协整关系存在。

当协整关系个数可能大于 1 时，适合使用 Johansen 过程。它的实施可以在 urca 包中找到：

```
yJoTest = ca.jo(y, type = c("trace"), ecdet = c("none"), K = 2)

#######################
# Johansen-Procedure #
#######################

Test type: trace statistic , with linear trend

Eigenvalues (lambda):
[1] 0.0160370678 0.0002322808
```

```
Values of teststatistic and critical values of test:

          test 10pct 5pct 1pct
r <= 1  | 1.76 6.50 8.18 11.65
r = 0   | 124.00 15.66 17.95 23.52


Eigenvectors, normalised to first column:
(These are the cointegration relations)
          DTB3.12 DTB6.12
DTB3.12 1.000000 1.000000
DTB6.12 -0.994407 -7.867356
Weights W:
(This is the loading matrix)


          DTB3.12 DTB6.12
DTB3.d -0.037015853 3.079745e-05
DTB6.d -0.007297126 4.138248e-05
```

对 $r = 0$（不存在协整关系）的检验统计量大于临界值，这表明拒绝原假设。然而，当 $r \leqslant 1$ 时，不能拒绝原假设。因此，我们认为存在协整关系。协整向量根据检验结果下方的标准化特征向量的第一列给出。

最后一步是得出这个系统的 VECM 表达式，换句话说，先计算协整方程，再求出差分变量的滞后和误差修正项，再对它们运行 OLS 回归。所选择的适合的函数里使用了我们之前创建的 ca.jo 对象类。下面代码里的参数 $r = 1$ 表示了协整的秩：

```
>yJoRegr = cajorls(dyTest, r=1)
>yJoRegr

$rlm

Call:
lm(formula = substitute(form1), data = data.mat)

Coefficients:
           x1.d        x2.d
ect1      -0.0370159  -0.0072971
constant  -0.0041984  -0.0016892
x1.dl1     0.1277872   0.1538121
x2.dl1     0.0006551  -0.0390444
$beta
```

```
        ect1
x1.l1  1.000000
x2.l1 -0.994407
```

正如我们所预计的，误差修正项的系数是负的。从长期均衡水平上的短期的偏离会把变量推向零均衡偏离。

可以很容易地在二元情形下进行检查。Johansen 过程会得到一个和采用了 Engle-Grange 过程从而一步步运用 ECM 相同的结果。这种观点在上传的 R 代码文件中有所示意。

1.2 波动率建模

金融时间序列的波动率会随着时间变化，这在实证金融中已经是广为熟悉和被接受的典型事实。但是，波动率的不可测性使得测量和预测它成为一项挑战性任务。通常，以下 3 种经验观察推动了波动率模型的演变。

波动性聚集： 它指金融市场上的这样一种经验观察，平静期常常跟着平静期，而波动期常常跟着波动期。

资产收益率的非正态性： 实证分析显示，相对于正态分布，资产收益率分布趋向于厚尾性。

杠杆效应： 这会导致一种现象，波动率对正价格变动或负价格运动的反应往往不同。价格下降时波动率的增加幅度大于相似规模的价格上涨带来的波动率变动。

在下列代码中，我们演示了基于 S&P 资产价格的典型化事实。用我们已掌握的方法，从雅虎财经下载数据：

```
getSymbols("SNP", from="2004-01-01", to=Sys.Date())
chartSeries(Cl(SNP))
```

我们的兴趣目标是日收益率序列，因此从收盘价计算对数收益率。其实 quantmod 包提供了一种更简单的方法，收益率可以直接计算：

```
ret <- dailyReturn(Cl(SNP), type='log')
```

波动率分析始于观察自相关和偏自相关函数。我们希望对数收益率序列无关，但对数收益率的平方值或者绝对值都显示出了显著的自相关性。这意味着对数收益既不相关，也不独立。

注意下列代码中的 par(mfrow=c(2,2))函数。通过它,可以重写 R 中默认的图形参数,把 4 张图形组织成方便的表格形式:

```
par(mfrow=c(2,2))
acf(ret, main="Return ACF");
pacf(ret, main="Return PACF");
acf(ret^2, main="Squared return ACF");
pacf(ret^2, main="Squared return PACF")
par(mfrow=c(1,1))
```

上述代码输出如图 1-4 所示。

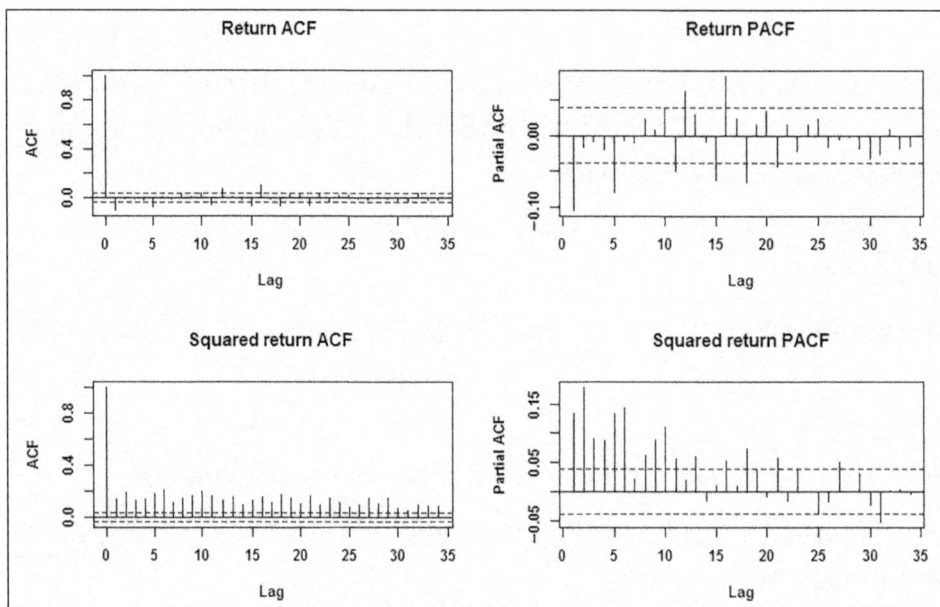

图 1-4   收益率和平方收益率的 ACF 与 PACF 的比较

接下来,我们来看 S&P 的日度对数收益率的直方图和(或)经验分布,并与同均值同标准差的正态分布进行比较。我们使用函数 density(ret)计算正态分布的非参数经验分布函数。再使用带有附加参数 add=TRUE 的函数 curve()在刚刚画好的图形上绘出第二条线,如图 1-5 所示。

```
m=mean(ret);s=sd(ret);
par(mfrow=c(1,2))
hist(ret, nclass=40, freq=FALSE, main='Return histogram');curve(dnorm(x,
mean=m,sd=s), from = -0.3, to = 0.2, add=TRUE, col="red")
```

```
plot(density(ret), main='Return empirical distribution');curve(dnorm(x,
mean=m,sd=s), from = -0.3, to = 0.2, add=TRUE, col="red")
par(mfrow=c(1,1))
```

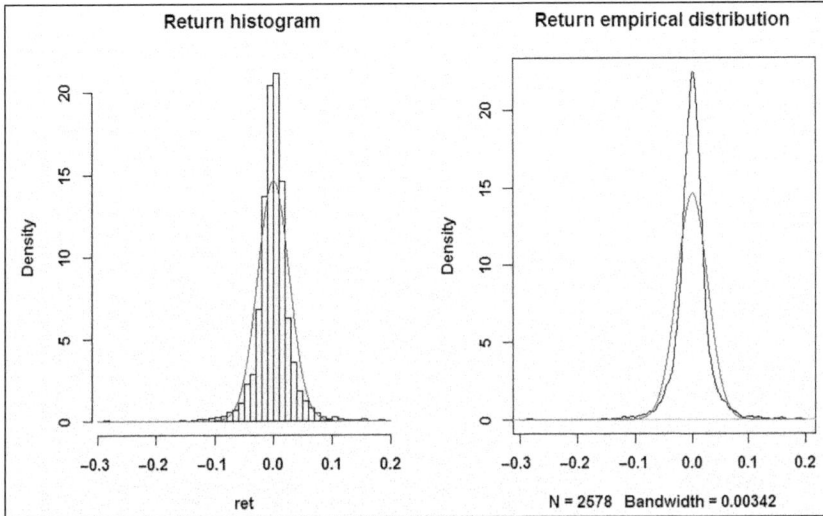

图 1-5 对数收益率的直方图和经验分布

很明显可以看出尖峰厚尾性。但我们还得在数值上确认（使用 moments 包）样本经验分布的峰度超过正态分布的峰度（等于 3）。和其他的软件包不同，R 报告名义峰度，而非超额峰度，结果如下：

```
> kurtosis(ret)
daily.returns
    12.64  959
```

放大图形的上尾和下尾可能有用，仅改变图形比例就可以，效果如图 1-6 所示。

```
# 放大尾部
plot(density(ret), main='Return EDF - upper tail', xlim = c(0.1, 0.2),
ylim=c(0,2));
curve(dnorm(x, mean=m,sd=s), from = -0.3, to = 0.2, add=TRUE, col="red")
```

另一种有用的可视化练习是观看对数尺度上的密度（图 1-7 的左侧部分）或者 Q-Q 图（图 1-7 的右侧部分），它们是密度比较的常用工具。Q-Q 图描绘了经验分位数对理论（正态）分布的图形。如果样本取自正态分布，它应该绘出一条直线。对这条直线的偏离表示存在厚尾性：

```
# 对数尺度上的密度图
```

```
plot(density(ret), xlim=c(-5*s,5*s),log='y', main='Density on log-scale')
curve(dnorm(x, mean=m,sd=s), from=-5*s, to=5*s, log="y", add=TRUE,
col="red")

# QQ-plot
qqnorm(ret);qqline(ret);
```

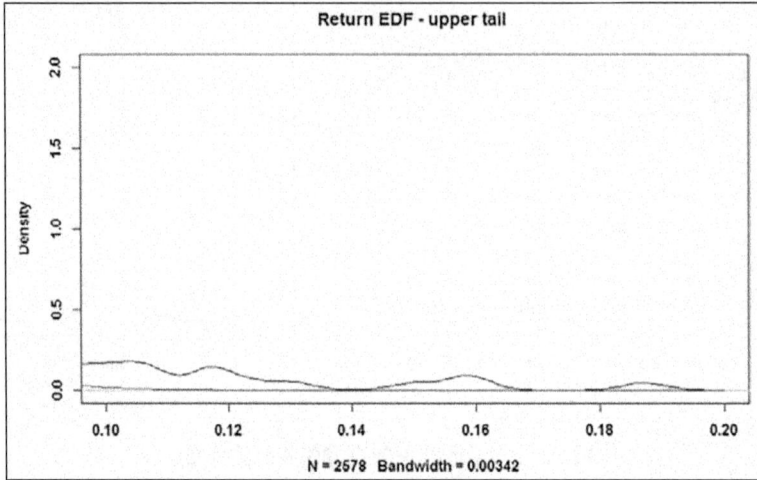

图 1-6   收益率经验分布的上尾

上述代码的输出如图 1-7 所示。

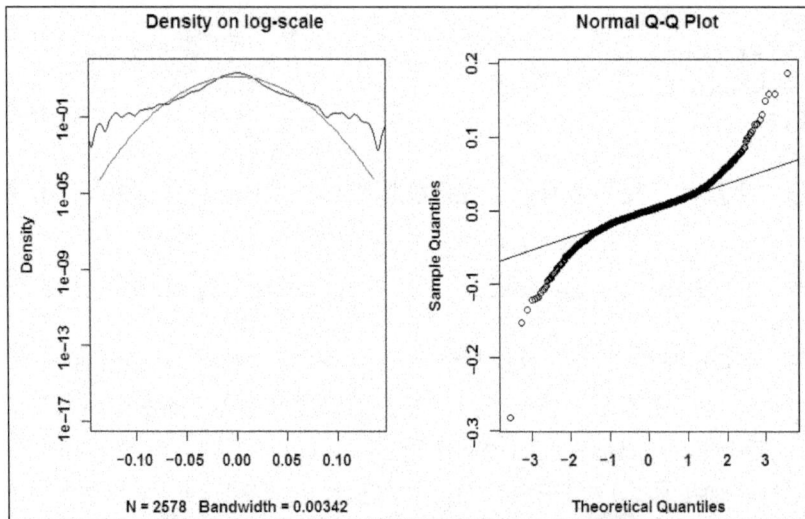

图 1-7   对数尺度的收益率密度和 Q-Q 图

现在，我们可以把注意力转向波动率建模。

广义地说，金融计量经济学文献中有两类建模技术可以捕捉波动率的变化本质：GARCH 族方法［Engle（1982）；Bollerslev（1986）］和随机波动模型（Stochastic Volatility，SV）。GARCH 类模型和（纯粹的）SV 类建模技术的主要区别在于，给定历史观测后，前者的条件方差是可以找到，而在 SV 模型中，考虑所有可得信息后，波动率依然无法预测。因此，SV 模型的波动率本质上是隐性的，必须由测量方程滤出［比如，见 Andersen–Benzoni（2011）］。换句话说，GARCH 类模型意味着，可以通过历史观测值估计波动率，而在 SV 模型中，波动率自身有隐性的随机过程，因此推断潜在的波动率过程需要已实现收益率作为观测方程。

在本章中，基于两种原因我们介绍 GARCH 方法的基本建模技术。首先，它在应用工作中有更广泛的使用。其次，由于方法背景上的多样性，SV 模型还不能被 R 包本地支持，而经验分析的使用需要大量的定制。

1.2.1 通过 rugarch 包进行 GARCH 建模

R 提供了多个包用于 GARCH 建模，其中最著名的包是 rugarch 包、rmgarch 包（处理多变量模型）以及 fGarch 包。但是，基本的 tseries 包也包含了一些 GARCH 功能。在本章中，我们会展示 rugarch 包的建模能力。本章中的标记方法遵从 rugarch 包中各自的输出和文档惯例。

标准 GARCH 模型

GARCH(p,q)过程可以如下表示：

$$\epsilon_t = \sigma_t \eta_t$$

$$\sigma_t^2 = \omega + \sum_{i=1}^{q} \alpha_i \epsilon_{t-i}^2 + \sum_{j=1}^{q} \beta_j \sigma_{t-j}^2$$

这里，ε_t 通常是条件均值方程（实际中常常是 ARMA 过程）的扰动项，并且 $\eta_t \sim i.i.d.(0,1)$。换句话说，条件波动过程由它自己的滞后值 σ_{t-j}^2 和滞后平方观测值（ϵ_t 的值）的线性组合决定。在实证研究中，GARCH（1,1）常常为数据提供了合适的拟合。我们将简单的 GARCH（1,1）设定如下理解比较有益。模型中，条件方差通过长期方差 $\dfrac{\omega}{1-\alpha-\beta}$，最新一期预测方差 σ_{t-1}^2，以及新信息 ϵ_{t-1}^2 的加权平均来设定［见 Andersen et al.（2009）］。我们容易看出，GARCH 模型如何捕捉到了波动的自回归特性（波动聚集性）和资产收益率分布的尖峰特性。但是，它的主要缺点在于它的对称性，因此无法捕捉分布的非对称特性与杠杆效应。

GARCH 模型中出现波动聚集性高度符合直觉。η_t 中的大的正（负）冲击会增加（减少）ϵ_t 的值，进而会增加（减少）σ_t 的值，并导致更大（更小）值的 ϵ_t。冲击是持续的，因此这就是波动聚集。尖峰特性需要一定推导［见 Tsay（2010）的例子］。

我们的实证案例是对苹果公司股票日收盘价收益率序列的分析，时间跨度从 2006 年 1 月 1 日开始，到 2014 年 3 月 31 日结束。在分析开始之前，作为一种有益的练习，我们建议你重复本章中的数据探索分析，以便确定苹果公司数据中的典型事实。

显然，第一步是安装包，如果它还未安装：

```
install.packages('rugarch');library('rugarch')
```

通常，为了获取数据，我们通过 quantmod 包和 getSymbols()函数，基于收盘价计算收益率序列：

```
#载入苹果股票数据并计算对数收益率
getSymbols("AAPL", from="2006-01-01", to="2014-03-31")
ret.aapl <- dailyReturn(Cl(AAPL), type='log')
chartSeries(ret.aapl)
```

rugrach 包的编程逻辑可以如下理解：无论你的目标是什么（拟合、滤波、预测还是模拟），你首先需要指定一个模型作为系统对象（变量），再依次将它插入各个函数。模型可以通过调用 ugrachspec()函数设定。下文的代码设定了一个简单的 GARCH（1,1）模型（sGARCH），均值方程中仅有一个常数 μ：

```
garch11.spec = ugarchspec(variance.model = list(model="sGARCH",
garchOrder=c(1,1)), mean.model = list(armaOrder=c(0,0)))
```

一种很自然的处理方法是用日收益率时间序列数据拟合模型，即通过极大似然方法估计未知参数。

```
aapl.garch11.fit = ugarchfit(spec=garch11.spec, data=ret.aapl)
```

这个函数在一系列输出中提供了 $\mu, \omega, \alpha_1, \beta_1$ 的参数估计：

```
> coef(aapl.garch11.fit)
```

```
         mu        omega       alpha1        beta1
1.923328e-03 1.027753e-05 8.191681e-02 8.987108e-01
```

我们可以通过生成对象（即仅仅通过键入这个变量名）的 show() 方法，获得估计和多种诊断检验。我们也可以通过键入适当的命令得到一大批的其他统计量、参数估计、标准误差和协方差矩阵估计。通过查阅 ugarchfit 对象类，可以得到完整的输出列表，下文代码展示了最重要的一部分：

```
coef(msft.garch11.fit)              #估计的系数
vcov(msft.garch11.fit)              #参数估计量的协方差矩阵
infocriteria(msft.garch11.fit)      #常用信息量列表
newsimpact(msft.garch11.fit)        #计算信息冲击曲线
signbias(msft.garch11.fit)          #Engle - Ng 符号偏差检验
fitted(msft.garch11.fit)            #获得拟合的数据序列
residuals(msft.garch11.fit)         #获得残差
uncvariance(msft.garch11.fit)       #无条件的（长期）方差
uncmean(msft.garch11.fit)           #无条件的（长期）均值
```

标准的 GARCH 模型可以捕捉厚尾性和波动聚集性。但是，要想解释杠杆效应引起的非对称性，我们还需要更高级的模型。为了图示非对称性问题，我们接下来描述信息冲击曲线的概念。

信息冲击曲线，这一概念由 Pagan 和 Schwert（1990）以及 Engle 和 Ng（1991）提出，是一种图示波动对冲击反应的变化度量的有用工具。这个名字源于把新信息影响市场运动看成冲击的通常解释。它们画出了在不同规模冲击下条件波动的变化，可以简明地表达出波动的非对称影响。在如下的代码中，第一行对应着之前 GARCH（1,1）模型定义计算的数值化的信息冲击，第二行创建了图形：

```
ni.garch11 <- newsimpact(aapl.garch11.fit)
plot(ni.garch11$zx, ni.garch11$zy, type="l", lwd=2, col="blue",
main="GARCH(1,1) - News Impact", ylab=ni.garch11$yexpr, xlab=ni.
garch11$xexpr)
```

上述代码的输出截图如图 1-8 所示。

正如我们所料，无论对正冲击还是负冲击，波动的响应都不存在非对称性。现在，我们转向也能兼容非对称性的模型。

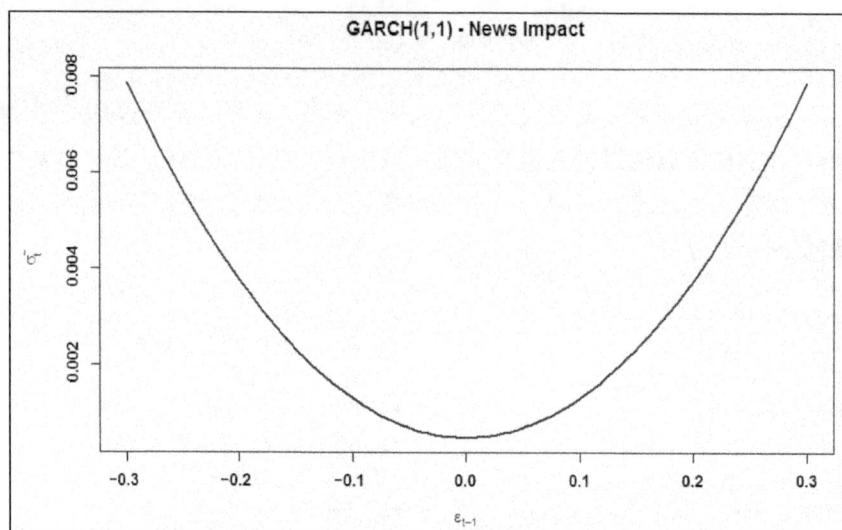

图 1-8 由 GARCH（1,1）模型计算的信息冲击曲线

指数 GARCH 模型（EGARCH）

Nelson（1991）提出了指数 GARCH 模型。这种方法直接对条件波动率的对数进行建模：

$$\epsilon_t = \sigma_t \eta_t$$

$$\log \sigma_t^2 = \omega + \sum_{i=1}^{q} (\alpha_i \eta_{t-i} + \gamma(|\eta_{t-i}| - E|\eta_{t-i}|)) + \sum_{j=1}^{q} \beta_j \log(\sigma_{t-j}^2)$$

其中，E 是期望算子。这个模型形式允许在变化的波动过程中存在乘法的动态。非对称性是由参数 α_i 刻画。负值表示过程对负冲击反应更大，正如在实际数据集的观察。

为了拟合 EGARCH 模型，模型设定中唯一需要改变的参数是设置 EGARCH 模型类型。通过运行 fitting 函数，可以估计出其他参数[见 coef()]。

```
# 指定在均值方程中只带有一个常数的 EGARCH(1,1) 模型
egarch11.spec = ugarchspec(variance.model = list(model="eGARCH",
garchOrder=c(1,1)), mean.model = list(armaOrder=c(0,0)))
aapl.egarch11.fit = ugarchfit(spec=egarch11.spec, data=ret.aapl)

> coef(aapl.egarch11.fit)

         mu        omega       alpha1        beta1      gamma1
0.001446685 -0.291271433 -0.092855672 0.961968640 0.176796061
```

如图 1-9 所示，信息冲击曲线反映了条件波动对于冲击反应的强烈非对称性，并且证实了非对称性模型的必要性。

```
ni.egarch11 <- newsimpact(aapl.egarch11.fit)
plot(ni.egarch11$zx, ni.egarch11$zy, type="l", lwd=2, col="blue",
main="EGARCH(1,1) - News Impact",
ylab=ni.egarch11$yexpr, xlab=ni.egarch11$xexpr)
```

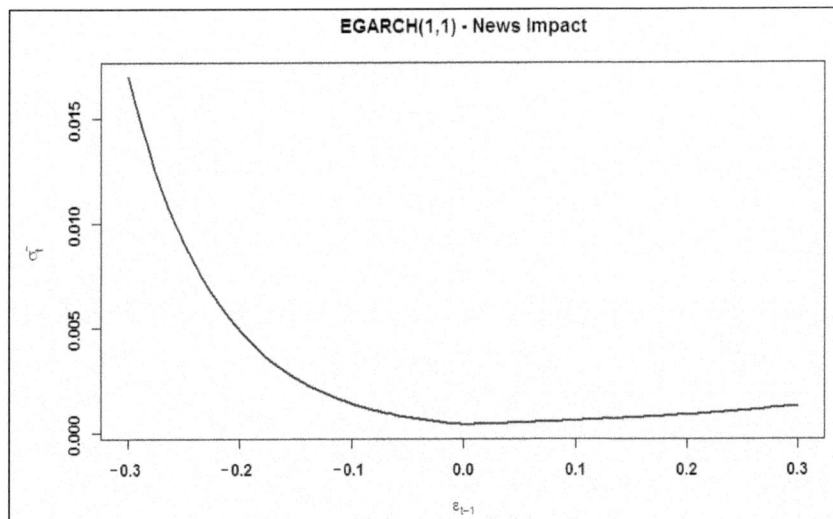

图 1-9　由 EGARCH（1,1）模型计算的信息冲击曲线

门限 GARCH（TGARCH）

另一个著名的例子是 TGARCH 模型，解释更容易。TGARCH 设定了模型参数在一个确定的门限之上和之下是不同的。TGARCH 也是一种更一般的类（非对称的幂 ARCH 类）的子模型，因为它在应用金融计量经济学文献中的广泛深入的运用，我们单独地讨论它。

TGARCH 模型的方程式如下：

$$\epsilon_t = \sigma_t \eta_t$$

$$\sigma_t^2 = \omega + \sum_{i=1}^{q} (\alpha_i + \gamma_i I_{t-i}) \epsilon_{t-i}^2 + \sum_{j=1}^{q} \beta_j \sigma_{t-j}^2$$

其中

$$I_{t-i} = \begin{cases} 1 & if \, \epsilon_{t-i} < 0 \\ 0 & if \, \epsilon_{t-i} \geq 0 \end{cases}$$

模型解释很直接。ARCH 系数依赖于历史误差项的符号。如果 γ_i 为正，负的误差项会对条件波动率有更高的影响，正如我们之前在杠杆效应所见。

在 R 的 rugarch 包中，门限 GARCH 模型在一类更一般的 GARCH 模型框架中应用，称为 GARCH 模型族 [Ghalanos（2014）]。

```
# 指定在均值方程中只带有一个参数的 TGARCH(1,1) 模型
tgarch11.spec = ugarchspec(variance.model = list(model="fGARCH",
submodel="TGARCH", garchOrder=c(1,1)),
        mean.model = list(armaOrder=c(0,0)))
aapl.tgarch11.fit = ugarchfit(spec=tgarch11.spec, data=ret.aapl)

> coef(aapl.egarch11.fit)f
          mu        omega       alpha1        beta1       gamma1
0.001446685 -0.291271433 -0.092855672 0.961968640 0.176796061
```

由于特定的函数形式，门限 GARCH 的信息冲击曲线在表示不同响应时变化更小。运行下列命令，会看到在零点处有一个扭结，如图 1-10 所示。

```
ni.tgarch11 <- newsimpact(aapl.tgarch11.fit)
plot(ni.tgarch11$zx, ni.tgarch11$zy, type="l", lwd=2, col="blue",
main="TGARCH(1,1) - News Impact",
ylab=ni.tgarch11$yexpr, xlab=ni.tgarch11$xexpr)
```

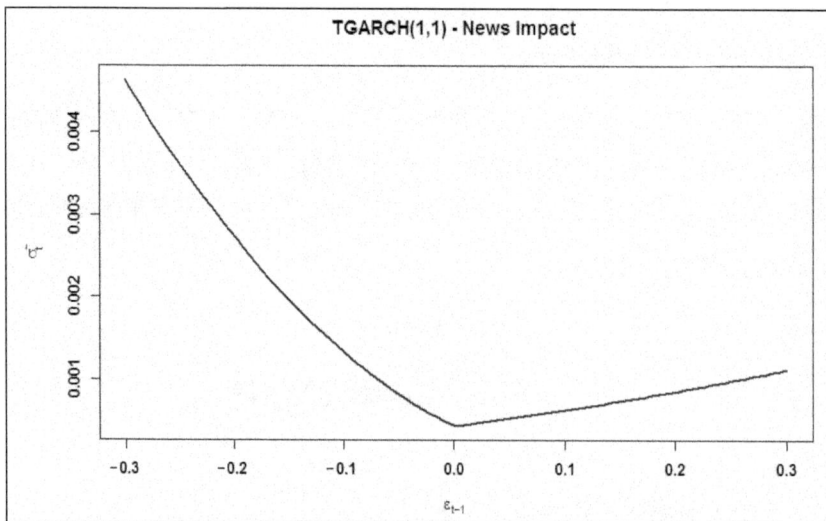

图 1-10　由 TGARCH（1,1）模型计算的信息冲击曲线

1.2.2 模拟和预测

rugarch 包允许从指定的模型以一种简单的方式模拟。当然，为了模拟，我们还需指定 ugarchspec()内的模型参数，这可以通过 fixed.pars 参数完成。指定 GARCH 模型和给定条件均值之后，仅用 ugarchpath()函数，就可以模拟出一个相应的时间序列：

```
garch11.spec = ugarchspec(variance.model = list(garchOrder=c(1,1)),
  mean.model = list(armaOrder=c(0,0)),
    fixed.pars=list(mu = 0, omega=0.1, alpha1=0.1,
      beta1 = 0.7))
garch11.sim = ugarchpath(garch11.spec, n.sim=1000)
```

一旦我们估计好严格拟合的模型，再来预测条件波动率只剩一步之遥：

```
aapl.garch11.fit = ugarchfit(spec=garch11.spec, data=ret.aapl, out.
sample=20)
aapl.garch11.fcst = ugarchforecast(aapl.garch11.fit, n.ahead=10,
n.roll=10)
```

预测序列的绘图方法给用户提供了一个可选菜单，可以画出预测的时间序列或者预测的条件波动率，如图 1-11 所示。

```
plot(aapl.garch11.fcst, which='all')
```

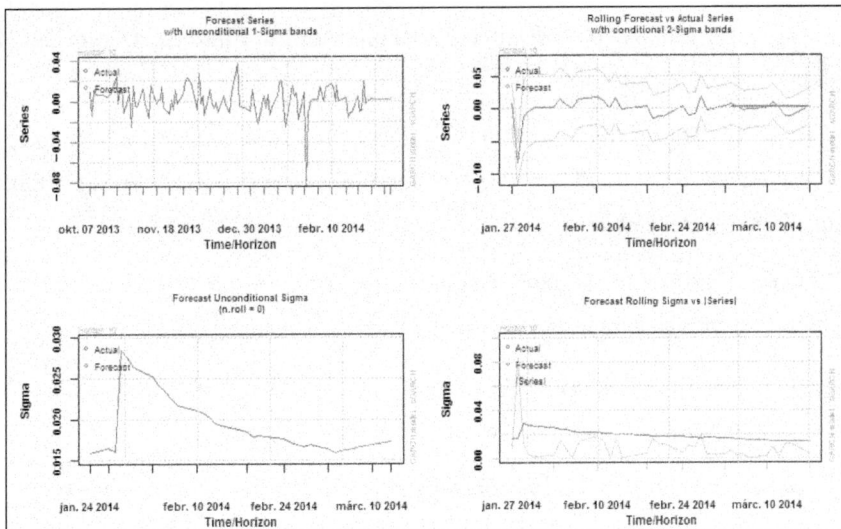

图 1-11　预测的时间序列和条件波动率

1.3　小结

在本章中，我们回顾了时间序列分析的某些重要内容，如协整、向量自回归和 GARCH 类条件方差模型。同时，我们介绍了一些 R 的有用知识和技巧，用来开始量化和实证金融的建模。我们希望你能从中获益，但是必须再次提到，不论是从时间序列和计量经济学理论的角度看，还是从 R 编程的角度看，本章内容皆不完善。互联网上有关于 R 编程语言的丰富文档资料，并且 R 的用户社区聚集着数以千计的高精尖人才。我们鼓励你能超越书本，成为一名自学者，遇到困难不要退缩。网络上肯定可以找到你处理困难需要的答案。要多多使用 R 包的文档和帮助文件，常常研究 R 的官网 http://cran.r-project.org/。后续的章节会提供大量其他的示例，以帮助你在浩瀚的 R 功能、包和函数中找到自己的路。

1.4　参考文献

- Andersen, Torben G; Davis, Richard A.; Kreiß, Jens-Peters; Mikosh, Thomas(ed.) (2009). *Handbook of Financial Time Series*.

- Andersen, Torben G. and Benzoni, Luca (2011). Stochastic volatility.Book chapter in Complex Systems in Finance and Econometrics,Ed.: Meyers, Robert A., Springer.

- Brooks, Chris (2008). *Introductory Econometrics for Finance*, Cambridge University Press.

- Fry, Renee and Pagan, Adrian (2011). *Sign Restrictions in Structural Vector Autoregressions: A Critical Review*. Journal of Economic Literature,American Economic Association, vol. 49(4), pages 938-60, December.

- Ghalanos, Alexios (2014) *Introduction to the rugarch package* http://cran.r-project.org/web/packages/rugarch/vignettes/Introduction_to_the_rugarch_package.pdf.

- Hafner, Christian M. (2011). *Garch modelling*. Book chapter in Complex Systems in Finance and Econometrics, Ed.: Meyers, Robert A., Springer.

- Hamilton, James D. (1994). *Time Series Analysis*, Princetown, New Jersey.

- Lütkepohl, Helmut (2007). *New Introduction to Multiple Time Series Analysis*, Springer.

- Murray, Michael. P. (1994). A drunk and her dog: an illustration of cointegration and error correction. *The American Statistician*, 48(1), 37—39.

- Martin, Vance; Hurn, Stan and Harris, David (2013). *Econometric Modelling with Time Series*. Specification, Estimation and Testing, Cambridge University Press.

- Pfaff, Bernard (2008). *Analysis of Integrated and Cointegrated Time Series with R*, Springer

- Pfaff, Bernhard (2008). *VAR, SVAR and SVEC Models: ImplementationWithin R Package vars*. Journal of Statistical Software, 27(4).

- Phillips, P. C., & Ouliaris, S. (1990). Asymptotic properties of residual based tests for cointegration. *Econometrica: Journal of the Econometric Society*, 165—193.

- Pole, Andrew (2007). Statistical Arbitrage. Wiley.

- Rachev, Svetlozar T., Hsu, John S.J., Bagasheva, Biliana S. and Fabozzi, Frank J. (2008). *Bayesian Methods in Finance*. John Wiley & Sons.

- Sims, Christopher A. (1980). Macroeconomics and reality. *Econometrica:Journal of the Econometric Society*, 1—48.

- Tsay, Ruey S. (2010). *Analysis of Financial Time Series, 3rd edition*, Wiley.

第 2 章
因素模型

金融资产的估值计算，大多数情况下基于现金流折现方法。即计算预期未来现金流的折现值，得到金融资产的现值。因此，为了能对资产估值，我们需要知道反映货币时间价值和给定资产风险的适当收益率。目前已有两种决定预期收益率的主流方法：资本资产定价模型（capital asset pricing model，CAPM）和套利定价理论（arbitrage pricing theory，APT）。CAPM 是一个均衡模型，而 APT 建立在无套利原则之上。因而这两种方法的起点和内在逻辑都极为不同。但是，如果我们选择了合适的市场因素，通过两种方法所得到的最终定价公式却有可能极为相似。对于了解 CAPM 和 APT 的比较，可以参考 Bodie-Kane-Marcus（2008）。当使用真实世界的数据来检验这些理论模型时，我们运行线性回归。由于我们在 Daroczi et al.（2013）中已经详细讨论了 CAPM，本章主要讨论 APT。

本章分为两个部分。在前半部分中，我们先介绍一般的 APT 理论，然后再介绍一个特殊的三因素模型，这个三因素模型出自 Fama 和 Frech 的开创性论文。在后半部分中，我们说明了如何用 R 选择数据以及如何从实际市场数据中估计定价系数，最后我们使用更新的样本数据重新检验了著名的 Fama-French 模型。

2.1 套利定价理论

APT 基于这样的假设，市场中的资产收益率取决于宏观经济因素和公司特定因素。并且，资产收益率通过以下线性因素模型生成：

$$r_i = E(r_i) + \sum_{j=1}^{n} \beta_{ij} F_j + e_i \qquad\qquad （方程 1）$$

这里，$E(r_i)$ 是资产 i 的预期收益率，F_j 表示第 j 个因素的非预期变动，而 β_{ij} 表示第 i

个证券对该因素的敏感性，同时 e_i 表示非预期的公司特定事件引起的收益。因此，$\sum_{j=1}^{n} \beta_{ij} F_j$ 表示随机系统影响，e_i 表示非系统（即个体的）影响，非系统影响表示总影响中无法被系统因素捕捉的那部分。作为非预期的量，$\sum_{j=1}^{n} \beta_{ij} F_j$ 和 e_i 都具有无条件的零均值。在这个模型中，包括系统特定风险在内的因素之间相互独立。因此，资产收益率分别来源于两部分：系统性风险因素影响了市场中的所有资产，非系统性风险仅仅影响特定公司。非系统性风险可以通过增加组合中资产种类来分散化。相反，来自经济整体的风险可以影响整个股票市场，系统性风险无法分散化（Brealey-Myers，2007）。

这个模型有这样一个推论，资产的已实现收益率是多个随机因素的线性组合（Wilmott，2007）。

APT 的其他重要假设如下。

- 市场中存在有限多个投资者，每个投资者为了下一期而做最优化组合选择。他们拥有相同的信息，并且都没有市场影响力。

- 市场中存在一个无风险资产和无穷多个连续交易的风险资产。因此，公司特定风险可以通过分散化完全消除。一个公司特定风险为零的组合称为完全分散化的组合。

- 投资者是理性的，这意味着市场中如果出现套利机会（金融资产相互之间发生错误定价），那么投资者会迅速买入低估证券卖出高估证券，并为了尽可能多获取无风险收益而持有无穷大的头寸。因此，任何错误定价会瞬间消失。

- 因素组合存在，并可连续交易。一个因素组合是一个完全分散化的组合，仅仅反映了某个因素。特别地，对这个特定因素的 β 为 1，而对所有其他因素的 β 为 0。

从以上假设出发，可以推出任何组合的风险溢价等于因素组合的风险溢价加权和（Medvegyev-Szaz，2010）。下文的定价公式可以导出为两因素模型：

$$E(r_i - r_f) = \beta_{i1}(r_1 - r_f) + \beta_{i2}(r_2 - r_f) \qquad （方程 2）$$

这里，r_i 表示第 i 个资产的收益率，r_f 表示无风险收益率，β_{i1} 表示第 i 个股票的风险溢价对第一个系统因素的敏感性，并且 $(r_1 - r_f)$ 表示这个因素的风险溢价。同样，β_{i2} 表示第 i 个股票的风险溢价对第二个因素的超额收益 $(r_2 - r_f)$ 的敏感性。

当我们需要实施 APT 时，使用如下形式的线性回归方程式：

$$(r_i - r_f) = \alpha_i + \beta_{i1}(r_1 - r_f) + \beta_{i2}(r_2 - r_f) + \varepsilon_i \qquad \text{（方程 3）}$$

这里，α_i 表示一个常数，而 i 表示资产的非系统性的、公司特定的风险。所有其他变量含义如前所述。

如果模型中仅仅有一个因素，并且这个因素就是市场组合收益率，那么，CAPM 模型和 APT 模型的定价方程式相同：

$$E(r_i - r_f) = \beta_i(r_m - r_f) \qquad \text{（方程 4）}$$

这种情形下，用真实市场数据检验的方程如下：

$$(r_i - r_f) = \alpha_i + \beta_i(r_m - r_f) + \varepsilon_i \qquad \text{（方程 5）}$$

这里，r_m 表示通过一个市场指数（如 S&P500，即标准普尔 500 指数）代表的市场组合收益率。因此我们称方程 5 为指数模型。

2.1.1　实现 APT

APT 的实现分 4 步进行：识别因素，估计因素系数，估计因素溢价，采用 APT 进行定价（Bodie et al.2008）。

（1）识别因素：因为 APT 本身不包含关于因素的任何内容，所以因素需要通过实证分析来识别。这些因素通常考虑宏观经济因素，如股票市场收益率、通货膨胀率、商业周期等。使用宏观经济因素的一大问题是各个因素相互不独立。因此常常需要使用因子分析来识别因素。但是，通过因子分析识别出的因素在经济学上不容易有好的解释。

（2）估计因素系数：为了估计多变量线性回归模型的系数，我们使用方程 3 的一个一般形式。

（3）估计因素溢价：因素溢价基于历史数据来估计，对因素组合溢价的历史时间序列数据取均值。

（4）给出 APT 定价方程：通过代入适合的变量，用方程 2 来计算任何资产的预期收益率。

2.1.2　Fama-French 三因素模型

Fama 和 French 在 1996 年提出一个多因素模型。他们使用公司指标因素替代宏观因素，因为他们发现这些因素能够更好地描述资产的系统风险。Fama 和 French(1996)向市场组合收益率中增加了公司规模和净值市值比作为收益率生成因素，扩展了指数模型。

公司规模因素定义为小公司与大公司的收益率之差（r_{SMB}）。变量名是 SMB，源于"small minus big"的首字母缩写。净值市值比因素定义为高净值市值比减去低净值市值比的公司收益率之差（r_{HML}）。变量名是 HML，源于"high minus low"的首字母缩写。

模型如下：

$$(r_i - r_f) = \alpha_i + \beta_{iM}(r_M - r_f) + \beta_{iHML} r_{HML} + \beta_{iSMB}(r_{SMB}) + e_i \qquad （方程 6）$$

这里，α_i 是一个常数，表示异常收益率。r_f 是无风险收益率。β_{iHML} 是第 i 个资产对净值市价比因素的敏感性。β_{iM} 是第 i 个股票的风险溢价对市场指数因素的敏感系数。$(r_M - r_f)$ 是市场指数因素的风险溢价。e_i 是资产的非系统性、公司特定风险，均值为零。

2.2 在 R 中建模

在接下来的部分中，我们将会学习在 R 的帮助下如何实现先前讲过的模型。

2.2.1 数据选择

在第 4 章大数据—高级分析中，我们将会详细讨论获取开源数据及对其进行高效处理的各种知识与方法。在这里，我们仅仅讲述股票价格时间序列和其他相关信息如何获取和如何用于因素模型估计。

我们使用 quantmod 包来收集数据库。

以下是在 R 中实现的代码：

```
library(quantmod)
stocks <- stockSymbols()
```

然后，我们需要等待几秒钟获取数据，接着可以看到输出：

```
Fetching AMEX symbols...
Fetching NASDAQ symbols...
Fetching NYSE symbols...
```

现在，我们得到一个 R 数据框对象，这个对象涵盖了在各个交易所（如 AMEX，

NASDAQ，或者 NYSE）进行交易的大约 6500 只股票。为了查看数据集涵盖的变量，我们用 str 命令：

```
str(stocks)
'data.frame': 6551 obs. of 8 variables:
 $ Symbol   : chr "AA-P" "AAMC" "AAU" "ACU" ...
 $ Name     : chr "Alcoa Inc." "Altisource Asset Management Corp"...
 $ LastSale : num 87 1089.9 1.45 16.58 16.26 ...
 $ MarketCap: num 0.00 2.44e+09 9.35e+07 5.33e+07 2.51e+07 ...
 $ IPOyear  : int NA NA NA 1988 NA NA NA NA NA NA ...
 $ Sector   : chr "Capital Goods" "Finance" "Basic Industries"...
 $ Industry : chr "Metal Fabrications" "Real Estate"...
 $ Exchange : chr "AMEX" "AMEX" "AMEX" "AMEX" ...
```

我们可以删掉确实不需要的变量，也可以增加来自不同数据库的市场资本化信息和公司账面价值作为新变量，这些变量我们需要用来估计 Fama-French 模型：

```
stocks[1:5, c(1, 3:4, ncol(stocks))]
    Symbol LastSale MarketCap BookValuePerShare
1   AA-P      87.30          0              0.03
2   AAMC     985.00 2207480545            -11.41
3   AAU        1.29   83209284              0.68
4   ACU       16.50   53003808             10.95
5   ACY       16.40   25309415             30.13
```

我们也会需要无风险收益率的时间序列。我们通过计算月度 LIBOR 市场上的美元利率确定这个序列：

```
library(Quandl)
Warning message:
package 'Quandl' was built under R version 3.1.0
LIBOR <- Quandl('FED/RILSPDEPM01_N_B',
start_date = '2010-06-01', end_date = '2014-06-01')
Warning message:
In Quandl("FED/RILSPDEPM01_N_B", start_date = "2010-06-01", end_date
= "2014-06-01") : It would appear you aren't using an authentication
token. Please visit http://www.quandl.com/help/r or your usage may be
limited.
```

因为数据依然分配给 LIBOR 变量，我们可以忽略这个警告信息。

Quandl 包，tseries 包和其他收集数据的包会在第 4 章（大数据—高级分析）中详细讨论。

这个方法也可以用来获取股票价格，并且标普 500 指数（S&P500 指数）可以用来表示市场组合。

我们有一张表，记录了接近 5000 只股票价格在 2010 年 6 月 1 日到 2014 年 6 月 1 日之间的时间序列。其中第一列和最后几列如下所示：

```
d <- read.table("data.csv", header = TRUE, sep = ";")
d[1:7, c(1:5, (ncol(d) - 6):ncol(d))]
          Date      SP500  AAU  ACU   ACY   ZMH   ZNH ZOES  ZQK ZTS ZX
1 2010.06.01 1070.71 0.96 11.30 20.64 54.17 21.55   NA 4.45  NA NA
2 2010.06.02 1098.38 0.95 11.70 20.85 55.10 21.79   NA 4.65  NA NA
3 2010.06.03 1102.83 0.97 11.86 20.90 55.23 21.63   NA 4.63  NA NA
4 2010.06.04 1064.88 0.93 11.65 18.95 53.18 20.88   NA 4.73  NA NA
5 2010.06.07 1050.47 0.97 11.45 19.03 52.66 20.24   NA 4.18  NA NA
6 2010.06.08 1062.00 0.98 11.35 18.25 52.99 20.96   NA 3.96  NA NA
7 2010.06.09 1055.69 0.98 11.90 18.35 53.22 20.45   NA 4.02  NA NA
```

如果我们的数据已经储存在硬盘中，那么可以使用 read.table 函数方便的读取。在第 4 章（大数据—高级分析）中，我们会讨论如何从互联网收集数据。

现在，我们得到了所需数据：市场组合（标普 500）、股票价格、无风险利率（月度 LIBOR）。

为了清洗数据库，我们删除了有缺失值、0 价格或者负价格的变量。最简单的实现如下：

```
d <- d[, colSums(is.na(d)) == 0]
d <- d[, c(T, colMins(d[, 2:ncol(d)]) > 0)]
```

为了使用 colMins 函数，需要应用 matrixStats 包。现在，我们可以开始处理数据。

2.2.2 通过主成分分析估计 APT

由于识别影响证券收益率的宏观变量很困难（Medvegyev-Szaz，2010，pp.42），我们在实践中使用因子分析相当不易。通常，我们通过主成分分析来寻找驱动收益率变动的潜因子。

在最初下载的 6500 只股票中，我们可以使用 4500 只股票数据。其他部分由于缺失值或者 0 价格的缘故删除了。现在，由于这里用不到日期，还有我们将标普 500 本身视为一个独立的因子，在主成分分析（principal component analysis，PCA）中不考虑，我们又删除了前两列数据。然后，计算对数收益率：

```
p <- d[, 3:ncol(d)]
```

```
r <- log(p[2:nrow(p), ] / p[1:(nrow(p) - 1), ])
```

也有其他方法可以计算给定资产的对数收益率，就是 PerformanceAnalytics 库中的 return.calculate(data,method="log")函数。

因为我们的股票数目过于庞大，为了实施 PCA，要么需要数据时间长度至少 25 年，要么需要减少股票数量。使因素模型在几十年间保持稳定，这是不可能的。因此，为了达到说明的目的，我们随机选择了百分之十的股票，并对这个样本计算 PCA 模型：

```
r <- r[, runif(nrow(r)) < 0.1]
```

runif(nrow(r)) < 0.1 给出了一个 4013 维的 0—1 向量，选出了原表中几乎 10% 的列（在这个例子中，个数为 393）。我们也可以使用以下样本函数，在网站 http://stat.ethz.ch/R-manual/R-devel/library/base/html/sample.html 上你可以找到更多细节：

```
pca <- princomp(r)
```

结果，我们得到一个 princomp 类对象。这个对象有 8 个属性，其中最重要的属性是加载矩阵和 sdev 属性（包括组成部分的标准差）。第一主成分是数据集方差最大的向量。

我们确认一下主成分的标准差：

```
plot(pca$sdev)
```

结果如图 2-1 所示。

我们可以看出，前 5 个成分是独立的。因此，我们应该选择 5 个因子。但是，其他因子的标准差同样显著。所以，不能通过几个因子解释整个市场。

我们可以通过调用 factanal 函数确认结果。这个函数估计了五因子模型：

```
factanal(r, 5)
```

我们可以发现，实施这个计算花费了很多时间。因子分析与 PCA 相关，但从数学角度看

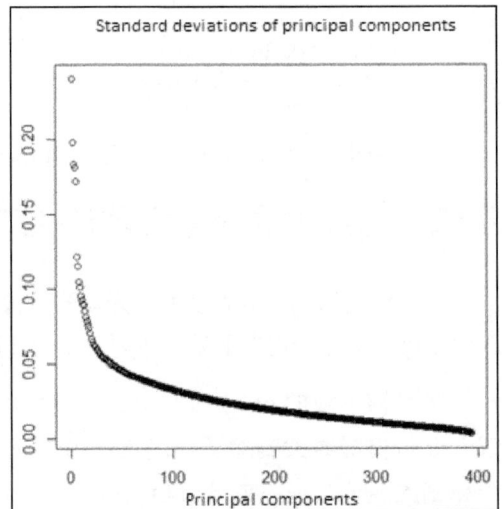

图 2-1　主成分的标准差

稍复杂一些。结果，我们得到一个 factanal 类对象。它有很多属性。但是，此时我们仅对

以下输出部分有兴趣：

```
          Factor1 Factor2 Factor3 Factor4 Factor5
SS loadings   56.474 23.631 15.440 12.092 6.257
Proportion Var 0.144  0.060   0.039  0.031 0.016
Cumulative Var 0.144  0.204   0.243  0.274 0.290
Test of the hypothesis that 5 factors are sufficient.
The chi square statistic is 91756.72 on 75073 degrees of freedom.The
p-value is 0
```

结果显示，五因子模型适合数据。但是，可解释的方差仅仅接近 30%。这意味着模型应该考虑扩展进其他因子。

2.2.3　Fama-French 模型估计

我们有一个包含 4015 只股票 5 年价格的数据框架，和包含 LIBOR 时间序列的 LIBOR 数据框架。首先，我们需要计算收益率，再与 LIBOR 利率合并。

第一步，我们删掉数学计算不需要的数据。然后，对保留下来的每一列计算对数收益率：

```
d2 <- d[, 2:ncol(d)]
d2 <- log(tail(d1, -1)/head(d1, -1))
```

在计算了对数收益率之后，我们把日期放回到收益率中。然后，在最后一步合并两个数据集：

```
d <- cbind(d[2:nrow(d), 1], d2)
d <- merge(LIBOR, d, by = 1)
```

需要提醒读者的是，对数据框架实施 merge 函数，相当于 SQL 中的（内）联语句。

结果如下：

```
print(d[1:5, 1:5])]
     Date LIBOR    SP500           AAU           ACU
2010.06.02 0.4     0.025514387   -0.01047130    0.034786116
2010.06.03 0.4     0.004043236    0.02083409    0.013582552
2010.06.04 0.4    -0.035017487   -0.04211149   -0.017865214
2010.06.07 0.4    -0.013624434    0.04211149   -0.017316450
2010.06.08 0.4     0.010916240    0.01025650   -0.008771986
```

我们将 LIBOR 利率转换为日度收益率：

```
d$LIBOR <- d$LIBOR / 36000
```

由于 LIBOR 利率的报价基于货币市场基差——以及（实际天数/360）的天数计算约定——而且时间序列包含使用百分比表示的利率，我们把 LIBOR 除以 36000。现在，我们需要计算 Fama-French 模型的 3 个变量。正如在数据选择部分中所讲，我们有股票的数据框：

```
d[1:5, c(1,(ncol(d) - 3):ncol(d))]
  Symbol LastSale MarketCap BookValuePerShare
1 AA-P   87.30           0              0.03
2 AAMC  985.00  2207480545            -11.41
3 AAU     1.29    83209284              0.68
4 ACU    16.50    53003808             10.95
5 ACY    16.40    25309415             30.13
```

我们得删掉那些没有价格数据的股票：

```
> stocks = stocks[stocks$Symbol %in% colnames(d),]
```

我们将市场上限作为一个变量。我们仍需对每只股票计算账面市值比：

```
stocks$BookToMarketRatio <-
 stocks$BookValuePerShare / stocks$LastSale
str(stocks)
'data.frame': 3982 obs. of 5 variables:
 $ Symbol           : Factor w/ 6551 levels "A","AA","AA-P",..: 14
72...
 $ LastSale         : num 1.29 16.5 16.4 2.32 4.05 ...
 $ MarketCap        : num 8.32e+07 5.30e+07 2.53e+07 1.16e+08...
 $ BookValuePerShare: num 0.68 10.95 30.13 0.19 0.7 ...
 $ BookToMarketRatio: num 0.5271 0.6636 1.8372 0.0819 0.1728 ...
```

现在，我们需要计算 SMB 因素和 HML 因素。为了简化，我们将 BIG 公司定义为大于平均水平的公司。账面市值比实施同样的原则：

```
avg_size <- mean(stocks$MarketCap)
BIG <- as.character(stocks$Symbol[stocks$MarketCap > avg_size])
SMALL <- as.character(stocks[stocks$MarketCap < avg_size,1])
```

这些数组包括了 BIG 公司和 SMALL 公司。现在，我们可以定义 SMB 因素：

```
d$SMB <- rowMeans(d[,colnames(d) %in% SMALL]) -
  rowMeans(d[,colnames(d) %in% BIG])
```

我们接着定义 HML 因素：

```
avg_btm <- mean(stocks$BookToMarketRatio)
HIGH <- as.character(
  stocks[stocks$BookToMarketRatio > avg_btm, 1])
LOW <- as.character(
  stocks[stocks$BookToMarketRatio < avg_btm, 1])
d$HML <- rowMeans(d[, colnames(d) %in% HIGH]) -
  rowMeans(d[, colnames(d) %in% LOW])
```

第三个因素这样计算：

```
d$Market <- d$SP500 - d$LIBOR
```

定义完 3 个因素，我们在花旗集团（Citi）股票和伊克塞利克斯（EXEL）股票上试一试：

```
d$C <- d$C - d$LIBOR
model <- glm( formula = "C ~ Market + SMB + HML" , data = d)
```

GLM（general linear model，一般线性模型）函数作用如下：它将数据和公式作为参数读入。公式是一个形为响应～条件的字符串，其中响应是数据框中的一个变量名，条件指定了模型中的预测子，它包含在数据集中通过操作符"＋"分隔开的变量名。这个函数也可以用于 Logistic 回归，只是缺省状态设定为线性。

模型输出如下：

```
Call: glm(formula = "C~Market+SMB+HML", data = d)
Coefficients:
(Intercept)      Market        SMB         HML
  0.001476    1.879100    0.401547   -0.263599
Degrees of Freedom: 1001 Total (i.e. Null); 998 Residual
Null Deviance:     5.74
Residual Deviance: 5.364    AIC: -2387
```

模型概要输出如下:

```
summary(model)
Call:
glm(formula = "C~Market+SMB+HML", data = d)
Deviance Residuals:
     Min       1Q    Median       3Q      Max
-0.09344 -0.01104 -0.00289 0.00604 2.26882
Coefficients:
              Estimate Std. Error t value Pr(>|t|)
(Intercept)   0.001476 0.002321   0.636    0.525
Market        1.879100 0.231595   8.114 1.43e-15 ***
SMB           0.401547 0.670443   0.599    0.549
HML          -0.263599 0.480205  -0.549    0.583
---
Signif. codes: 0 '***' 0.001 '**' 0.01 '*' 0.05 '.' 0.1 ' ' 1
(Dispersion parameter for gaussian family taken to be 0.005374535)
    Null deviance: 5.7397 on 1001 degrees of freedom
Residual deviance: 5.3638 on 998 degrees of freedom
AIC: -2387
Number of Fisher Scoring iterations: 2
```

结果显示,唯一显著的因素是市场溢价。这表明花旗集团的股票收益率倾向于与整个市场本身共同变动。

使用以下命令可以画出结果:

```
estimation <- model$coefficients[1]+
  model$coefficients[2] * d$Market +
  model$coefficients[3]*d$SMB +
  model$coefficients[4]*d$HML
plot(estimation, d$C, xlab = "estimated risk-premium",
  ylab = "observed riks premium",
  main = "Fama-French model for Citigroup")
lines(c(-1, 1), c(-1, 1), col = "red")
```

图 2-2 绘出了对花旗集团的 Fama-French 模型估计的风险溢价。

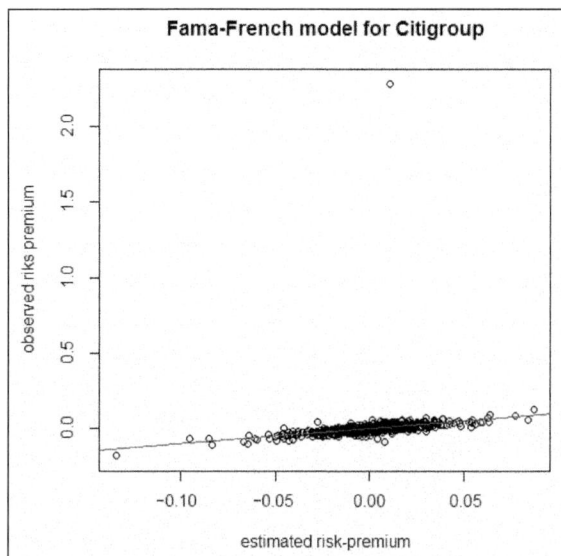

图 2-2　花旗集团的 Fama-French 模型

看图 2-2 可以发现，收益率中存在一个异常值。我们将这个异常值设为 0，看看不考虑它之后的结果：

```
outlier <- which.max(d$C)
d$C[outlier] <- 0
```

如果我们运行相同的代码建立模型，并再次计算收益率的估计值和观测值，得到以下结果：

```
model_new <- glm( formula = "C ~ Market + SMB + HML" , data = d)
summary(model_new)
Call:
glm(formula = "C ~ Market + SMB + HML", data = d)
Deviance Residuals:
      Min        1Q     Median        3Q       Max
-0.091733 -0.007827 -0.000633 0.007972 0.075853
Coefficients:
            Estimate Std. Error t value Pr(>|t|)
(Intercept) -0.0000864  0.0004498  -0.192 0.847703
Market       2.0726607  0.0526659  39.355 < 2e-16 ***
SMB          0.4275055  0.1252917   3.412 0.000671 ***
HML          1.7601956  0.2031631   8.664 < 2e-16 ***
---
Signif. codes: 0'***'0.001'**'0.01'*'0.05'.'0.1' '1
(Dispersion parameter for gaussian family taken to be 0.0001955113)
```

```
    Null deviance: 0.55073 on 1001 degrees of freedom
Residual deviance: 0.19512 on 998 degrees of freedom
AIC: -5707.4
Number of Fisher Scoring iterations: 2
```

根据以上结果，所有 3 个因素均显著。

GLM 函数不返回 R^2。lm 函数对线性回归同样可以得到精确值。我们可以从模型总结中读出 r.squared = 0.6446。

结果显示，变量可以解释花旗集团风险溢价中超过 64% 的变动。我们绘出新结果：

```
estimation_new <- model_new$coefficients[1]+
  model_new$coefficients[2] * d$Market +
  model_new$coefficients[3]*d$SMB +
  model_new$coefficients[4]*d$HML
dev.new()
plot(estimation_new, d$C, xlab = "estimated risk-premium",ylab =
"observed riks premium",main = "Fama-French model for Citigroup")
lines(c(-1, 1), c(-1, 1), col = "red")
```

这个例子的输出如图 2-3 所示。

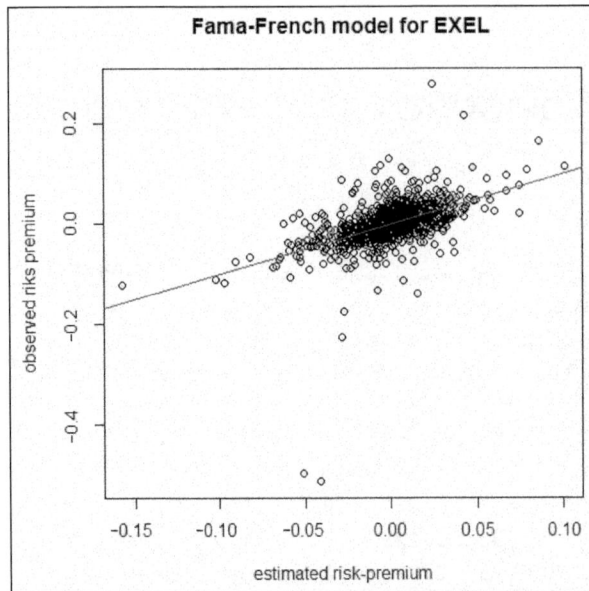

图 2-3　花旗集团去掉异常值后的 Fama-French 模型

我们再检验另一只股票 EXEL：

```
d$EXEL <- d$EXEL-d$LIBOR
model2 <- glm( formula = "EXEL~Market+SMB+HML" , data = d)
Call: glm(formula = "EXEL~Market+SMB+HML", data = d)
Coefficients:
(Intercept)      Market         SMB          HML
  -0.001048    2.038001    2.807804   -0.354592
Degrees of Freedom: 1001 Total (i.e. Null); 998 Residual
Null Deviance:   1.868
Residual Deviance: 1.364    AIC: -3759
```

模型小结输出如下：

```
summary(model2)
Call:
glm(formula = "EXEL~Market+SMB+HML", data = d)
Deviance Residuals:
     Min       1Q    Median       3Q       Max
-0.47367 -0.01480 -0.00088 0.01500 0.25348
Coefficients:
            Estimate Std. Error t value Pr(>|t|)
(Intercept) -0.001773   0.001185 -1.495 0.13515
Market       1.843306   0.138801 13.280 < 2e-16 ***
SMB          2.939550   0.330207  8.902 < 2e-16 ***
HML         -1.603046   0.535437 -2.994 0.00282 **
---
Signif. codes: 0'***'0.001'**'0.01'*'0.05'.'0.1' '1

(Dispersion parameter for gaussian family taken to be 0.001357998)
    Null deviance: 1.8681 on 1001 degrees of freedom
Residual deviance: 1.3553 on 998 degrees of freedom
AIC: -3765.4
Number of Fisher Scoring iterations: 2
```

根据以上结果，所有 3 个因子均显著。

GLM 函数并不包括 R^2。但 lm 函数对线性模型也可以得到精确的结果。我们从模型小结中得到 r.squared = 0.2723。根据这个结果，我们认为变量可以解释 EXEL 风险溢价的超过 27%的变动。

使用以下命令可以绘出图 2-4：

```
estimation2 <- model2$coefficients[1] +
  model2$coefficients[2] * d$Market +
  model2$coefficients[3] * d$SMB + model2$coefficients[4] * d$HML
plot(estimation2, d$EXEL, xlab = "estimated risk-premium",
  ylab = "observed riks premium",
  main = "Fama-French model for EXEL")
lines(c(-1, 1), c(-1, 1), col = "red")
```

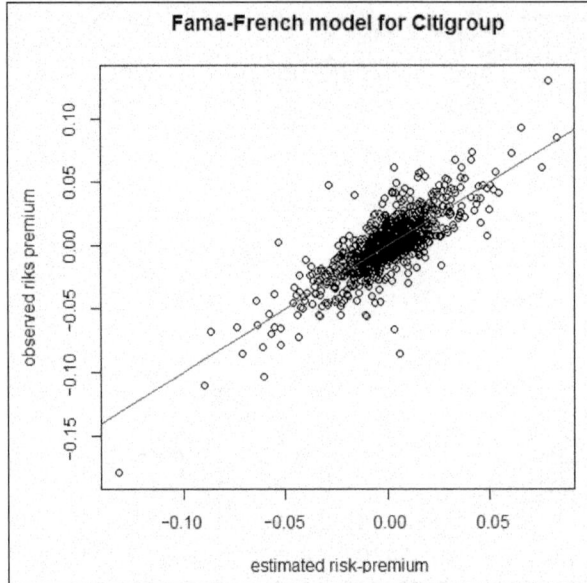

图 2-4　EXEL 的 Fama-French 模型

2.3　小结

本章中，我们看到如何建立并实现多因素模型。通过主成分分析，我们确认需要 5 个独立因素解释资产定价。但是，这些因素仅有 30%的方差解释力，表现出模型解释的不充分性。通过实例，我们用实际市场数据重建了著名的 Fama-French 模型。在这个模型中，除了市场因素，我们也使用了另两个公司特定因素（SMB 和 HML）。我们使用内置函数进行主成分分析和因子分析，并讲述了如何使用一般线性模型进行回归分析。

我们发现，这 3 个因素是显著的。因此我们得出结论，对新近的样本，Fama-French 因素具有解释力。我们非常鼓励你能够模仿经典理论，发展并检验新的多因素定价方程式，可能会比经典方程更加出色。

2.4 参考文献

- E.F. Fama, and K.R. French (1996), *Multifactor Explanations of asset Pricing Anomalies*, Journal of Finance 51, pp. 55—84.

- Z. Bodie, A. Kane, and A. Marcus (2008), *Essentials of Investment, Edition 7*,McGraw-Hill Irwin.

- P. Medvegyev, and J. Száz (2010), *A meglepetések jellege a pénzügyi piacokon*, Bankárképző, Budapest.

- P. Wilmott (2007), *Paul Wilmott Introduces Quantitative Finance, Edition 2*,John Wiley & Sons Ltd, West Sussex.

- G. Daróczi, M. Puhle, E. Berlinger, P. Csóka, D. Havran, M, Michaletzky,Zs. Tulassay, K. Váradi and A. Vidovics-Dancs (2013), *Introduction to R for Quantitative Finance*, Packt Publishing, Birmingham-Mumbai.

- S.A. Ross (1976), Return, *Risk and Arbitrage: in: Risk and Return in Finance*,Cambridge, Mass, Ballinger.

- Gy .Walter, E. Berlinger (1999), *Faktormodellek az értékpapírpiacokon (Factormodels on securities' markets)*, Bankszemle, 43(4), pp. 34—43. ISSN 0133—0519.

第 3 章
成交量预测

证券交易所的价格形成，数十年来已经成为众多研究者关注的中心。因此，涌现出大量价格的理论、模型和经验证据，并且仍然有新领域待开发。我们相信，这个主题的金融知识已经相当完整。我们可以很好地理解价格动态，并且人们大都一致认为很难预测。

相比之下，成交量作为证券交易所中交易过程的另一种基本面测量，却少受研究者的青睐。最常见的价格均衡模型甚至在解释交易行为的框架中不曾包括成交量。仅在最近，研究者们对成交量的关注度似乎稍显提升，他们还发现，相比价格，成交量的典型化事实或许预测性会更好。

本章计划介绍一种选自文献中的日内预测模型，并讲授如何在 R 中实现。

3.1 动机

更好地理解成交量，其内在的动机既是理论层面的，又是实际层面的。在订单驱动市场上，如果提交了一张买入（卖出）规模相对于市场过大的市场订单，价格水平很可能刷新好几次。成交均价最终会高于（低于）订单提交时的最优价格水平，提交者因此会损失金钱。这种现象通常称为价格影响，值得尽力避免或者至少降低损失。一种解决之道是分割订单，即把订单划分成小块并逐步提交。其内在的多种逻辑中，一种主流解释是成交量加权平均价格（volume weighted average price，VWAP）策略。这种策略计划计算每天的加权平均价格，权重由每笔交易的成交量占全天成交量的比例决定。长期投资者会乐于接受等于日度 VWAP 的平均执行价格，他们认为这种价格是中性交易的结果。但是，部分投资者认为，遵循计算 VWAP 所需的方式当天分割他们的交易，日暮才能得到计算结果，这种方式过分繁复，因此他们委托经纪商解决。经纪商保证按照 VWAP 方式交易，并为这项服务收费。该费用也可以起到缓冲跟踪误差的作用，这意味着预测日成交量最精确的经纪商的经纪费用最为低廉。其原因在于经纪商的所有任务是根据预测按比例分割交易，如果预测精确，不用考虑价格演变也能实现 VMAP。因此对经纪商来说，能不能精确预测成交量直接影响他们的收益，这项能力是一种极具价值的商业资产。

3.2 交易强度

交易行为的强度可以通过一系列方法测量。应用中最常见的测度是成交量，在确定的时间段内交易的股份数量。鉴于流动性（它表示交易一项资产的容易程度），因此每只股票的绝对交易行为都不同，为了建模我们选择基于百分比形式的成交量比较方便。这种测度称为换手率，它的定义方程根据成交量推导出，如下：

$$x_{i,t} = \frac{V_{i,t}}{TSO_{i,t}} \qquad （方程 1）$$

这里，x 代表换手率，V 表示成交量，TSO 表示总发行股份，后者表示可公开交易的股份总数。下标 i 表示某只真实股票，下标 t 表示时间区间。

正如前文所提，成交量记载了很多典型化事实。其中之一是鉴于成交量测度了已交易的股份数额，那么它是非负的。倘若完全没有交易，成交量为零，否则必然为正。另一个重要的典型化事实是多个市场中的日内 U 型曲线 [参见 Hmaied, D. M., Sioud, O. B., Grar, A.（2006）和 Hussain, S. M.（2011），有很好的概述]。

这意味着在市场开盘后和收盘前的交易行为，交易量相比当天的其他时间往往更为活跃。这种现象的存在非常明确，它也已经有好几种可能的解释。

> **小提示**
>
> 非常有兴趣的读者可以查阅以下文献。Kaastra, I., Boyd, M. S.（1995）和 Lux, T., Kaizoji, T.（2004），他们分别使用月度和日度数据提出了交易量预测模型。Brownlees, C. T., Cipollini, F., Gallo, G. M.（2011）对日内数据建立了交易量预测模型，与本章直接相关。我们的经验研究发现 [由 Bialkowski, J., Darolles, S., Le Fol, G.（2008）提出的)]，下一节详述的模型预测更精确。仅仅源于篇幅所限，本章仅阐述后者。

本章讨论股票成交量的日内预测。文献中可以找到一些模型，其中我们发现 Bialkowski，J.，Darolles，S.，Le Fol，G.（2008）提出的模型最精确。下一节简要概述这个模型，并为以后理解运用提供足够的细节。

3.3　成交量预测模型

本节解释 Bialkowski，J.，Darolles, S.和 Le Fol，G.（2008）提出的日内成交量预测模型。

他们使用 CAC40 数据检验模型，包括指数中每只股票 2004 年 9 月的换手率。交易被分割为在 20 分钟的时间段内汇总，结果每天有 25 个观测。

换手率分解为两个可加部分。第一个部分是季节成分（U 形曲线），代表每只股票每天换手率的预期水平。假定每天的换手率和平均值稍有不同，这就是第二个部分——动态成分，表示对某天平均值的预期偏差。

这种分解使用 Bai，J.（2003）的因子模型实现。初始问题如下：

$$X = F\Lambda' + e = K + e \qquad （方程 2）$$

这里，矩阵 X（TxN 阶）包含初始数据，F（Txr 阶）是因子矩阵，Λ'（Nxr 阶）是因子载荷矩阵，e（TxN 阶）是误差项。K 表示公共项，T 表示观测个数，N 表示股票个数，r 表示因子个数。

XX' 矩阵的维数是（TxT）。在决定了它的特征值和特征向量以后，Eig 包含了最大的 r 个特征值的相关特征向量。然后，因子矩阵的估计如下式决定：

$$\tilde{F} = \sqrt{T}\,Eig \qquad （方程 3）$$

载荷矩阵估计的逆矩阵计算如下：

$$\tilde{\Lambda}' = \frac{\tilde{F}X}{T} \qquad （方程 4）$$

最后，共同成分的估计会是：

$$\tilde{K} = \tilde{F}\tilde{\Lambda}' \qquad （方程 5）$$

给定模型可加，动态成分的估计可化简为：

$$\tilde{e} = X - \tilde{K} \qquad （方程 6）$$

现在，共同成分和动态成分的估计都得到了，下一步是生成它们的预测。作者假设季节成分（U 形）在 20 天的估计期间是常数（但各个股票的季节成分不同），因此他们如下式进行预测：

$$\tilde{K}_{t+1,i} = \frac{1}{L}\sum_{l=1}^{L}K_{t+1-25l,i} \qquad (方程 7)$$

已知每天划分为 25 个时间段，这个公式意味着每只股票 i 在明天第一个时间段的预测将是前 L 天所有第一个时间段的平均值。

动态成分的预测通过两种不同方法得到。其中一种方法是拟合一个 AR（1）模型，设定如下：

$$\tilde{e}_{t,i} = c + \phi_1\tilde{e}_{t-1,i} + \varepsilon_{t,i} \qquad (方程 8)$$

另一种方法是拟合一个 SETAR 模型，设定为：

$$\tilde{e}_{t,i} = (c_{1,1} + \phi_{1,2}\tilde{e}_{t-1,i})I(\tilde{e}_{t-1,i}) + (c_{2,1} + \phi_{2,2}\tilde{e}_{t-1,i})(1 - I(\tilde{e}_{t-1,i})) + \varepsilon_{t,i} \qquad (方程 9)$$

这里，示性函数如下：

$$I(x) = \begin{cases} 1 & (x \leqslant \tau) \\ 0 & (x > \tau) \end{cases} \qquad (方程 10)$$

这意味着如果之前的观测没有超过模型内设定的门槛 τ，那么使用一个 AR（1）模型进行预测，否则使用另外一个 AR（1）模型。

在预测季节和动态成分之后，换手率的预测等于两者相加：

$$\tilde{X}_{t+1,i} = \tilde{K}_{t+1,i} + \tilde{e}_{t+1,i} \qquad (方程 11)$$

注意我们使用了两种不同的方法预测动态成分。因此，会有两种不同的预测结果，这取决于会在季节成分的预测上加上动态成分哪一种预测。

3.4 R 的实现

在这一节中，我们讲述如何在 R 中实现 Bialkowski, J., Darolles, S. 和 Le Fol, G.（2008）的模型。从载入数据到估计模型参数，再到生成实际预测，涉及所有细节。

3.4.1 数据

我们使用的数据包括取自道琼斯工业平均指数的 10 只不同股票（概览见表 3-1），时间段选择从 2011 年 6 月 1 日到 2011 年 6 月 29 日之间的 21 个交易日。纽约证券交易所（NYSE）和纳斯达克（NASDAQD）的交易在 9:30 到 16:00 之间是连续的。将所有的交易数据按照 15 分钟的时间段汇总之后，我们每天得到 26 个观测，总共得到 $26 \times 21 = 546$ 个观测。

> **小提示**
>
> 此处我们将交易日分为 26 个时间段，而前文分为 25 个。原因在于每个市场的开盘时间不同，我们的数据来自不同的市场。这个区别在模型中仅仅体现在一个参数的变化，但这个细节需要关注。

所有使用的股票都具有良好的流动性，使得在整个观测期间每一个时间段中换手率为正。但是，应该注意，因为模型具有一个可加结构，因而即使某些时间段中换手率为零也不会引起麻烦。

表 3-1 源自 http://kibot.com/。

表 3-1 数据集中包括的股票

	代码	公司	行业	板块	交易所
1	AA	美国铝业	铝业	基础材料	NYSE
2	AIG	美国国际集团	财产和意外保险	金融	NYSE
3	AXP	美国运通	信贷业务	金融	NYSE
4	BA	波音公司	航空航天/防务产品和服务	工业品	NYSE
5	BAC	美国银行	中大西洋区域银行	金融	NYSE
6	C	花旗集团	货币中心银行	金融	NYSE
7	CAT	卡特彼勒	农业和建筑机械	工业品	NYSE
8	CSCO	思科系统	网络和通信设备	技术	NASDAQ
9	CVX	雪佛龙	专业综合油气	基础材料	NYSE
10	DD	杜邦公司	化学品-专业多元化	基础材料	NYSE

在 546 个观测中，我们使用前 520 个（20 天）作为估计期，后 26 个（1 天）作为预测

期。务必保留预测期内的实际数据，这样我们才能将预测值与实际值比较得以判断精确性。

图 3-1 展示了数据，画出了美国铝业前 5 天的换手率（130 个观测）。

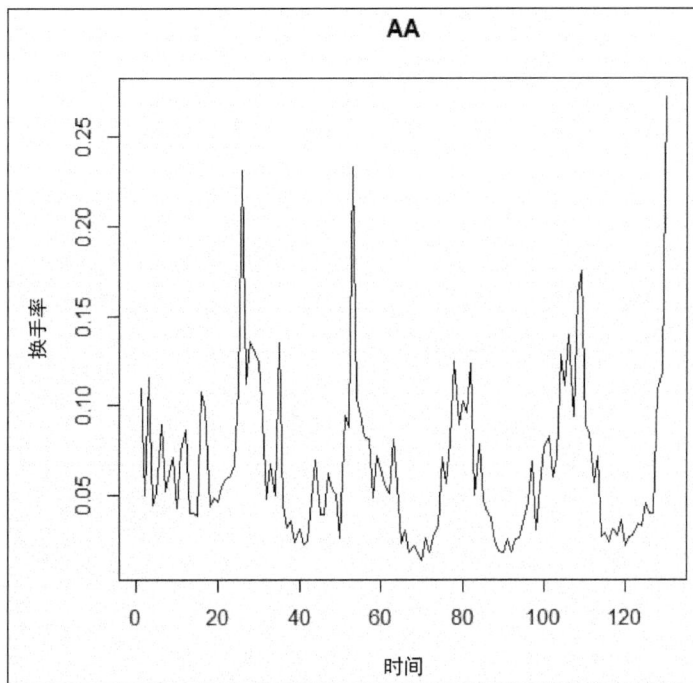

图 3-1 美国铝业前 5 天的换手率

尽管每天稍有不同，仍可以在换手率图 3-1 上清楚地看到由 5 个 U 形图展示了 5 个不同交易日。

3.4.2 载入数据

数据组织在一个.csv 文件中，股票名称作为表头。这个数据矩阵的维数是 546×10。下面的代码载入数据并打印数据的前 5 行前 6 列：

```
turnover_data <- read.table("turnover_data.csv", header = T, sep = ";")
format(turnover_data[1:5, 1:6],digits = 3)
```

矩阵左上方的片段输出如下显示。给定数据表示的是换手率值（以百分数的形式），而不是成交量，每个数值都小于 1。例如，我们可以看到，在样本的前 15 分钟内，美国铝业的占总发行 0.11%的股份发生交易（见方程 1）。

```
     AA     AIG     AXP     BA     BAC      C
1  0.1101  0.0328  0.0340  0.0310  0.0984  0.0826
2  0.0502  0.0289  0.0205  0.0157  0.0635  0.0493
3  0.1157  0.0715  0.0461  0.0344  0.1027  0.1095
4  0.0440  0.1116  0.0229  0.0228  0.0613  0.0530
5  0.0514  0.0511  0.0202  0.0263  0.0720  0.0836
```

下面的代码画出了美国铝业第一天的换手率，如图 3-2 所示：

```
plot(turnover_data$AA[1:26], type = "l", main = "AA", xlab = "time",
ylab="turnover")
```

我们可以识别出第一天的 U 形图，但是在这一点上需要一些想象力。这是因为 U 形图是基于统计基础才能观察到的典型化事实。

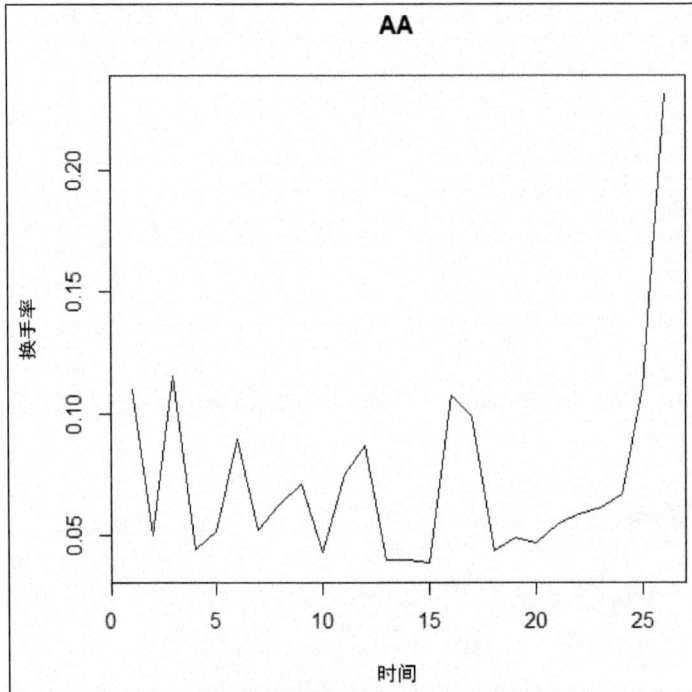

图 3-2　美国铝业第一天的换手率

因此我们期望 U 形图在平均上能够更好地定义。下面的代码画出了总样本共 21 天的美国铝业平均换手率。最后，将数据矩阵的第一列转换为一个 26×21 的矩阵，再画出行平均值：

```
AA_average <- matrix(turnover_data$AA, 26, 546/26)

plot(rowMeans(AA_average), type = "l", main = "AA" , xlab = "time", ylab
= "turnover")
```

结果显示在图 3-3 中，其中 U 形图清晰可见。

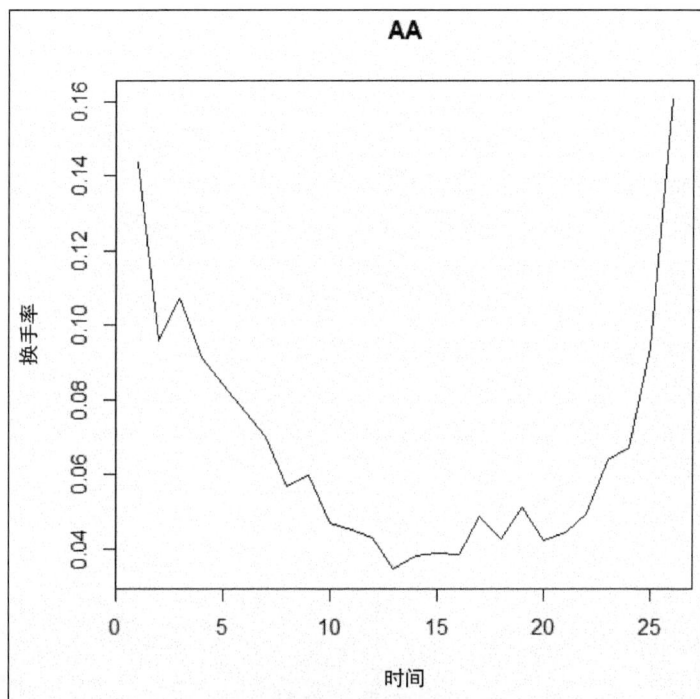

图 3-3　美国铝业换手率的 21 天平均值

现在数据载入成功，我们接下来准备实现模型。

3.4.3　季节成分

第一步，确定季节成分。如之前所提，我们使用前 520 个观测估计。以下代码从数据框创建了恰当的样本矩阵：

```
n <- 520
m <- ncol(turnover_data)
sample <- as.matrix(turnover_data[1:n, ])
```

现在，开始 Bai、J.（2003）中的因子分解（参见方程 2～6）。创建矩阵 $S = XX'$（维数是 520×520）后，求它的特征值和特征向量：

```
S <- sample %*% t(sample)
D <- eigen(S)$values
V <- eigen(S)$vectors
```

接下来，决定使用的因子个数（r）。以下代码按降序画出了特征值：

```
plot(D, main = "Eigenvalues", xlab = "", ylab = "")
```

结果显示在图 3-4 中，其中第一个特征值明显高于其他特征值。这表示第一个特征向量解释的方差占总方差的大部分，因此我们选择单因子（$r=1$）模型。作为经验法则，我们最多可以选择特征值大于 1 的所有因子，但这始终是主观的决策。

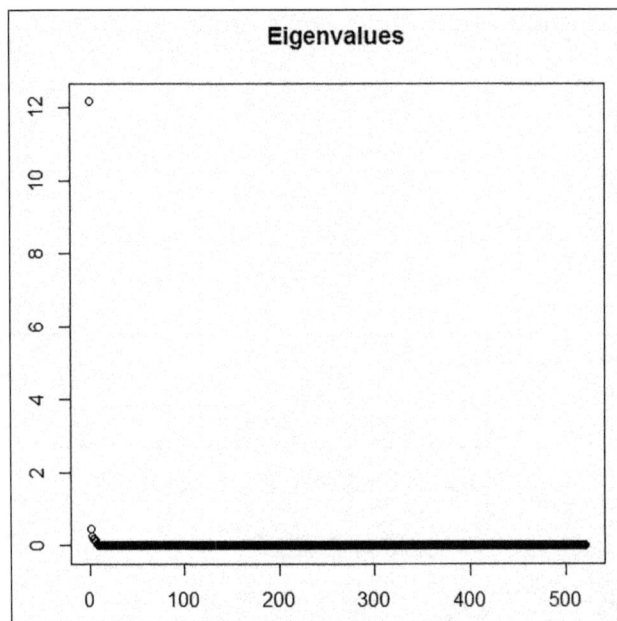

图 3-4　XX' 的特征值

使用最大特征值对应的特征向量，现在可以计算因子矩阵的估计（见方程 3）：

```
Eig <- V[, 1]
F <- sqrt(n) * Eig
```

然后，根据方程 4 计算载荷矩阵估计的转置以及根据方程 5 计算公共（季节）成分的估计。最后，也可以计算动态（个别）成分（见方程 6）：

```
Lambda <- F %*% sample / n
K <- F %*% Lambda
IC <- sample - K
```

我们会在下文两个小节中预测动态成分,但在这里仍然需要预测季节成分。根据方程 7 完成:

```
K26 <- matrix(0, 26, m)

for (i in 1:m) {
    tmp <- matrix(K[,i], 26, n/26)
    K26[,i] <- rowMeans(tmp)
}
```

上述代码计算了所有 26 个时间段的 20 日平均,每次计算一只股票,得到一个 26×10 的矩阵,包括所有 10 只股票一天的季节成分预测。

现在,我们只剩下动态成分需要预测,可以通过两种不同的方法完成:拟合 AR(1)以及 SETAR 模型。

3.4.4 AR(1)的估计和预测

在这个小节中,我们对动态成分拟合 AR(1)模型。这需要设定 10 个模型,每只股票一个。如下代码执行了参数估计:

```
library(forecast)

models <- lapply(1:m, function(i)
    Arima(IC[, i], order = c(1, 0, 0), method = "CSS"))
coefs <- sapply(models, function(x) x$coef)
round(coefs, 4)
```

系数存放在 coefs 变量中,并在下列输出中打印,小数点保留 4 位。由于 forecast 包有一个内置的 forecast 函数,系数不需要保存(保存模型足矣)。我们存放系数是为了在接下来的例子中使用。

```
        [,1]    [,2]    [,3]    [,4]    [,5]    [,6]    [,7]    [,8]    [,9]   [,10]
[1,] 0.4745  0.4002  0.3171  0.4613  0.4139  0.5091  0.4072  0.4149  0.2643  0.3940
[2,] 0.0000  0.0004 -0.0007  0.0000 -0.0005 -0.0005  0.0002  0.0017 -0.0004 -0.0007
```

输出:每只股票的 AR 系数。

> **小提示**
>
> R 有多种方法估计 AR（1）模型。除了前文提到的适用于任何 ARIMA 的方法，下文代码（仅使用了美国铝业案例）重新生成了相同的结果，但它使用了不同的包，这个包只能处理 ARMA（而非 ARIMA）模型。
>
> ```
> library("tseries")
> arma_mod <- arma(IC[, 1], order = c(1, 0))
> ```

所以接下来是生成下一天的预测，换句话说，对接下来的 26 个时间段使用之前估计的 AR（1）模型。这由下列代码执行：

```
ARf <- sapply(1:m, function(i) forecast(models[[i]], h = 26)$mean)
```

为了获得完整预测（包括季节成分和动态成分），我们仅使用方程 11：

```
AR_result <- K26+ARf
```

完整的预测目前存放在 AR_result 变量中。

3.4.5　SETAR 的估计和预测

获得动态成分预测的第二种方法是使用 SETAR 模型。我们再次需要 10 个不同的模型，每只股票对应一个方程。同样 R 也有一个用于 SETAR 估计的包，因此代码可以这样简单：

```
library(tsDyn)
setar_mod <- apply(IC,2,setar, 1);
setar_coefs <- sapply(setar_mod, FUN = coefficients)
round(setar_coefs, 4)
```

与 AR 模型不同的是，我们需要为精确预测而存放模型系数，也可以使用上文的代码。在下列输出中打印了小数点保留 4 位的值。

```
        [,1]    [,2]    [,3]   [,4]   [,5]    [,6]    [,7]   [,8]  [,9] [,10]
[1,] 0.0018 -0.0003 -0.0004 0.0001 -0.0163 -0.0062 -0.0067 0.0016 -0.0003 -0.0001
[2,] 0.5914 0.5843 0.4594 0.6160 -0.1371 0.3108 0.1946 0.4541 0.3801 0.5930
[3,] -0.0016 0.0180 0.0046 0.0061 0.0001 0.0033 0.0011 -0.0040 0.0021 0.0086
[4,] 0.4827 -0.0720 -0.0003 0.1509 0.4315 0.3953 0.3635 0.5241 0.0441 -0.0854
[5,] 0.0063 0.0092 0.0026 0.0036 -0.0141 -0.0054 -0.0103 0.0130 0.0018 0.0057
```

输出：每只股票的 SETAR 模型的系数。

从上到下，5 个参数排列如下，细节参见方程 9：

（1）截距（低状态）；

（2）AR 系数（低状态）；

（3）截距（高状态）；

（4）AR 系数（高状态）；

（5）门槛。

现在，剩余任务是使用刚刚描述的 SETAR 模型预测未来 26 个时间段的动态成分。这由下列代码执行：

```
SETARf <- matrix(0, 27, m)
SETARf[1,] <- sample[520,]

for (i in 2:27){
SETARf[i,] <-
(setar_coefs[1,]+SETARf[i-1,]*setar_coefs[2,])*
(SETARf[i-1,] <= setar_coefs[5,]) +
(setar_coefs[3,]+SETARf[i-1,]*setar_coefs[4,])*
(SETARf[i-1,] > setar_coefs[5,])
}
```

尽管我们希望每只股票都能得到 26 个时间段的预测（即一个完整的交易日），但是 SETARf 变量却有 27 行，其原因在于为了能够递归地计算，需要把最后一个已知观测值存放在第一行。并且，注意我们是逐行计算的，换句话说，我们同时计算每支股票的下一个预测，接着再进行下一个时间段的计算。最后，再次参考方程 11，换手率的完整预测如下：

```
SETAR_result = K26 + SETARf[2:27,]
```

现在，完整预测存放在变量 SETAR_result 中。

3.4.6　结果解释

我们已经获得所有 10 只股票根据前 20 天的信息计算出的下一日换手率预测。根据我们预测动态成分选择方法的不同，每只股票有两种不同的结果。

为了比较实际值与预测值，我们在模型估计中排除考虑最后一天的数据。下列代码帮助我们进行这种比较，它生成 10 张不同的图，每支股票对应一张，预测动态成分使用 AR（1）模型。输出如图 3-5 所示：

```
par(mfrow = c(2, 5))
for (i in 1:10) {matplot(cbind(AR_result[, i], turnover_data[521:546,
i]), type = "l", main = colnames(turnover_data)[i], xlab = "", ylab = "",
col = c("red", "black"))}
```

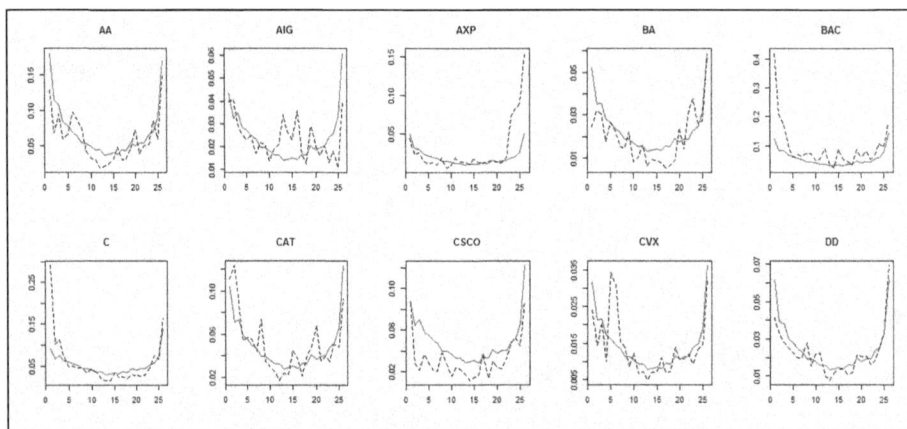

图 3-5　当动态成分计算使用 AR（1）时下一天的换手率预测和实现

每一张图，黑色虚线描绘了该特定股票的已实现换手率，而红色实线显示了预测的换手率。如同前面所提到的，真实的实现是显著地偏离 U 形的典型化事实的。

可以认为，图像预测相当精确。当实现值与更规则的 U 形相像时，预测可以更好地逼近它（美国铝业、卡特彼勒、雪佛龙和杜邦），但一次预测很大的数值向来很难（如雪佛龙的第五个观测）。当实现值变得异常不对称时，预测表现很差。换句话说，或者前面几个或者靠后几个交易比其他值大很多（美国运通，美国银行和花旗），但是即使在这种情况下，这一天中其他时段也可以很好地逼近。

> **小提示**
>
> 这一次，我们避免了对估计误差进行数值评价。其原因在于要做数值评价首先需要一个基准，而且更重要的是，我们仅仅预测了一天。因此，结果无论如何都不稳健。

我们可以用一些类似于前文用过的代码画出基于 SETAR 估计的结果。输出显示在图 3-6 中。

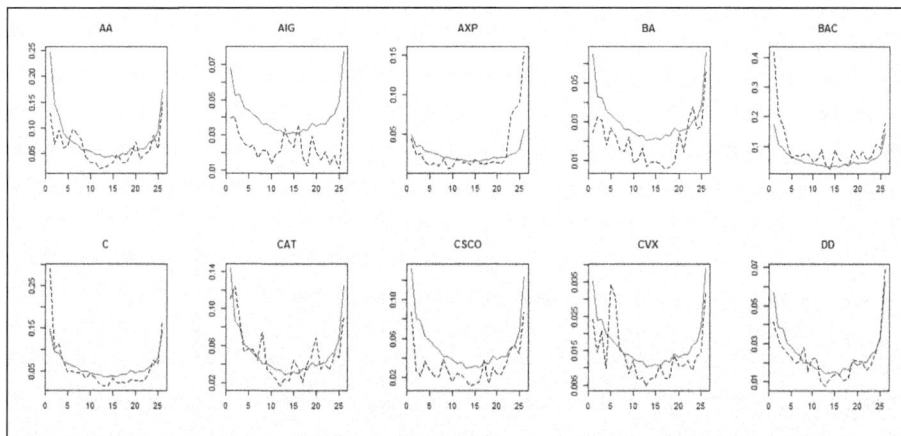

图 3-6　当动态成分计算使用 SETAR 模型时下一天换手率的预测和实现

结果的第一印象与前一种情形很相似，这一点可以理解。因为两者的季节成分的预测是一样的，而它实际上主导了预测。其余部分仅仅源于个体偏离。基于 AR 和基于 SETAR 的预测之间的差别在当天开盘时更明显。

如果在图 3-5 和图 3-6 中观察当天第一个和最后一个数据点，我们能发现许多股票选择两种方法（美国铝业、美国银行、花旗集团、卡特彼勒、思科和杜邦）对最后一个点（以及这一天的大部分情况）的预测都很相似，而选择 SETAR 时，第一个点的预测明显更大。两种预测中最明显的区别表现在美国国际集团和波音的股票，同时 SETAR 在全天都生成了更高的值。

3.5　小结

在本章中，我们展示了一种日内成交量预测模型，并且在 R 中使用 DJIA 指数中的数据实现了该模型。限于篇幅，选取了一篇文献中的一种模型，我们确信它能最精确地预测股票成交量。方便起见，这个模型没有使用成交量，而使用了换手率。它可以分解成一个季节成分（U 形）和一个动态成分，并且可以分别预测这两部分。动态成分用两种不同方法预测，拟合 AR（1）与 SETAR 模型。和原始文献类似，我们没有声明某一个方法优于另一个，但是我们图示了两者的结果，并且发现它们都有可接受的精度。原始文献有力地证明了这个模型优于一个精心选择的基准模型，但我们把这个结论留给读者去检验。因为我们只用了很短的一个数据集来做示例，这个时间长度不足以获得稳健的结果。

3.6　参考文献

- Bai, J. (2003): *Inferential theory for factor models of large dimensions*.Econometrica, 71:135—171.

- Bialkowski, J., Darolles, S., and Le Fol, G. (2008): *Improving VWAP strategies: A dynamic volume approach*. Journal of Banking & Finance,32:1709—1722.

- Brownlees, C. T., Cipollini, F., and Gallo, G. M. (2011): *Intra-daily volume modeling and prediction for algorithmic trading*. Journal of Financial Econometrics, 9:489—518.

- Hmaied, D. M., Sioud, O. B., and Grar, A. (2006): *Intra-daily and weekly patterns of bid-ask spreads, trading volume and volatility on the Tunisian Stock Exchange*. Banque & Marchés, 84:35—44.

- Hussain, S. M. (2011): *The intraday behavior of bid-ask spreads, trading volume, and return volatility: Evidence from DAX30*. International Journal of Economics and Finance, 3:23—34.

- Kaastra, I. and Boyd, M. S. (1995): *Forecasting futures trading volume usingneural networks*. The Journal of Futures Markets, Vol. 15, No. 8,:953—970.

- Lux, T. and Kaizoji, T. (2004): *Forecasting volatility and volume in the Tokyo stock market: The advantage of long memory models*. Economics working paper, Christian-Albrechts-Universität Kiel, Department of Economics.

第4章
大数据—高级分析

在本章中，我们将面临高性能金融分析和数据管理的一个最大挑战。那就是，如何在R中高效且完美地处理大型数据集。

我们主要的目标是，指导读者通过R自己动手使用R访问和管理大型数据集。本章不关注任何特定的金融理论，仅仅致力于通过亲手实践的实用案例，指导研究者和专业人士在R环境中对大型数据集进行计算密集型的分析和建模。

在本章的第一部分中，我们解释了如何从多种开放的数据源直接访问数据。R提供了多种工具和选项将数据载入到R环境中，还不需要任何预先的数据管理要求。这个部分会通过实用案例指导你如何使用Quandl和quantmod包访问数据。这里给出的案例对于本书其他各章也有相当参考价值。在本章的后半部分中，我们会强调R处理大数据的局限性，并通过实例说明如何借助bigmemory包和ff包把大规模数据载入R中。我们还会演示如何对大数据执行基本的统计分析，如K-均值聚类和线性回归。

4.1 由开放资源获取数据

从开放资源获取金融时间序列或横截面数据是任何学术研究的挑战之一。几年前还很难获得用于金融分析的公共数据，但最近几年可以获得的开放访问数据库越来越多，这为任何领域的数量分析师提供了巨大机会。

在这一节中，我们会介绍Quandl和quantmod包，这是两种特定的工具，可以在R环境中无缝访问和载入金融数据。我们将通过两个例子，向你展示这些工具如何帮助金融分析师直接从数据资源整合数据而无需任何提前数据管理。

Quandl是一个金融时间序列的开源网站，索引了来自500个数据源的数以百万计的金融、经济和社会数据集。Quandl 包可以利用 Quandl API 直接和网站互动，提供了多种格式的数据，可在 R 中使用。除了下载数据，用户也可以上传并编辑他们自己的数据，也可以直接用 R.upload 搜寻任何数据资源，搜索任何数据。

在第一个简单的例子中，我们会告诉你如何以一种便捷的方式用 Quandl 获取并画出汇率时间序列。在用 Quandl 获取数据之前，我们需要使用下列命令安装并载入 Quandl 包：

```
install.packages("Quandl")
library(Quandl)
library(xts)
```

我们会下载 2005 年 1 月 1 日至 2014 年 3 月 30 日之间欧元对 USD、CHF、GBP、JPY、RUB、CAD 和 AUD 的汇率。下文的命令指定了如何选择特定的时间序列以及分析时期。

```
currencies <- c( "USD", "CHF", "GBP", "JPY", "RUB", "CAD", "AUD")
currencies <- paste("CURRFX/EUR", currencies, sep = "")
currency_ts <- lapply(as.list(currencies), Quandl, start_date="2005-01-
01",end_date="2013-06-07", type="xts")
```

下一步，我们使用 **matplot()** 函数，画出选择的 4 种汇率 USD、GBP、CAD 与 AUD 的变化。

```
Q <- cbind(
currency_ts[[1]]$Rate,currency_ts[[3]]$Rate,currency_
ts[[6]]$Rate,currency_ts[[7]]$Rate)
matplot(Q, type = "l", xlab = "", ylab = "", main = "USD, GBP, CAD, AUD",
xaxt = 'n', yaxt = 'n')
ticks = axTicksByTime(currency_ts[[1]])
abline(v = ticks,h = seq(min(Q), max(Q), length = 5), col = "grey", lty =
4)
axis(1, at = ticks, labels = names(ticks))
axis(2, at = seq(min(Q), max(Q), length = 5), labels = round(seq(min(Q),
max(Q), length = 5), 1))
legend("topright", legend = c("USD/EUR", "GBP/EUR", "CAD/EUR", "AUD/
EUR"), col = 1:4, pch = 19)
```

上述代码输出结果如图 4-1 所示。

图 4-1 USD、GBP、CAD 和 AUD 的汇率

在第二个例子中，我们会举例说明 quantmod 包的用法，从开放资源访问、下载以及研究数据。quantmod 包的一个巨大优势在于它可以利用多种资源，可以直接访问雅虎财经（Yahoo! Finance）、谷歌财经（Google Finance）、联储经济数据（FRED）或者 Oanda 网站的数据。

在这个例子里中，访问宝马（BMW）公司的股票价格信息并分析汽车制造公司自 2010 年以来的表现：

```
library(quantmod)
```

通过网络，我们会从雅虎财经上获得给定时段的 BMW 股票价格。quantmod 包提供了一个便捷函数，getSymbols()，可以从本机或者远程资源上下载数据。这个函数的第一个参数，通过指定要下载的股票代码名称来定义字符向量。第二个参数指定了创建对象的环境。

```
bmw_stock<- new.env()
getSymbols("BMW.DE", env = bmw_stock, src = "yahoo", from =
as.Date("2010-01-01"), to = as.Date("2013-12-31"))
```

下一步需要从 bmw_stock 环境把变量 BMW.DE 下载到一个向量里。借助 help()函数的帮助文档，数据的前 6 行显示如下：

```
BMW<-bmw_stock$BMW.DE
head(BMW)
           BMW.DE.Open BMW.DE.High BMW.DE.Low BMW.DE.Close BMW.DE.Volume
2010-01-04     31.82       32.46       31.82       32.05       1808100
2010-01-05     31.96       32.41       31.78       32.31       1564100
2010-01-06     32.45       33.04       32.36       32.81       2218600
```

2010-01-07	32.65	33.20	32.38	33.10	2026100
2010-01-08	33.33	33.43	32.51	32.65	1925800
2010-01-11	32.99	33.05	32.11	32.17	2157800

	BMW.DE.Adjusted
2010-01-04	29.91
2010-01-05	30.16
2010-01-06	30.62
2010-01-07	30.89
2010-01-08	30.48
2010-01-11	30.02

quantmod 包同时可以绘制金融图形。chartSeries()函数不仅可以绘图，还允许图形之间进行互动。通过它的扩展功能，我们还可以在基础图形上增加大量技术和交易指标。这个功能对技术分析相当有用。

在这个例子中，我们使用 addBBands()命令增加布林带（Bollinger Bands），使用 addMACD()添加趋势动量指标 MACD。这样可以获得股票价格演变的更多洞见：

```
chartSeries(BMW,multi.col=TRUE,theme="white")
addMACD()
addBBands()
```

上述代码的输出结果如图 4-2 所示。

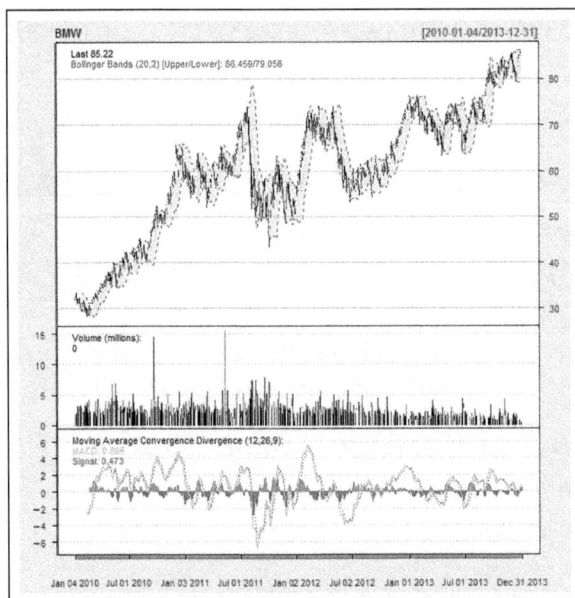

图 4-2　带有技术指标的 BMW 股票价格运动变化

最后，计算给定期间的 BMW 股票的日对数收益率。我们还想考察收益率是否符合正态分布。图 4-3 以正态 Q-Q 图的形式展现了 BMW 股票的日对数收益率：

```
BMW_return <-
log(BMW$BMW.DE.Close/BMW$BMW.DE.Open)
qqnorm(BMW_return, main = "Normal Q-Q Plot of BMW daily log return",
xlab = "Theoretical Quantiles",
        ylab = "Sample Quantiles", plot.it = TRUE, datax = FALSE
)
qqline(BMW_return, col="red")
```

上述代码的输出如图 4-3 所示，它以正态 Q-Q 图的形式展现了 BMW 股票的日对数收益率。

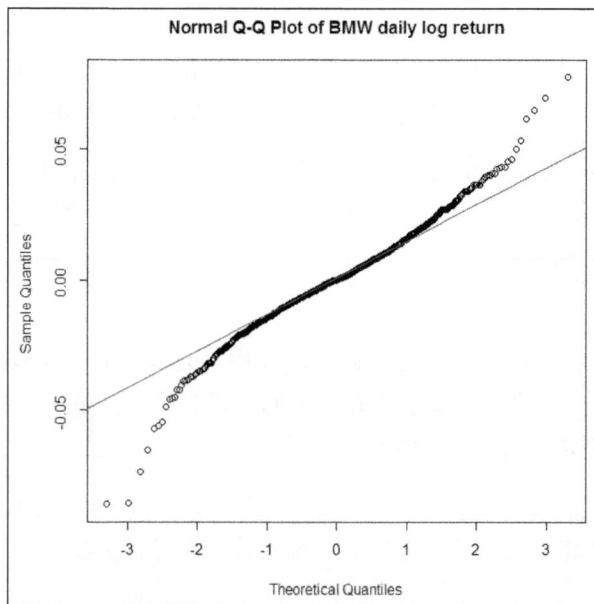

图 4-3 BMW 日收益率的 Q-Q 图

4.2 R 大数据分析入门

大数据特指数据的规模、速度和种类超出当前数据处理、存储和分析的计算能力的情形。大数据分析不仅指处理大型数据集，还包括对多参数模型进行计算密集型分析、模拟以及建模。

利用大型数据样本可以为数量金融领域提供明显优势。我们可以放松线性和正态的假设，生成更好的预测模型，或者识别低频事件。

然而，大型数据集分析也提出两项挑战。首先，绝大部分数量分析的工具处理海量数据能力相当有限，即使处理简单的计算或者数据管理任务也很勉强。其次，即使不考虑功能的局限，计算大型数据集也会花费很长时间。

尽管 R 自带丰富的统计算法和功能，是一种既强大又稳健的程序，但是其最大缺陷之一是面临大型数据集能力有限。局限归根结底在于 R 需要把待操作的数据先载入到内存中。然而，操作系统和系统架构仅仅可以访问大约 4GB 的内存。如果数据集规模达到了计算机的 RAM 阈值，那么在一台普通计算机上采用一般算法处理数据就不可能了。在 R 中，由于 R 在分析过程中需要存储建立的最大对象，很小的数据集有时也会引起严重的计算问题。

但是，R 中有一些包可以弥补这种缺陷，对大数据分析提供有效支持。在这一节中，我们会介绍两种特定的包，可以作为创建、存储、访问和操作大规模数据的有用工具。

首先，我们介绍 bigmemory 包，它广泛应用于大规模统计计算。这个包和它的姊妹包（biganalytics、bigtabulate 和 bigalgebra）解决了处理和分析海量数据的两种挑战：数据管理和统计分析。这些工具能够处理那些不符合 R 运行环境的大规模矩阵，并进一步支持操作和探索这些矩阵。

ff 包可以替代 bigmemory 包。这个包允许 R 用户处理大型向量和矩阵，并且同时处理多个大型数据文件。ff 对象的一大优点是它们的表现类似于普通的 R 向量。然而，数据不是存储在内存中，而是存储在硬盘中。

在这一节中，我们展现这些包如何帮助 R 用户克服 R 的局限处理非常大的数据集。尽管在这里所用的数据集规模一般，但它们还是有效地说明了大数据包的威力。

4.3　大数据上的 K-均值聚类

数据框和矩阵是 R 中方便易用的对象，其典型操作在规模合理的数据上的执行速度很快。但是，当用户需要处理更大的数据集时，可能会出现问题。在这一节中，我们举例说明 bigmemory 包和 biganalystics 包如何解决特别大的数据集的问题，这些问题无法通过数据框或数据表格解决。

> **小提示**
>
> 在本章撰写时，bigmemory、biganalytics 和 biglm 包的
> 最新版本尚不能在 Windows 上使用。这里说明的例子
> 假定 R 的 2.15.3 版本是目前 R 在 Windows 上最新版本。

在下面的例子中，我们在大数据集上运行 K-均值聚类。为了举例说明，我们使用美国交通统计局的航空公司出发与目的地调查数据。这个数据集汇总了超过 300 万次国内飞行数据的特征，包括行程票价、乘客人数、始发机场、往返指示和飞行里程，保存为 csv 格式。

4.3.1 载入大矩阵

仅仅运行 read.csv()就可以读取来自 csv 文件的数据集。但是，当我们需要处理更大的数据集时，读取任何文件的时间都会变得极度漫长。然而，借助某些谨慎的参数选项，R 的数据载入功能会有大幅度提升。

一个选项是在当数据载入到 R 中时，在 colClasses = argument 中指定正确的类型。这会引起外部数据加速转换。另外，把分析中用不到的列指定为 NULL，可以大幅度地降低载入数据的时间和内存消耗。

然而，如果数据规模达到了计算机的 RAM 阈值，就需要采用提高内存效率数据优先的选项。在接下来的例子中，我们会说明 bigmemory 包如何处理这个任务。

首先，为了运行大数据上的 K-均值聚类，需要安装并载入所需的 bigmemory 包和 biganalytics 包。

```
install.packages("bigmemory")
install.packages("biganalytics")
library(bigmemory)
library(biganalytics)
```

使用 read.big.matrix 函数从本机系统把下载好的数据载入到 R 中。这个函数不是把数据作为数据框处理，而是作为一种类似矩阵的对象处理。因此需要使用 as.matrix 函数将数据转换为矩阵。

```
x<-read.big.matrix( "FlightTicketData.csv", type='integer', header=TRUE,
backingfile="data.bin",descriptorfile="data.desc")
```

```
xm<-as.matrix(x)
nrow(x)
[1] 3156925
```

4.3.2 大数据 K-均值聚类分析

R 的大数据 K-均值聚类函数的格式是 bigkmeans(x, centers)，其中 x 是一个数值型数据集（大数据矩阵对象），centers 是提取聚类的个数。这个函数返回聚类关系、重心、类内平方和（WCSS）和聚类规模。bigkmeans()函数既可以处理规则的 R 矩阵对象，也可以处理 big.matrix 对象。

我们将基于每个聚类解释的方差百分比决定聚类的个数。因此，我们会通过图形展示聚类解释的方差百分比与聚类个数的对比：

```
res_bigkmeans <- lapply(1:10, function(i) {
 bigkmeans(x, centers=i,iter.max=50,nstart=1)
 })
lapply(res_bigkmeans, function(x) x$withinss)
var <- sapply(res_bigkmeans, function(x) sum(x$withinss))
plot(1:10, var, type = "b", xlab = "Number of clusters", ylab =
"Percentage of variance explained")
```

执行上述代码的输出结果如图 4-4 所示。

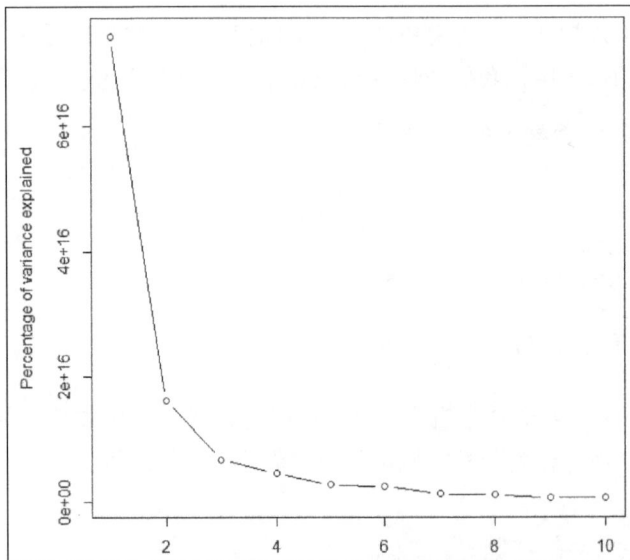

图 4-4 类内平方和对比提取的类别个数

在图 4-4 中，WCSS 从 1 类到 3 类迅速减小（之后缓慢减小），这表明 3 个聚类是解。因此，我们可以运行 3 个聚类的大数据 K-均值聚类分析：

```
res_big<-bigkmeans(x, centers=3,iter.max=50,nstart=1)
res_big
K-means clustering with 3 clusters of sizes 919959, 1116275, 1120691
Cluster means:
          [,1]        [,2]      [,3]      [,4]       [,5]         [,6]        [,7]
[,8]
[1,] 2.663235 12850.78 1285081 32097.61 0.6323662 0.03459393 2.084982
2305.836
[2,] 2.744241 14513.19 1451322 32768.11 0.6545699 0.02660276 1.974971
2390.292
[3,] 2.757645 11040.08 1104010 30910.66 0.6813850 0.03740460 1.989817
2211.801
          [,9]
[1,] 1.929160
[2,] 1.930394
[3,] 1.949151

Clustering vector:
 [1] 3 3 3 3 3 3 1 1 1 1 1 1 1 1 1 1 1 1 1 2 2 2 2 2 2 2 2 3 3 3 3 3 3 3 3
3
[37] 3 3 3 3 3 3 3 3 3 1 1 1 1 1 1 2 2 2 2 3 3 3 3 3 1 1 1 1 1 1 1 1 1
1 1
[73] 1 2 2 2 2 2 2 3 3 3 1 2 2 3 3 3 1 1 1 1 1 1 2 2
Within cluster sum of squares by cluster:
[1] 2.010160e+15 2.466224e+15 2.183142e+15

Available components:

[1] "cluster" "centers" "withinss" "size"
```

bigkmeans()函数也可以处理普通矩阵对象，它的计算速度比 kmeans()函数更快。

为了检验这个假设，我们使用不同大小的数据集测量 bigkmeans()和 kmeans()的平均执行时间。

```
size<-round(seq(10,2500000,length=20))
nsize<-length(size)
calc.time <- matrix(NA, nrow=nsize, ncol=2)
for (i in 1:nsize) {
size.i<-size[i]
```

```
xm.i<-xm[1:size.i,]
vec1=rep(0,10)
vec2=rep(0,10)
for (j in 1:10) {
vec1[j]<-system.time(kmeans(xm.i,centers=3,iter.max=50,nstart=1))[3]
vec2[j]<-system.time(bigkmeans(xm.i,centers=3,iter.max=50,nstart=1))[3]
}
calc.time[i,1]<-mean(vec1)
calc.time[i,2]<-mean(vec2)
}
```

上述代码的输出结果如图 4-5 所示。

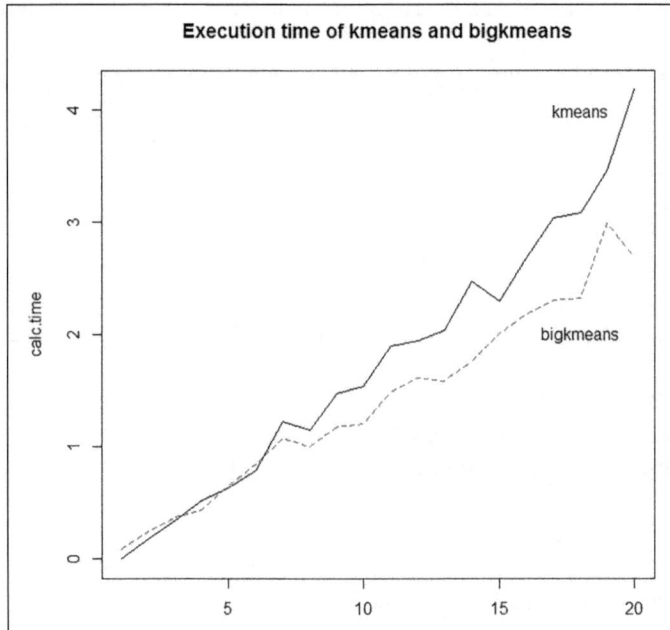

图 4-5　基于数据集规模的 kmeans()和 bigkmeans()函数的执行时间

　　计算两个函数的平均执行时间需要很长时间。图 4-5 反应出在更大的数据集上，bigkmeans()比 kmeans()更有效，因此在分析中减少了 R 的计算时间。

4.4　大数据线性回归分析

　　在本节中，我们举例说明如何借助 ff 包直接通过 URL 载入大型数据集，以及如何使用 biglm 包对规模大于内存的数据集进行一般线性回归模型拟合。

如果数据集规模超过计算机 RAM，可以使用 biglm 包有效处理数据集，它按块规模将数据载入内存。每次它都处理最后一块数据，并随之更新模型需要的充分统计量。再删掉这块数据再载入下一块。这个重复过程直到所有数据计算处理完毕后停止。

下面的例子检查失业补偿金数额是否可以成为一些社会经济数据的线性函数。

4.4.1 载入大数据

为了执行大数据线性回归分析，首先需要载入并安装 ff 包，我们使用它在 R 里边打开大型数据文件；还有需要 biglm 包，我们使用它在数据上拟合线性回归模型。

```
install.packages("ff")
install.packages("biglm")
library(ff)
library(biglm)
```

对大数据线性回归分析，我们使用由美国政府机构国内收入署（Internal Revenue Service，IRS）提供的个人收入所得税邮政编码数据。邮政编码层次的数据显示了所选择的按照州、邮政编码和收入水平所分类的收入和税收项目。我们使用这个数据库 2012 年的数据。这个数据库的规模适中，但它可以让我们突出大数据包的功能。

使用下列命令，我们直接从 URL 把所需的数据载入到 R 中：

```
download.file("http://www.irs.gov/file_source/pub/irs-soi/12zpallagi.
csv","soi.csv")
```

下载好数据之后，使用 read.table.ffdf 函数把文件读入到 ff 包所支持的 ffdf 对象中。read.table.ffdf 函数使用起来非常像 read.table 函数。它还提供了方便的参数选项可以读入其他的格式，如 csv 格式：

```
x <- read.csv.ffdf(file="soi.csv",header=TRUE)
```

把数据集转换为 ff 对象之后，我们加载 biglm 包执行线性回归分析。

借助这个数据集在 77 个不同变量上的大约 16.7 万个观测，我们会探讨位置水平的失业补偿金的数量（定义为变量 A02300）是否可以由给定地区的全部薪资数量（A00200）、由收入分类的居民数（AGI_STUB）、亲属人数（变量 NUMDEP）、已婚人数（MARS2）解释。

4.4.2 在大型数据上拟合线性回归模型

线性回归分析需要使用 biglm 函数。因此，在设定模型之前，我们需要先载入 biglm 包：

```
require(biglm)
```

下一步，我们将定义公式并用数据拟合模型。通过 summary 函数，我们可以获得拟合模型中变量的系数和显著性水平。由于模型的输出中不含 R^2 的值，我们另需一条单独的命令载入模型的 R^2 方值。

```
mymodel<-biglm(A02300 ～ A00200+AGI_STUB+NUMDEP+MARS2,data=x)
summary(mymodel)
Large data regression model: biglm(A02300 ～ A00200 + AGI_STUB + NUMDEP +
MARS2, data = x)
Sample size = 166904
                Coef    (95%      CI)        SE        p
(Intercept) 131.9412   44.3847 219.4977   43.7782   0.0026
A00200       -0.0019   -0.0019  -0.0018    0.0000   0.0000
AGI_STUB    -40.1597  -62.6401 -17.6794   11.2402   0.0004
NUMDEP        0.9270    0.9235   0.9306    0.0018   0.0000
MARS2        -0.1451   -0.1574  -0.1327    0.0062   0.0000
A00200       -0.0019   -0.0019  -0.0018    0.0000   0.0000
summary(mymodel)$rsq
[1] 0.8609021
```

从回归模型系数的输出结果中，我们可以看出，所有变量均显著，对解释模型都有贡献。自变量解释了失业补偿金数量变动了 86.09，表明模型拟合良好。

4.5 小结

在这一章中，我们应用了 R 从开放资源访问数据并执行了大数据集上的几种分析。希望这里给出的例子能成为应用指南，指导实证研究者处理大型数据。

首先，我们介绍了整合开放资源数据的方法。对于金融分析，R 有功能强大的参数选项可以直接访问财务分析数据，而无需任何预先的数据管理要求。其次，我们讨论了如何在 R 环境中处理大数据。尽管在处理大型数据集和执行计算密集型分析以及模拟当中，R 存在重大的局限，但我们介绍了特定的工具和包弥补缺陷。我们还介绍了两个例子，在大数据上如何执行 K-均值聚类和如何拟合线性回归模型。本章是本书第一部分的最后一章。

接下来，我们考虑汇率衍生品。

4.6 参考文献

- Adler, D., Nenadic, O., Zucchini, W.,Gläser, C. (2007): The ff package: Handling Large Data Sets in R with Memory Mapped Pages of Binary Flat Files.

- Enea, M. (2009): *Fitting Linear Models and Generalized Linear Model swith large data sets in R*. In book of short papers, conference on "Statistical Methods for the analysis of large data-sets", Italian Statistical Society,Chieti-Pescara, 23-25 September 2009, 411—414.

- Kane, M.,Emerson, JW., Weston (2010): *The Bigmemory Project,*Yale University.

- Kane, M.,Emerson, JW., Weston, S. (2013): *Scalable Strategies for Computing with Massive Data*. Journal of Statistical Software , Vol. 55, Issue 14.

- Lumley, T. (2009) *biglm: bounded memory linear and generalized linear models*. R package version 0.7.

第 5 章
FX 衍生品

FX 衍生品（或者外汇衍生品）是金融衍生产品，它的回报是两种（或更多种）货币的汇率函数。和一般的衍生品一样，FX 衍生品可以分成 3 个主要类型：期货、互换和期权，本章仅仅处理期权型衍生品。从基本 Black-Scholes 模型的一个简明广义形式开始，同时展示如何对一个简单的欧式看涨期权或者看跌货币期权定价。然后讨论汇率期权和交叉货币期权（quanto options，以下简记为 quanto）的定价。

学习本章需要你具备衍生品定价的基本知识，特别是 Black-Scholes 模型和风险中性定价。本章偶尔会涉及某些数量金融中常用的数学关系［如伊藤引理（Itô's lemma）或吉尔萨诺夫定理（Girsanov theorem）］，不过并不需要对这些定理的深入理解。但是，对其纯粹数学背景有兴趣的读者可以参考 Medvegyev（2007）。

5.1　术语和记号

因为需要处理汇率，所以必须澄清一些相关术语。我们通常用 S 表示即期汇率，它衡量了一种货币（称为基础货币）以另一种货币（称为变量或报价货币）为单位的价格。换句话说，一单位的基础货币等于 S 单位的变量货币。理解如何阅读外汇市场报价也很重要。一个货币对的汇率报价由两种货币的缩写表示：一个三字母代码表示基础货币，接下来另一个三字母代码表示变量货币。例如，EURUSD=1.25 意味着 1 欧元价值 1.25 美元。这相当于报价 USDEUR=0.8，意味着 1 美元价值 0.8 欧元。通常在给定外汇对中，根据市场历史惯例决定选择哪种货币作为基础货币。

回顾在第 4 章"大数据—高级分析"中，我们已经看到如何从互联网下载货币汇率数据，因此我们可以用来在真实数据上检验所学的知识。

下面这组段代码在同一个绘图窗内画出了 EURUSD 和 USDEUR 汇率：

```
library(Quandl)
library(xts)

EURUSD <- Quandl("QUANDL/EURUSD",
    start_date="2014-01-01",end_date="2014-07-01", type="xts")
USDEUR <- Quandl("QUANDL/USDEUR",
    start_date="2014-01-01",end_date="2014-07-01", type="xts")

dev.new(width = 15, height = 8)
par(mfrow = c(1, 2))
plot(USDEUR)
plot(EURUSD)
```

这里，我们能看到如图 5-1 所示的结果。

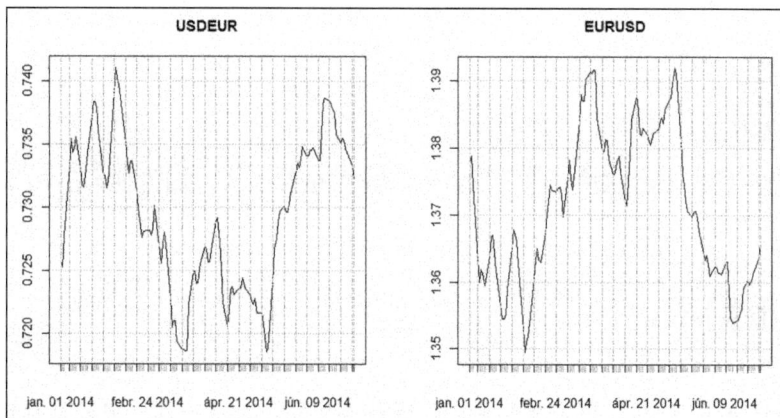

图 5-1　EURUSD 和 USDEUR 的汇率

我们也可以检查数据的前几列。

```
USDEUR[1:5,]
            Rate     High (est)  Low (est)
2014-01-01 0.725711   0.73392    0.71760
2014-01-02 0.725238   0.73332    0.71725
2014-01-03 0.727714   0.73661    0.71892
2014-01-06 0.733192   0.00000    0.00000
2014-01-07 0.735418   0.00000    0.00000
EURUSD[1:5,]
```

```
           Rate     High (est)  Low (est)
2014-01-01 1.37791     0.0000      0.0000
2014-01-02 1.37876     1.3949      1.3628
2014-01-03 1.37434     0.0000      0.0000
2014-01-06 1.36346     1.3799      1.3473
2014-01-07 1.35990     1.3753      1.3447
```

在这里，我们需要提醒记号相关的事宜。到目前为止，我们用 S 表示了汇率。但是，衍生品定价中基础资产的价格一般也记为 S，无论这种基础资产是股票还是货币。再者，汇率会常常记为 X，偶尔也会记为 E（都来源于单词 "exchange"）。此外，期权的敲定价格或执行价格也缩写为 X 或 E。在这里，基础资产既可能是股票，也可能是货币，并且还可能同时出现股票价格、汇率和敲定价格。因此，你现在一定会理解，本章使用统一的符号系统极具挑战性。所以，我们决定尽可能地采用 R 函数的记号，在本章所用的记号如下。

- 基础资产的价格始终使用 S。但是，如果基础资产不仅限于货币，我们还会使用数值或字母下标如 S_1 或 S_A。

- 敲定价格始终使用 X。

- 期望值算子记为 E。

我们强烈建议你在阅读这一主题的其他文献时格外小心，因为他们的记号可能和我们不同。

5.2 货币期权

欧式货币期权赋予持有者一种权利，可以在指定的时刻（期限，T）以预定的汇率（敲定价格或执行价格，X）买入（看涨期权）或卖出（看跌期权）货币。这种金融资产也称为外汇期权（或 FX 期权），但为了避免和术语"交换期权"混淆，我们更倾向于使用"货币期权"这个术语（译者注：相关英文术语，货币期权：currency option；外汇期权：foreign exchange option，FX option；交换期权：exchange option）。

原始 Black-Scholes 模型［Black 和 Sholes（1973），也可参见 Merton（1973）］的一个基本假设是基础资产为不支付红利的股票。更一般地，模型结果只有当基础资产不获得任何种类的收益或者不产生任何种类的成本时才成立。但是，这个假设很容易放松，并且 Black-Scholes 公式的扩展版本对于货币期权依然有效，同时模型的所有逻辑和论证不变。

欧式货币看涨期权价格 c_0 的闭式解公式如下：

$$c_0 = S_0 e^{-qT} N(d_1) - X e^{-rT} N(d_2)$$

在上面公式中，d_1 和 d_2 的值如下：

$$d_1 = \frac{\ln\left(\dfrac{S_0}{X}\right) + \left(r - q + \dfrac{\sigma^2}{2}\right)T}{\sigma\sqrt{T}} \text{ 和 } d_2 = \frac{\ln\left(\dfrac{S_0}{X}\right) + \left(r - q - \dfrac{\sigma^2}{2}\right)T}{\sigma\sqrt{T}}。$$

在上面公式中，S_0 是即期汇率（以变量货币为表示单位的，一单位基础货币的价格），X 是敲定价格，T 是到期时间（单位为年），σ 是汇率的波动率，r 和 q 分别是变量货币与基础货币的无风险对数收益率，而 N 表示标准正态分布的累积分布函数。通过看跌-看涨平价很容易看出参数相同的欧式看跌货币期权的价格（p_0）如下：

$$p_0 = X e^{-rT} N(-d_2) - S_0 e^{-qT} N(-d_1)$$

fOptions 包提供了 Black-Scholes 公式和其他的期权定价模型。我们可以用 BlackScholesOption 或者 GBSOption 函数，它们几乎相同，仅仅后者是前者函数的简写别名。

```
BlackScholesOption(TypeFlag, S, X, Time, r, b, sigma,...)
```

在这里，TypeFlag 或者是代表看涨期权的字符 c，或者是代表看跌期权的字符 p。S 是当前价格，sigma 是基础资产的波动率，X 是协议价格，T 是到期时间。

其他两个参数稍复杂一些。因为 r 和 b 都是无风险利率，但当通过原始 BS 模型对股票期权定价时，第二个参数 b 无意义。这意味着，为了得到 BS 股票期权模型，需要设置 $b=r$，而为了得到货币期权模型或者支付连续红利收益的股票期权模型，需要设置 $b=r-q$。这个函数的其他参数可选可不选，我们并不需要它们。

为了看到它如何发挥作用，假定我们有一个 5 年到期的欧元（EUR）期权，敲定价格为 0.7。美元（USD）无风险利率是 $r = 3\%$，而欧元无风险利率是 $r = 2\%$。1 美元目前等于 0.7450 欧元，这是基础资产的即期价格。假定欧元波动率为 20%。如果调用参数给定的 BlackSholesOption 函数，我们会得到下面的结果：

```
BlackScholesOption ("c", 0.7450, 0.7, 5, 0.03, 0.01, 0.2)

Title:
 Black Scholes Option Valuation
```

```
Call:
 GBSOption(TypeFlag = "c", S = 0.745, X = 0.7, Time = 5, r = 0.03,
     b = 0.01, sigma = 0.2)

Parameters:
          Value:
TypeFlag c
S         0.745
X         0.7
Time      5
r         0.03
b         0.01
sigma     0.2

Option Price:
 0.152222
Description:
 Thu Aug 07 20:13:28 2014
```

还可以检查看跌期权的价格：

```
BlackScholesOption("p", 0.7450, 0.7, 5, 0.03, 0.01, 0.2)

Title:
 Black Scholes Option Valuation

Call:
 GBSOption(TypeFlag = "p", S = 0.745, X = 0.7, Time = 5, r = 0.03,
     b = 0.01, sigma = 0.2)

Parameters:
          Value:
TypeFlag p
S         0.745
X         0.7
Time      5
r         0.03
b         0.01
sigma     0.2

Option Price:
 0.08  061367
```

```
Description:
 Thu Aug 07 20:15:11 2014
```

然后，还可以检查看跌-看涨平价的一致性，对于货币期权平价关系具有以下形式：

$$c - p = S \times \exp(-r \times T) - X \times \exp(-q \times T)$$

代入数据，左式有：

```
c - p = 0.152222 - 0.08061367 = 0.07160833
```

右式有：

```
0.745×exp(-0.02×5)-0.7×exp(-0.03×5) = 0.07160829
```

> **小提示**
> 期权价格四舍五入到 8 位小数，因此等式两边稍有差异。

必须强调，对一个货币期权定价和对任意一种获得连续收益的基础资产的期权定价等价。例如，如果基础资产是年股息率为 q 的股票或股票指数，定价公式和上文提到的公式相同。

5.3　交换期权

交换期权赋予持有者在期限内将一种风险资产与另一种风险资产交换的权利。容易看出，简单期权是交换期权的一种特殊形式，它的一种风险资产是固定数目的资金（即敲定价格）。

交换期权的定价公式最早由 Margrabe 在 1978 年导出。Margrabe 模型的假设、定价原理以及结论公式和 Black，Scholes，Merton 模型非常相似（更准确一点说，前者是后者的一般化）。现在，我们将展示如何决定交换期权的价值。

定义时刻 t 两种风险资产的即期价格为 S_{1t} 和 S_{2t}。假设在风险中性测度（Q）下，这些价格都服从漂移项等于无风险利率（r）的几何布朗运动，表示为：$dS_1 = rS_1 dt + \sigma_1 S_1 dW_1$ 和 $dS_2 = rS_2 dt + \sigma_2 S_2 dW_2$。

在这里，W_1 和 W_2 是 Q 之下的标准维纳过程，相关系数为 ρ。在这里你可以观察到，这些资产都没有收益（比如，股票不支付红利）。众所周知（而且很容易从伊藤引理看出），前面提到的随机微分方程的解为：

$$S_{1t} = S_{10}\exp\left[\left(r - \frac{\sigma_1^2}{2}\right) + \sigma_1 W_{1t}\right] \text{和} \quad S_{2t} = S_{20}\exp\left[\left(r - \frac{\sigma_2^2}{2}\right) + \sigma_2 W_{2t}\right] \qquad \text{（方程 1）}$$

我们假定你熟悉一维随机过程基础。但是，就交换期权来说，需要使用二维维纳过程，因此有必要简要说明它。

5.3.1 二维维纳过程

2D 维纳过程类似于二维连续时间的随机行走。当坐标是独立的维纳过程，我们可以只用几行代码就能轻松生成这样一个过程（别用放缩过程来烦我们，因为它们看起来一样）。

```
D2_Wiener <- function() {
    dev.new(width = 10, height = 4)
    par(mfrow = c(1, 3), oma = c(0, 0, 2, 0))
    for(i in 1:3) {
        W1 <- cumsum(rnorm(100000))
        W2 <- cumsum(rnorm(100000))
        plot(W1,W2, type= "l", ylab = "", xlab = "")
    }
    mtext("2-dimensional Wiener-processes with no correlation",
        outer = TRUE, cex = 1.5, line = -1)
}
```

如果调用这个函数，输出大约是这样：

```
D2_Wiener()
```

在这里，看到如图 5-2 所示的结果。

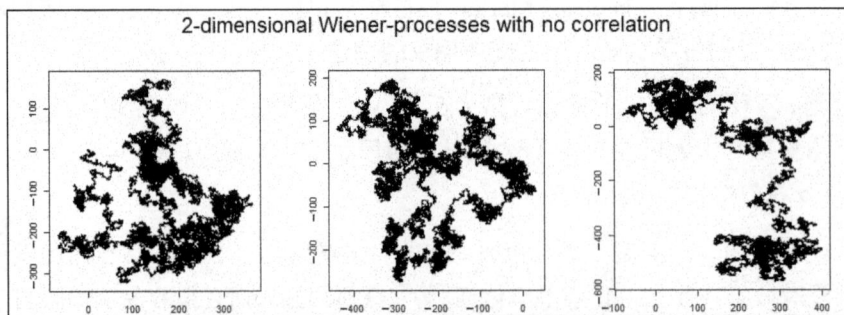

图 5-2　不相关的二维维纳过程

维纳过程之间的相关系数明显地改变了这个图形。正相关时，两个维纳过程看起来在同方向运动；负相关时，它们看起来在反方向运动。

我们可以修改这个函数获得相关的维纳过程。容易看出，下面的代码完成了这项工作：

```
Correlated_Wiener <- function(cor) {
    dev.new(width = 10, height = 4)
    par(mfrow = c(1, 3), oma = c(0, 0, 2, 0))
    for(i in 1:3) {
        W1 <- cumsum(rnorm(100000))
        W2 <- cumsum(rnorm(100000))
        W3 <- cor * W1 + sqrt(1 - cor^2) * W2
        plot(W1, W3, type= "l", ylab = "", xlab = "")
    }
    mtext(paste("2-dimensional Wiener-processes (",cor," correlation)",
        sep = ""), outer = TRUE, cex = 1.5, line = -1)
}
```

结果取决于生成的随机数，但设置相关系数为 0.6 时，具体如图 5-3 所示：

```
Correlated_Wiener(0.6)
```

在这里，可以看到如图 5-3 所示的结果。

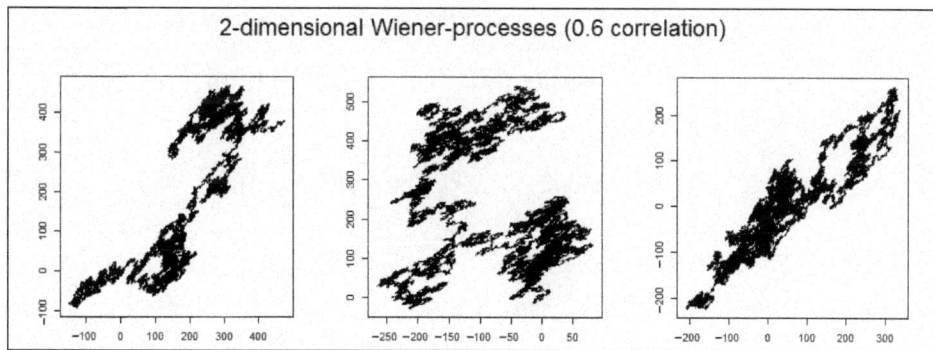

图 5-3　二维维纳过程（相关系数 0.6）

在前面的例子里，我们把相关系数设置为 0.6。现在看一下，如果相关系数为-0.7 时，会发生什么？

```
Correlated_Wiener(-0.7)
```

在这里，可以看到如图 5-4 所示的结果。

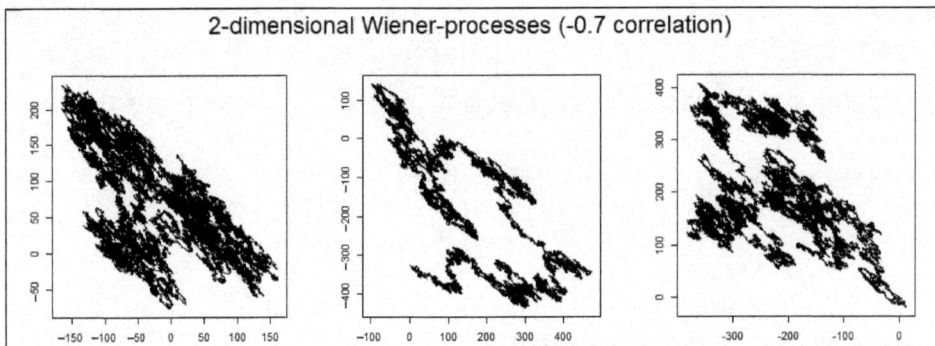

图 5-4 二维维纳过程（相关系数-0.7）

可以清楚地看到相关系数不同的过程之间的差异。现在，我们将注意力转回交换期权。

5.3.2 Margrabe 公式

交换期权到期时回报 H_T 的定义式为 $H_T = \max(S_{1T} - S_{2T}; 0)$。根据基本风险中性定价原理，这个回报的数值（或者等价的，交换期权的价格，记作 $\pi(H_T)$）如下：

$$\pi(H_T) = \exp(-rT)E^Q[\max(S_{1T} - S_{2T}; 0)]$$

$$= \exp(-rT)E^Q[\max(S_{2T}(\frac{S_{1T}}{S_{2T}} - 1; 0))]$$

$$= \exp(-rT)E^Q[\max(S_{2T}(S_T - 1; 0))] \qquad （方程 2）$$

在方程 2 中，S_T（没有下标 1 或 2）定义为 S_{1T} / S_{2T} 的商。换句话说，S 是以 S_2 为单位的 S_1 的价格。如果这两种风险资产是两种货币，S 就是汇率，这也就是我们采用这种记号的原因。

为了计算前面提到的期望值，我们需要引入一个新的测度（R），由下面的 Radon-Nikodym 导数定义：

$$\frac{dR}{dQ} = \exp\left(\sigma_2 W_{2r} - \frac{1}{2}\sigma_2^2 T\right) = \exp(-rT)\frac{S_{2T}}{S_{20}}$$

在这，上面公式的右端来源于对 S_2 应用方程 1 的结果。

然后，交换期权的价格可以采用下面的形式：

$$\pi(H_T) = \exp(-rT)E^R[\max(S_{2T}(S_T - 1;0))\frac{\mathrm{d}Q}{\mathrm{d}R}]$$

$$= S_{20}E^R[\max(S_T - 1;0)] \qquad\qquad (方程 3)$$

现在，我们需要决定在 R 下 S 服从什么类型的过程。由吉尔萨诺夫定理，我们知道 $\hat{W}_{1t} = W_{1t} - \sigma_2\rho t$ 和 $\hat{W}_{2t} = W_{2t} - \sigma_2 t$ 是在 R 之下是维纳过程，而且它们的相关系数依然是 ρ。我们引入下列两个记号：

$$\sigma = \sqrt{\sigma_1^2 + \sigma_2^2 - 2\sigma_1\sigma_2\rho}$$

$$W_t = \frac{1}{\sigma}(\sigma_1\hat{W}_{1t} - \sigma_2\hat{W}_{2t})$$

根据列维（Lévy）的描述，我们知道 W 是 R 下的维纳过程。现在可以决定 S 的方程：

$$S_t = \frac{S_{1t}}{S_{2t}} = \frac{S_{10}\exp[(r - \sigma^2/2)t + \sigma_1 W_{1t}]}{S_{20}\exp[(r - \sigma^2/2)t + \sigma_2 W_{2t}]}$$

$$= \frac{S_{10}}{S_{20}}\exp[-\frac{1}{2}(\sigma_1^2 - \sigma_2^2)t + \sigma_1 W_{1t} - \sigma_2 W_{2t}]$$

$$= \frac{S_{10}}{S_{20}}\exp[-\frac{1}{2}(\sigma_1^2 - \sigma_2^2 - \sigma^2 + \sigma^2)t + \sigma_1 W_{1t} - \sigma_2 W_{2t}]$$

$$= \frac{S_{10}}{S_{20}}\exp[-\frac{1}{2}(\sigma_1^2 - \sigma_1\sigma_2\rho - \frac{1}{2}\sigma^2)t + \sigma_1 W_{1t} - \sigma_2 W_{2t}]$$

$$= \frac{S_{10}}{S_{20}}\exp(-\frac{1}{2}\sigma^2 t + \sigma_1\hat{W}_{1t} - \sigma_2\hat{W}_{2t})$$

$$= \frac{S_{10}}{S_{20}}\exp(-\frac{1}{2}\sigma^2 t + \sigma W_t)$$

这意味着在 R 下，S 是一个零漂移项的几何布朗运动，即 $\mathrm{d}S = \sigma S\mathrm{d}W$。

现在，如果你还记得，在方程 3 当中，交换期权的价格方程如下：

$$\pi(H_T) = S_{20}E^R[\max(S_T - 1;0)]$$

对 S 应用这种关系，等式右端的期望值仅是一个基础资产 S 的看涨期权的价值，其中

r 等于 0，X 等于 1。简单地使用 c_0 表示这个看涨期权的价格，那么 $\pi(H_T) = S_{20}c_0$。

在这里，c_0 可能会借助基本的 Black-Scholes 公式来求解，代入我们刚刚讨论过的参数：

$$c_0 = S_0 N(d_1) - 1e^{-0T} N(d_2) = \frac{S_{10}}{S_{20}} N(d_1) - N(d_2)$$

因此

$$\pi(H_T) = S_{10} N(d_1) - S_{20} N(d_2)$$

其中

$$d_1 = \frac{\ln\left(\dfrac{S_{10}}{S_{20}}\right) + \dfrac{\sigma^2}{2} T}{\sigma\sqrt{T}} \text{ 和 } d_2 = \frac{\ln\left(\dfrac{S_{10}}{S_{20}}\right) - \dfrac{\sigma^2}{2} T}{\sigma\sqrt{T}}$$

前面提过的 $\pi(H_T)$ 公式是交换期权的定价公式，称为 Margrabe 公式。如果还支付连续红利收益，可能会如同 Black-Scholes 公式的情况一样，将收益简单地插入公式中。我们仅仅给出这种情况的结果，不再重复计算。

那么，假定交换的风险资产分别支付表示为 δ_1 和 δ_2 的正连续红利收益。在这种情况下，它们在测度 Q 之下的价格过程如下：

$$dS_1 = (r - \delta_1)S_1 dt + \sigma_1 S_1 dW_1 \text{ 和 } dS_2 = (r - \delta_2)S_2 dt + \sigma_2 S_2 dW_2$$

此时，Margrabe 公式的形式如下：

$$\pi(H_T) = S_{10}e^{-\delta_1 T} N(d_1) - S_{20}e^{-\delta_2 T} N(d_2) \qquad\qquad (\text{方程 } 4)$$

在这里，$d_1 = \dfrac{\ln\left(\dfrac{S_{10}}{S_{20}}\right) + \left(\delta_2 - \delta_1 + \dfrac{\sigma^2}{2}\right) T}{\sigma\sqrt{T}}$ 和 $d_2 = \dfrac{\ln\left(\dfrac{S_{10}}{S_{20}}\right) + \left(\delta_2 - \delta_1 - \dfrac{\sigma^2}{2}\right) T}{\sigma\sqrt{T}}$。

5.3.3 在 R 中应用

对于 Margrabe 公式，R 没有内置的函数。但是，相比实现结果，理解这个公式背后的复杂理论更加困难。在这里，我们只用了几行代码表达 Margrabe 函数，基于显示在下面代码中的参数计算了交换期权的价格：

```
Margrabe <- function(S1, S2, sigma1, sigma2, Time, rho, delta1 = 0,
    delta2 = 0) {
```

```
  sigma <- sqrt(sigma1^2 + sigma2^2 - 2 * sigma1 * sigma2 * rho)
  d1 <- ( log(S1/S2) + ( delta2-delta1 + sigma^2/2 ) * Time ) /
        (sigma*sqrt(Time))
  d2 <- ( log(S1/S2) + ( delta2-delta1 - sigma^2/2 ) * Time ) /
        (sigma*sqrt(Time))
  M <- S1*exp(-delta1*Time)*pnorm(d1) - S2*exp(-delta2*Time)*pnorm(d2)
  return(M)
}
```

这是函数的核心部分。如果我们要求更多或者希望开发一个用户友好的应用，那么需要捕捉可能发生的错误和意外。比如，应该包括一些类似的语句：

```
if min(S1, S2) <= 0) stop("prices must be positive")
```

如果波动率是负的，执行也应该停止，但用户体验和相关的软件设计超出了本书的范围。可以结合有效参数使用这个函数来看一个如何工作的例子。比方说，有两个不支付红利的风险资产，一个价格为 100 美元波动率为 20%，另一个价格为 120 美元波动率为 30%，期限为两年。首先，取相关系数为 15%。

简单地调用参数给定的 Margrabe 函数：

```
Margrabe(100, 120, .2, .3, 2, .15)
[1] 12.05247
```

结果是 12 美元。现在如果一个资产是无风险的，即波动率为 0 时，我们来看看会发生什么。调用参数如下的函数：

```
Margrabe(100, 120, .2, 0, 2, 0, 0, 0.03)
[1] 6.566047
```

这意味了什么？这个资产赋予了我们用第一种风险资产置换第二种"风险"资产的权利，第一种风险资产价值为 100 美元波动率为 20%，第二种"风险"资产价格为 120 美元，红利为 3%，波动率为 0，（所以它是一个固定现金数目）利率为 3%。在两年内，它实际上是当无风险利率为 3% 时，以 120 美元的价格买入股票的权利。我们来比较这个价格和这个看涨期权的 BS 价格：

```
BlackScholesOption("c", 100, 120, 2, 0.03, 0.03, .2)
Title:
  Black Scholes Option Valuation
Call:
  GBSOption(TypeFlag = "c", S = 100, X = 120, Time = 2, r = 0.03,
      b = 0.03, sigma = 0.2)
Parameters:
```

```
        Value:
TypeFlag c
S         100
X         120
Time      2
r         0.03
b         0.03
sigma     0.2

Option Price:
  6.56  6058

Description:
  Tue Aug 05 11:29:57 2014
```

　　是的，它们的确相同。如果我们设置第一种资产的波动率为 0，这实际上意味着我们具有第二种资产的看跌期权。

```
Margrabe(100, 120, 0, 0.2, 2, 0, 0.03, 0)
[1] 3.247161
```

BS 公式的结果如下：

```
BlackScholesOption("p", 120, 100, 2, 0.03, 0.03, .2)
Title:
  Black Scholes Option Valuation

Call:
  GBSOption(TypeFlag = "p", S = 120, X = 100, Time = 2, r = 0.03,
      b = 0.03, sigma = 0.2)

Parameters:
          Value:
TypeFlag p
S         120
X         100
Time      2
r         0.03
b         0.03
sigma     0.2

Option Price:
  3.24  7153
```

```
Description:
  Fri Aug 08 17:38:04 2014
```

在这两个例子中，仅仅在小数点 5 位后有数值误差。

我们也可以用 Margrabe 公式计算在"货币期权"这一节讨论过的货币期权的价格。可以检查 BS 公式的计算价格是否相同：

```
Margrabe(0.745, 0.7, 0.2, 0, 5, 0.15, 0.02, 0.03)
[1] 0.152222
```

最后需要讨论的是相关系数如何影响期权价格。我们设定不同的相关系数计算期权的 Margrabe 价格，从而举例说明这个问题。可以通过几行代码完成这个计算：

```
x <- seq(-1, 1, length = 1000)
y <- rep(0, 1000)
for (i in 1:1000)
    y[i] <- Margrabe(100, 120, .2, 0.3, 2, x[i])
plot(x, y, xlab = "correlation", ylab = "price",
    main = "Price of exchange option", type = "l", lwd = 3)
```

在这里，可以看到如图 5-5 所示的结果。

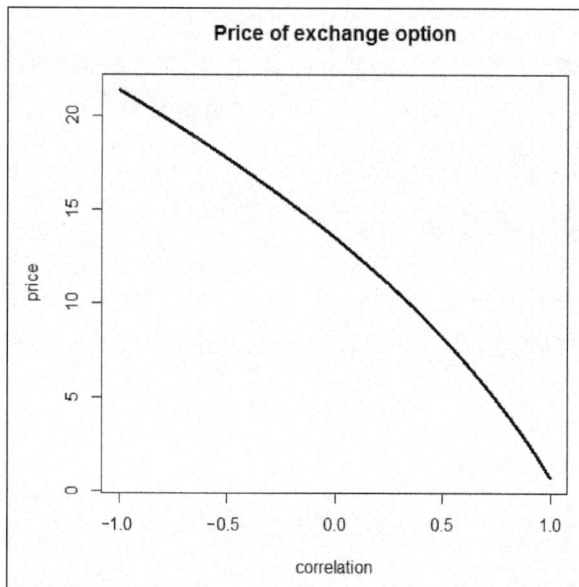

图 5-5　交换期权的价格

结果在意料之中。当相关系数比较高时,转换相同股票的权利很明显没有价值。当相关系数为负并且绝对值比较高时,如果情形不利,通过这个期权做笔好交易成为更好的机会(这意味着如果资产价格下跌,负的相关系数越高,另一项资产价格上涨的可能性越大,并且挽回损失)。换句话说,这时期权更像保险而非投机。我们并不需要恐惧来自另一项资产的价格改变的风险。这就是当相关系数为负时,期权更有价值的原因。

5.4 quanto 期权

术语"quanto"是"quantity adjusting option"的缩写。quanto 衍生品的回报取决于一种货币计价的资产,但由另一种货币支付。

理解 quanto 资产(或任何类型的衍生品)的最佳方法是检查它的回报函数。通常假定基础资产是不支付红利的股票,那么欧式看涨期权的回报公式如下:

$$c_T = \max(S_{AT} - X; 0)$$

这里 S_A 是股票的价格,而 X 是敲定价格。在这里, c 、 S_{AT} 和 X 用同一种货币表示,我们称之为本币。

欧式看涨 quanto 的回报如下:

$$H_T = \max[S_T(S_{AT} - X; 0)]$$

这里 S 是外币汇率。于是,一个看涨 quanto 支付与简单看涨期权相同"数量"的资金,但使用另一种货币——我们称之为外币。所以,支付数量需要乘以汇率以得到本币回报。当然, S 是以本币度量的外币价格。换句话说,在 S 的报价中,基础货币是外币。

5.4.1 看涨 quanto 的定价公式

看涨 quanto 定价意味着决定上面公式中回报价值。通常假设在风险中性测度 Q 下,基础资产的价格服从几何布朗运动,漂移项为无风险的本币利率 r ,即:

$$dS_A = rS_A dt + \sigma_1 S_A dW_1$$

更进一步地,假设汇率服从一个类似过程:

$$dS = \mu S dt + \sigma_2 S dW_2$$

在这些公式中, W_1 和 W_2 是 Q 下的标准维纳过程,相关系数为 ρ 。记 q 表示无风险外币利率。这意味着在时间 t ,一单位外国银行存款的价值为 $\exp(qt)$ 。这个价值的本币转换表达式如下：

$$S_t \exp(qt) = S_0 \exp\left[\left(\mu + q - \frac{1}{2}\sigma_2^2\right)t + \sigma_2 W_{2t}\right]$$

假如这是一种本国市场上交易资产，它在 Q 下的折现值是一个鞅。现在计算这个折现值：

$$\exp(-rt)S_t \exp(qt) = S_0 \exp\left[\left(\mu + q - r - \frac{1}{2}\sigma_2^2\right) + \sigma_2 W_{2t}\right]$$

当且仅当 $\mu = r - q$ 时，这个过程是 Q 下的鞅。

$$\mathrm{d}S = (r - q)S\mathrm{d}t + \sigma_2 S\mathrm{d}W_2$$

现在计算 SS_A 积，我们把它记为 Y：

$$Y_t = (SS_A)_t$$

$$= S_0 S_{A0} \exp\left[\left(r - q - \frac{\sigma_2^2}{2}\right)t + \sigma_2 W_{2t} + \left(r - \frac{\sigma_1}{2}\right)t + \sigma_1 W_{1t}\right]$$

$$= S_0 S_{A0} \exp\left[\left(2r - q + \sigma_1 \sigma_2 \rho - \frac{\sigma_3^2}{2}\right)t + \sigma_3 W_{3t}\right]$$

在这里，$\sigma_3 = \sqrt{\sigma_1^2 + \sigma_2^2 + 2\sigma_1 \sigma_2 \rho}$，并且 $W_{3t} = \dfrac{\sigma_1 W_{1t} + \sigma_2 W_{2t}}{\sigma_3}$。

W_2 和 W_3 的相关系数 $\hat{\rho}$ 是 $\hat{\rho} = \dfrac{\sigma_1 \rho + \sigma_2}{\sigma_3}$。因此，$\mathrm{d}Y = (2r - q + \sigma_1 \sigma_2 \rho)Y\mathrm{d}t + \sigma_3 Y\mathrm{d}W_3$。

现在，需要注意到，看涨 quanto 是一种特殊的交换期权，因此可以通过 Margrabe 公式定价。只需要在执行期权的时候识别交易的两种风险资产和相关的参数。从 quanto 的回报函数出发，容易看出第一种风险资产是 $SS_A = Y$，而第二种是 XS（都用本币表示）。因为在 Q 之下，这些过程的漂移项并非仅仅是无风险的本币利率，所以需要使用带有红利收益的 Margrabe 公式。根据之前的计算，我们可以看出，Y 过程应该处理为红利收益为 $q - r - \sigma_1 \sigma_2 \rho$ 的情形，而 XS 的情形中红利收益仅仅为 q。唯一未确定的参数是 σ。通过直接代换可以得到下面的计算式：

$$\sigma = \sqrt{\sigma_3^2 + \sigma_2^2 - 2\sigma_3 \sigma_2 \hat{\rho}}$$

$$= \sqrt{\sigma_1^2 + \sigma_2^2 + 2\rho\sigma_1\sigma_2 + \sigma_2^2 - 2\sigma_2(\sigma_1\rho + \sigma_2)}$$

$$= \sqrt{\sigma_1^2} = \sigma_1$$

概括所有这些结果，需要使用 $S_1 = Y = SS_A$，$S_2 = XS$，$\delta_1 = q - r - \rho\sigma_1\sigma_2$，$\delta_2 = q$ 以及 $\sigma = \sigma_1$ 进行代换 Margrabe 公式（在方程 4 中给定）。

因此，看涨 quanto 的价格如下：

$$\pi(H_T) = S_0 S_{A0} e^{-(q-r-\rho\sigma_1\sigma_2)T} N(d_1) - XS_0 N(d_2)$$

在上面的公式中，d_1 和 d_2 如下：

$$d_1 = \frac{\ln\left(\frac{S_{A0}}{X}\right) + \left(r + \rho\sigma_1\sigma_2 + \frac{\sigma_1^2}{2}\right)T}{\sigma_1\sqrt{T}} \quad \text{并且} \quad d_2 = \frac{\ln\left(\frac{S_{A0}}{X}\right) + \left(r + \rho\sigma_1\sigma_2 - \frac{\sigma_1^2}{2}\right)T}{\sigma_1\sqrt{T}} \text{。}$$

5.4.2　在 R 中对看涨 quanto 定价

来看一个在 R 中对看涨 quanto 定价的例子。我们选择的股票价格为 100 美元，波动率为 20%。我们需要一个 90 美元的看涨期权，用欧元支付，期限为 3 年。美元的无风险利率是 $r = 2\%$，欧元的无风险利率是 $q = 3\%$。当前，1 美元等于 0.7467 欧元。欧元波动率是 15%，股票价格与美元兑欧元汇率的相关系数是 10%。

如果股票价格 3 年内超过 90 美元，价差按欧元支付。比如，如果 3 年内的价格是 110 美元，我们会得到 20 欧元。按照当前的汇率，这就是 $20 \times 0.7467 = 26.78093$ 美元，但是如果欧元兑美元的汇率在 3 年内发生了变化，例如，美元兑欧元等于 0.7，这个值就等于 28.57143。所以按美元计价回报是不同的，但如果按欧元支付，就规避了汇率风险。

这看似复杂，但幸运的是，可以使用 Margrabe 公式和自己编写的 Margrabe 函数计算期权的价格。

```
Margrabe = function(S1, S2, sigma1, sigma2, Time, rho, delta1 = 0, delta2 = 0)
```

需要这些替换 $S_1 = Y = SS_A$，$S_2 = XS$，$\delta_1 = q - r - \rho\sigma_1\sigma_2$，$\delta_2 = q$ 以及 $\sigma = \sigma_1$。

S1 是欧元表示的股票价格，S2 是欧元表示的执行价格。容易计算出 delta1 和 delta2：

delta1 = 0.03−0.02−0.2×0.15×0.1 而且 delta2 =0.03。唯一的问题是需要设置 sigma = sigma1，但 sigma 并非 Margrabe 函数的参数。它在函数体内计算。考虑下列命令：

```
sigma = sqrt(sigma1^2 + sigma2^2 - 2 * sigma1 * sigma2 * rho)
```

为得到 sigma = sigma1 的结果，需要设置 sigma2 = rho = 0。

现在，可以调用参数给定的 Margrabe 函数：

```
Margrabe(74.67, 90*0.7467, 0.2, 0,3, 0, 0.007 , 0.03)
[1] 16.23238
```

结果是 16.23，这就是 quanto 的价格。

5.5 小结

在本章中，我们遇到的挑战是金融数学中最美妙也是最困难的部分之一：衍生品定价。我们从理论和实践角度学习了相关问题的广义 Black-Scholes 模型。我们学习了 R 的使用和对货币期权应用 Black-Scholes 公式。我们看到了实现自己的代码应用 Margrabe 公式是如何简单，这个公式是 Black-Scholes 模型的扩展。我们使用这个公式对股票期权、货币期权和交换期权定价。最后，我们讨论了 quanto 期权，并且认识到 quanto 也可以通过 Margrabe 公式定价。

如果你发现本章激动人心，那你肯定会对下一章极有兴趣，它讨论一个相关主题，即利率衍生品。

5.6 参考文献

- Black, F. and Scholes, M. (1973): *The Pricing of Options and Corporate Liabilities*. The Journal of Political Economy, 81(3), pp. 637—654.

- Margrabe, W. (1978): *The Value of an Option to Exchange One Asset for Another*. Journal of Finance, 33(1), pp. 177—186.

- Medvegyev, Péter (2007): *Stochastic Integration Theory*. Oxford University Press.

- Merton, R. (1973): *Theory of Rational Option Pricing*. The Bell Journal of Economics and Management Science, 4(1), pp. 141—183.

第 6 章
利率衍生品和模型

利率衍生品是回报取决于利率的金融衍生产品。

这类资产的范围极广，基本类型包括利率互换（interest rate swaps）、远期利率协议（forward rate agreements）、可回购和可回售的债券（callable and puttable bonds）、债券期权（bond options）、利率上限和下限（interest rate caps and floors），等等。

在本章中，我们从 Black 模型（也被称为 Black-76 模型）开始，它是 Black-Scholes 模型的推广版本，常常用于利率衍生品定价。然后，我们展示如何运用 Black 模型对利率上限定价。

Black 模型的一个缺点是它假设某些基础资产（如债券价格或者利率）服从对数正态分布，并且它忽略了利率如何随着时间变化。因此，Black 模型不能用于所有种类的利率衍生品。有时有必要建立利率期限结构模型。已经有很多利率模型试图捕捉利率期限结构的主要特征。在本章的后半部分，我们讨论两种常用的基本利率期限模型，分别称为 Vasicek 模型和 Cox-Ingersoll-Ross 模型。正如前一章，假定你熟悉 Black-Scholes 模型和风险中性定价基础。

6.1 Black 模型

本章始于把利率衍生品定义为现金流依赖利率的资产。需要注意，因为需要折现未来现金流，金融产品的价值几乎总取决于某些利率。但是，就利率衍生品来说，不仅折现值还有回报本身都取决于利率。这就是利率衍生品比股票或外汇衍生品更难定价的主要原因[Hull（2009）详细地讨论了这些困难]。

开发 Black 模型（Black，1976）是为了对期货合约的期权定价。期货期权赋予持有者在一个特定日期（满期日 T）以预先预定的价格（协议价格或执行价格 X）订立期货合约的权利。在这个模型中，除了基础资产价格是期货价格而非即期价格，我们还保持了 Black-Scholes 模型的假定。因此，我们假定期货价格 F 服从几何布朗运动：

$$dF = \mu F dt + \sigma F dW$$

容易看出，期货合约可以视为连续增长率等于无风险利率 r 的产品来处理。因此，期货期权的 Black 公式和（在前一章讨论的）货币期权的 Black-Scholes 公式完全相同，这一点无需意外，同时后者满足 q 等于 r（相当于本国和外国的利率是相同的）。所以，欧式期货看涨期权的公式表示如下：

$$c = e^{-rT}[FN(d_1) - XN(d_2)]$$

在这里，$d_1 = \dfrac{\ln\left(\dfrac{F}{X}\right) + \dfrac{1}{2}\sigma^2 T}{\sigma\sqrt{T}}$ 并且 $d_2 = \dfrac{\ln\left(\dfrac{F}{X}\right) - \dfrac{1}{2}\sigma^2 T}{\sigma\sqrt{T}}$，相似看跌期权的价格如下：

$$p = e^{-rT}[XN(-d_2) - FN(-d_1)]$$

同样无需意外的是，GBSOption 函数（或 BlackScholesOption 函数）对 Black 模型也有用。现在需要细致审视它如何工作。

当在 R 控制台中键入不带括号的函数名时，函数不会被调用，而会返回源代码（字节编译代码除外）。不对初学者推荐这种操作，但这种方法对具备一定经验的程序员相当有用，因为算法细节常常不会放在包的文档中。来试一下：

```
require(fOptions)
GBSOption
function (TypeFlag = c("c", "p"), S, X, Time, r, b, sigma, title = NULL,
    description = NULL)
{
    TypeFlag = TypeFlag[1]
    d1 = (log(S/X) + (b + sigma * sigma/2) * Time)/(sigma * sqrt(Time))
    d2 = d1 - sigma * sqrt(Time)
    if (TypeFlag == "c")
        result = S * exp((b - r) * Time) * CND(d1) - X * exp(-r *
            Time) * CND(d2)
    if (TypeFlag == "p")
        result = X * exp(-r * Time) * CND(-d2) - S * exp((b -
```

```
                    r) * Time) * CND(-d1)
    param = list()
    param$TypeFlag = TypeFlag
    param$S = S
    param$X = X
    param$Time = Time
    param$r = r
    param$b = b
    param$sigma = sigma
    if (is.null(title))
        title = "Black Scholes Option Valuation"
    if (is.null(description))
        description = as.character(date())
    new("fOPTION", call = match.call(), parameters = param, price =
result,
        title = title, description = description)
}
<environment: namespace:fOptions>
```

如果这不是完全清楚也无需担心。我们仅仅对看涨期权的价格计算感兴趣。首先，d_1 是计算出的（很快我们会检查这个公式）。（对股票期权、货币期权和带红利的股票期权）BS 公式有不同的形式，但是下面的等式是恒成立的：

$$d_1 - d_2 = \sigma\sqrt{T}$$

在上面的函数中，d_2 是基于这个等式计算的。最终的结果形为 $aN(d_1) - bN(d_2)$，其中 a 和 b 取决于模型，但总是基础资产价格和敲定价格的折现值。

现在，我们能看到 b 参数在计算中的作用。正如我们在上一章提到的，这就是我们如何决定希望使用哪个模型。如果仔细地检查公式，我们可以得到这样的结论。如果设定 $b=r$，可以得到 Black-Scholes 股票期权模型；如果设定 $b=r-q$，可以得到带有连续红利率 q 的 Merton 的股票期权定价模型（就像我们在上一章看到的，它和货币期权模型是一样的）；而且设定 $b=0$，可以得到 Black 期货期权模型。

现在来看一个 Black 模型的例子。

我们需要一项资产的期权，敲定价格为 100，期限为 5 年。期货价格是 120。资产的波动率设定为 20%，无风险利率是 5%。现在，只要调用满足 $S=F$ 和 $b=0$ 的 BS 期权定价公式：

```
GBSOption("c", 120, 100, 5, 0.05, 0, 0.2)
```

得到了通常形式的结果：

```
Title:
  Black Scholes Option Valuation
Call:
  GBSOption(TypeFlag = "c", S = 120, X = 100, Time = 5, r = 0.05,
      b = 0, sigma = 0.2)
Parameters:
          Value:
TypeFlag c
S         120
X         100
Time      5
r         0.05
b         0
sigma     0.2

Option Price:
[1] 24.16356
```

这个期权的价格大约是 24 美元，同样我们还可以检查 $b = 0$ 的输出，从中我们一定知晓使用了期货期权的 Black 模型（或者我们犯了一个严重的错误）。

尽管最初开发 Black 模型是为了对商品衍生品定价，但后来 Black 模型转变成了利率衍生品定价的有用工具，如债券上的期权、利率上限和下限。在下一节，我们展示如何使用这个模型对利率上限定价。

用 Black 模型对利率上限定价

利率上限是一种利率衍生品，在一系列时间段内，如果利率超出某个特定水平（敲定价格，X），期权持有者会收到正的支付。类似地，在每个利率低于敲定价格时间段内，利率下限的持有者会收到正的支付。显然，上限和下限都是对冲利率波动的有效产品。在本节中，我们讨论上限定价。假定基础利率是 LIBOR，L。

正如前一章的讨论，理解衍生品的最佳方法是确定它的回报结构。在第 n 期末（一单位名义金额的）利率上限的回报如下：

$$\tau \max(L_{n-1} - X; 0)$$

在这里，τ 是两次支付之间时间区间。单独的一次支付称为利率上限单元（caplet，以下简称为上限单元）。当然，利率上限就是一系列上限单元的组合。当定价利率上限时，所有的上限单元都需要估值再将它们的价格加总。此外，前面提到回报表明第 n 个上限单元的定价仅仅是一个基础资产为 LIBOR 的看涨期权定价，敲定价格为 X，期限为 $n\tau$。

如果假定时刻 $n-1$ 的 LIBOR 利率（L_{n-1}）是一个随机变量，服从对数正态分布，波动率为 σ_{n-1}，那么我们可以使用 Black 的公式来对上限单元定价：

$$c_n = \tau e^{-r\tau n}[F_{n-1}N(d_1) - XN(d_2)]$$

在这里，$d_1 = \dfrac{\ln\left(\dfrac{F_{n-1}}{X}\right) + \dfrac{\sigma_{n-1}}{2}\tau(n-1)}{\sigma_{n-1}\sqrt{\tau(n-1)}}$，而且 $d_2 = \dfrac{\ln\left(\dfrac{F_{n-1}}{X}\right) - \dfrac{\sigma_{n-1}}{2}\tau(n-1)}{\sigma_{n-1}\sqrt{\tau(n-1)}}$。

在这里，F_{n-1} 是在 $\tau(n-1)$ 和 τn 之间的远期 LIBOR 利率，r 是期限为 τn 的无风险即期对数收益率。一旦得到单个上限单元的值，我们就能对它们全体定价进而得到利率上限的价格。

来看一个例子深入理解这一点。在 2014 年 5 月到 2014 年 11 月间，我们需要向一位商业伙伴支付 6 个月的美元 LIBOR。上限单元是规避利率风险的简单途径。假定我们有一个基于 LIBOR 利率的上限单元，敲定价格为 2.5%（使用通常的术语）。

这意味着如果 LIBOR 利率高于 2.5%，我们会收到现金差值。比如，如果 LIBOR 利率在 5 月变为 3%，对每一单位的名义金额上我们收到回报 0.5×max（3%–2.5%，0）。

现在来看如何对上限单元定价。此处没有新内容，我们只要使用 Black-Scholes 公式。显然我们需要设置 $S = F_{n-1}$、$Time = 0.5$ 以及 $b = 0$。假定 LIBOR 利率服从波动率为 20% 的几何布朗运动。2014 年 5 月 1 日到 2014 年 11 月 1 日之间的远期利率是 2.2%，即期利率是 2%。在这种情形下，上限单元的价格如下：

```
GBSOption("c", 0.022, 0.025, 0.5, 0.02, 0, 0.2)
Title:
 Black Scholes Option Valuation
Call:
 GBSOption(TypeFlag = "c", S = 0.022, X = 0.025, Time = 0.5, r = 0.02,
     b = 0, sigma = 0.2)
Parameters:
       Value:
 TypeFlag c
 S     0.022
 X     0.025
 Time  0.5
 r     0.02
```

```
b       0
sigma   0.2
Option Price:
 0.0003269133
```

这个期权的价格是 0.0003269133。还需要乘上 $\tau = 0.5$，得到 0.0001634567。如果我们用百万美元做为所有产品的测量单位，这意味着这个上限单元的价格大约是 163 美元。

利率上限只是各个上限单元的加总，但是我们可以使用不同的必要参数组合它们。假设我们需要一个利率上限，如果 LIBOR 利率在前 3 个月内超过 2.5%或者在接下来的 3 个月内超过 2%，它会向我们支付。远期 LIBOR 利率在 5 月到 8 月间（假设为 2.1%）和在 8 月到 11 月间（假设为 2.2%）也许不同。我们只要一个个地对这两个上限单元定价，再把它们的价格加总：

```
GBSOption("c", 0.021, 0.025, 0.25, 0.02, 0, 0.2)
GBSOption("c", 0.022, 0.02, 0.25, 0.02, 0, 0.2)
```

这里没有包括所有的输出，只留下价格：

```
Option Price:
 3.74 3394e-05
Option Price:
 0.00 2179862
```

现在，我们需要用 $\tau = 0.25$ 乘上这两个价格，并加总价格：

```
(3.743394e-05 + 0.002179862 ) * 0.25
0.000554324
```

这份名义金额为一百万美元的利率上限的价格大约是 554 美元。

利率下限定价非常类似。首先，将资产现金流分割成单次支付，称为下限单元（floorlet）。然后，借助于 Black 模型求解每个下限单元值。唯一的差别在于下限单元不是看涨而是看跌期权。最后，加总各个下限单元的价格得到利率下限的价值。

Black 模型适用于基础资产的未来价值服从对数正态分布的情形。另外一种利率衍生品估值的方法是利率期限结构建模。在这里，我们接着给出两个基本利率模型以及它们的主要特征。

6.2 Vasicek 模型

Vasicek 模型（Vasicek，1977）是一种连续的、仿射的、单因素随机利率模型。在这个模型中，下列随机微分方程刻画了瞬时利率动态：

$$dr_t = \alpha(\beta - r_t)dt + \sigma dW_t$$

在这里，α、β和σ是正的常数，r是利率，t是时间，而W_t代表标准维纳过程。这个过程在数学中称为 Ornstein-Uhlenbeck 过程。

正如你观察到的，Vasicek 模型中的利率服从一个长期平均值为β的均值回复过程。当$r_t < \beta$时，漂移项变为正，因此预期利率会增加，反之亦然。向长期平均值的调整速度由α来度量。波动项在这个模型中是常数。

利率模型可以在 R 中直接实现，但为了更深入地理解公式背后的原理，我们动手自己写直接实现 Vasicek 模型的随机微分方程：

```
vasicek <- function(alpha, beta, sigma, n = 1000, r0 = 0.05){
  v <- rep(0, n)
  v[1] <- r0
  for (i in 2:n){
    v[i] <- v[i - 1] + alpha * (beta - v[i - 1]) + sigma * rnorm(1)
        }
    return(v)
  }
```

就是它。现在，绘制一些轨线来看看它的样子：

```
set.seed(123)
r <- replicate(4, vasicek(0.02, 0.065, 0.0003))

matplot(r, type = "l", ylab = "", xlab = "Time", xaxt = "no", main =
"Vasicek modell trajectories")
lines(c(-1,1001), c(0.065, 0.065), col = "grey", lwd = 2, lty = 1)
```

上述代码的输出结果如图 6-1 所示。

为了理解参数的作用，我们使用不同的 alpha 和 sigma 值绘制相同的轨线（即，用相同随机数生成的轨线）：

```
r <- sapply(c(0, 0.0002, 0.0006),
function(sigma){set.seed(102323); vasicek(0.02, 0.065, sigma)})

matplot(r, type = "l", ylab = "", xlab = "Time" ,xaxt = "no", main =
"Vasicek trajectories with volatility 0, 0.02% and 0.06%")
lines(c(-1,1001), c(0.065, 0.065), col = "grey", lwd = 2, lty = 3)
```

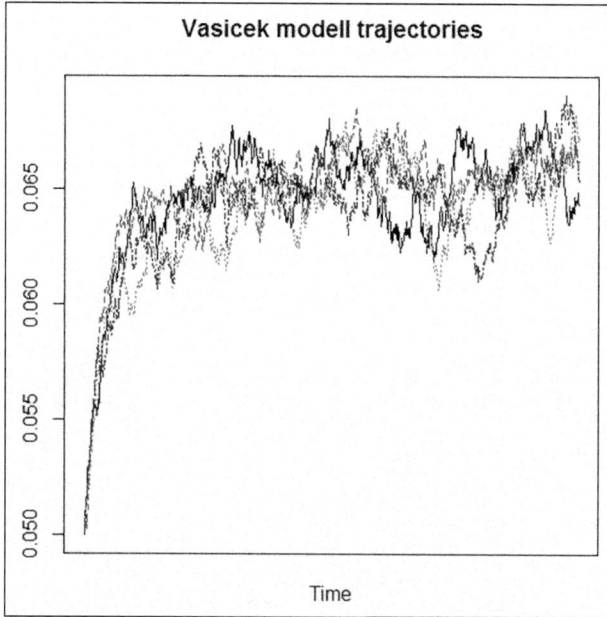

图 6-1 Vasicek 模型的轨线

图 6-2 是上述代码的输出。

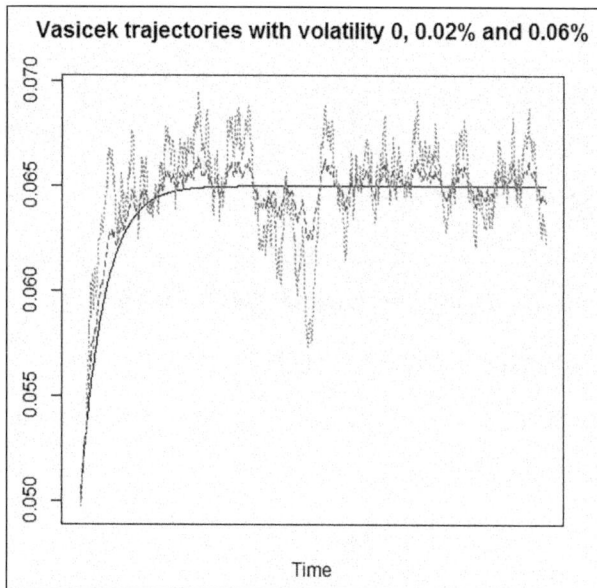

图 6-2 波动率为 0,0.02%和 0.06%的 Vasicek 轨线

```
r <- sapply(c(0.002, 0.02, 0.2),
function(alpha){set.seed(2014); vasicek(alpha, 0.065, 0.0002)})
```

轨线有相同的形状和不同的波动率：

```
matplot(r, type = "l", ylab = "", xaxt = "no", main = "Vasicek
trajectories with alpha = 0.2%, 2% and 20%")
lines(c(-1,1001), c(0.065, 0.065), col = "grey", lwd = 2, lty = 3)
```

图 6-3 是上述代码的输出。

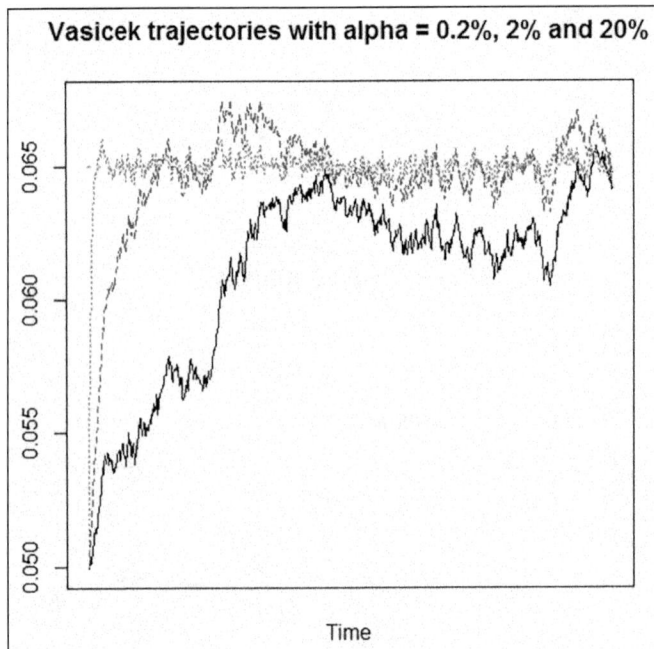

图 6-3   alpha=0.2%、2%和 20%的 Vasicek 轨线

我们能看出，α 的值越高，轨线越早抵达长期均值。

可以表明（比如，参见已引用的原始 Vasicek 论文）Vasicek 模型中的短期利率服从条件期望和条件方差如下式的正态分布：

$$E[r_T \mid r_t] = r_t e^{-\alpha(T-t)} + \beta(1 - e^{-\alpha(T-t)})$$

$$Var[r_T \mid r_t] = \frac{\sigma^2}{2\alpha}(1 - e^{-2\alpha(T-t)})$$

值得注意的是，当 T 和 α 趋于无穷大时，期望值收敛于 β。另外，当 α 趋于无穷大时，方差收敛于 0。这种观察结论与参数解释的意义一致。

为了阐明方程系数如何决定了分布参数，我们使用 α、β 和 σ 的不同取值绘制条件概率密度函数，并观察它如何随着时间变化：

```
vasicek_pdf = function(x, alpha, beta, sigma, delta_T, r0 = 0.05){
    e <- r0*exp(-alpha*delta_T)+beta*(1-exp(-alpha*delta_T))
    s <- sigma^2/(2*alpha)*(1-exp(-2*alpha*delta_T))
    dnorm(x, mean = e, sd = s)
}


x <- seq(-0.1, 0.2, length = 1000)
par(xpd = T ,mar = c(2,2,2,2), mfrow = c(2,2))
y <- sapply(c(10, 5, 3, 2), function(delta_T)
        vasicek_pdf(x, .2, 0.1, 0.15, delta_T))
par(xpd = T ,mar = c(2,2,2,2), mfrow = c(2,2))
matplot(x, y, type = "l",ylab ="",xlab = "")
legend("topleft", c("T-t = 2", "T-t = 3", "T-t = 5", "T-t = 10"), lty =
1:4, col=1:4, cex = 0.7)


y <- sapply(c(0.1, 0.12, 0.14, 0.16), function(beta)
        vasicek_pdf(x, .2, beta, 0.15, 5))
matplot(x, y, type = "l", ylab ="",xlab = "")
legend("topleft", c("beta = 0.1", "beta = 0.12", "beta = 0.14", "beta =
0.16  "), lty = 1:4, col=1:4,cex = 0.7)


y <- sapply(c(.1, .2, .3, .4), function(alpha)
        vasicek_pdf(x, alpha, 0.1, 0.15, 5))

matplot(x, y, type = "l", ylab ="",xlab = "")
legend("topleft", c("alpha = 0.1", "alpha = 0.2", "alpha = 0.3", "alpha =
0.4  "), lty = 1:4, col=1:4, cex = 0.7)


y <- sapply(c(.1, .12, .14, .15), function(sigma)
        vasicek_pdf(x, .1, 0.1, sigma, 5))
matplot(x, y, type = "l", ylab ="",xlab = "")
legend("topleft", c("sigma = 0.1", "sigma = 0.12", "sigma = 0.14", "sigma
= 0.15"), lty = 1:4, col=1:4, cex = 0.7)
```

上述代码的结果如图 6-4 所示。

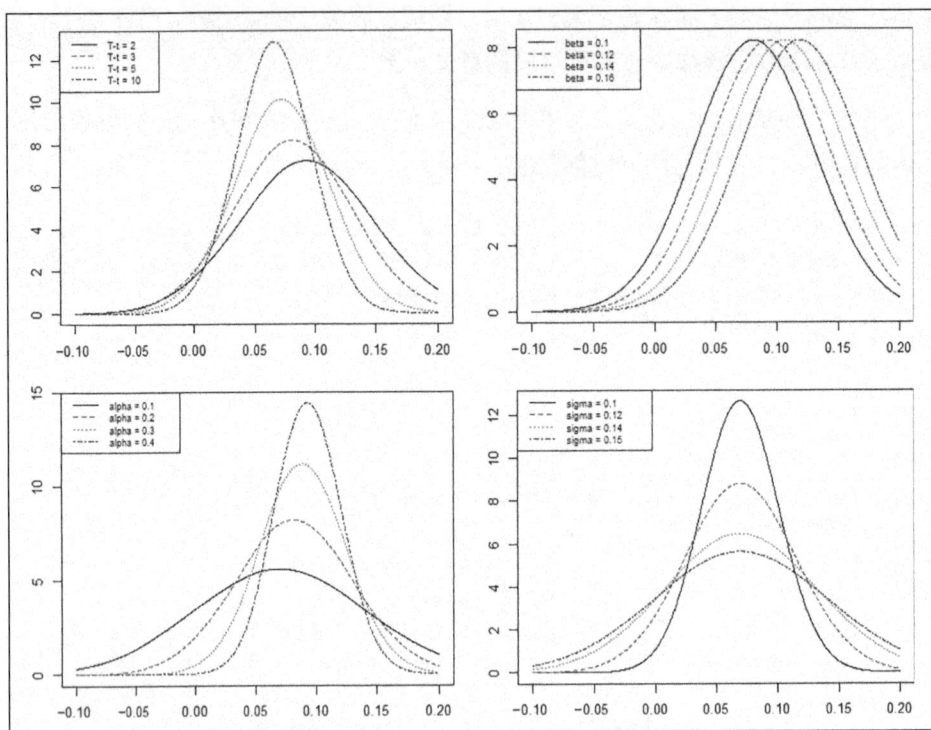

图 6-4　不同参数下的条件概率密度

可以看出，分布的方差随着时间变化。β 仅仅影响概率分布的均值。显然，α 的值越高，过程就越快地到达它的长期均值，并且方差更小。而过程的波动率更高时，即方差更大时，密度函数更平坦。

当利率服从 Vasicek 模型时，零息债券定价的计算结果如下式[该公式的推导可以参见，比如，Cairns（2004）]：

$$P(t, r_t, T) = e^{A(T-t)-B(T-t)r_t}$$

在这里，$B(\tau) = \dfrac{1-e^{-\alpha\tau}}{\alpha}$，而且 $A(\tau) = (B(\tau)-\tau)\left(\beta - \dfrac{\sigma^2}{2\alpha^2}\right) - \dfrac{\sigma^2 B^2(\tau)}{4\alpha}$。

在上述公式中，P 表示零息债券的价格，t 是债券定价的时刻，T 是期限（因此，$T-t$ 是到期时间）。如果获得零息债券价格，就可以使用下面的简单关系式求解即期收益率曲线：

$$R(t,T) = -\frac{1}{T-t}\ln P(t,T) = -\frac{A(T-t)}{T-t} + \frac{B(T-t)}{T-t} r_t$$

6.3 Cox-Ingersoll-Ross 模型

类似于 Vasicek 模型，Cox-Ingersoll-Ross 模型（Cox at al.，1985）常常称为 CIR 模型引用，是一个连续的、仿射的、单因素随机利率模型。在这个模型里，瞬时利率由下面的随机微分方程给出：

$$dr_t = \alpha(\beta - r_t)dt + \sigma\sqrt{r_t}dW_t$$

在这里，α、β 和 σ 是正的常数，r 是利率，t 是时间，而 W_t 表示标准维纳过程。容易看出，它的漂移项和 Vasicek 模型相同。因此利率仍然服从均值回复过程，β 是长期平均值，α 是调整的速度。它和 Vasicek 模型的区别在于，波动率不是常数，而与利率水平的平方根成比例。这个"小"差异会对未来短期利率的概率分布造成巨大的影响。在 CIR 模型中，利率服从非中心的卡方分布，密度函数（f）如下式：

$$f[r_T \mid r_t] = 2c \times \chi^2_{2q+2,2u}[2cr_t]$$

在这里，$q = \dfrac{2\alpha\beta}{\sigma^2} - 1$，$u = cr_t e^{-a(T-t)}$，而且 $c = \dfrac{2\alpha}{\sigma^2(1 - e^{-\alpha(T-t)})}$。

这里，$\chi^2_{n,m}$ 表示自由度为 n 的卡方分布的概率密度函数，m 表示非中心化的参数。因为这种随机变量的期望值和方差分别为 $n+m$ 和 $2(n+2m)$，利率的矩如下式：

$$E[r_T \mid r_t] = r_t e^{-\alpha(T-t)} + \beta(1 - e^{-\alpha(T-t)})$$

$$Var[r_T \mid r_t] = \frac{\sigma^2 r_t}{\alpha}(e^{-\alpha(T-t)} - e^{-2\alpha(T-t)}) + \frac{\sigma^2\beta}{2\alpha}(1 - e^{-\alpha(T-t)})^2$$

可以观察到，条件期望值和 Vasicek 模型完全一致。需要特别注意短期利率，它作为一个服从正态分布的随机变量，在 Vasicek 模型中会变为负，但在 CIR 模型中不会为负。

类似 Vasicek 模型的情形，通过不同参数集绘制概率密度函数，可以看出系数如何决定了函数形状。下面的代码完成了这个任务，设定不同的参数比较不同的概率密度函数：

```
CIR_pdf = function(x, alpha, beta, sigma, delta_T, r0 = 0.1){
  q = (2*alpha*beta)/(sigma^2) - 1
  c = (2*alpha)/(sigma^2*(1-exp(-alpha*delta_T)))
  u = c*r0*exp(-alpha*delta_T)
  2*c*dchisq(2*c*x, 2*q+2, ncp = 2*u)
              }

x <- seq(0, 0.15, length = 1000)
y <- sapply(c(1, 2, 5, 50), function(delta_T)
        CIR_pdf(x, .3, 0.05,0.1,delta_T))
par(mar = c(2,2,2,2), mfrow = c(2,2))
matplot(x, y, type = "l",ylab ="",xlab = "")
legend("topright", c("T-t = 1", "T-t = 2", "T-t = 5", "T-t = 50"), lty =
1:4, col = 1:4, cex = 0.7)

y <- sapply(c(.2, .4, .6, 1), function(alpha)
        CIR_pdf(x, alpha, 0.05,0.1,1))
  matplot(x, y, type = "l",ylab ="",xlab = "")
legend("topright", c("alpha = 0.2", "alpha = 0.4", "alpha = 0.6", "alpha
= 1"), lty = 1:4, col = 1:4, cex = 0.7)

y <- sapply(c(.1, .12, .14, .16), function(beta)
        CIR_pdf(x, .3, beta,0.1,1))

matplot(x, y, type = "l",ylab ="",xlab = "")
legend("topleft", c("beta = 0.1", "beta = 0.12", "beta = 0.14", "beta =
0.16  "), lty = 1:4, col = 1:4, cex = 0.7)

x <- seq(0, 0.25, length = 1000)
y <- sapply(c(.03, .05, .1, .15), function(sigma)
        CIR_pdf(x, .3, 0.05,sigma,1))

matplot(x, y, type = "l",ylab ="",xlab = "")
legend("topright", c("sigma = 1", "sigma = 5", "sigma = 10", "sigma =
15"), lty = 1:4, col = 1:4, cex = 0.7)
```

在这里，从图 6-5 中可以看到结果。β 改变了密度函数的形状，也改变了其他的特性，除此之外，结论与 Vasicek 模型的情形相同。

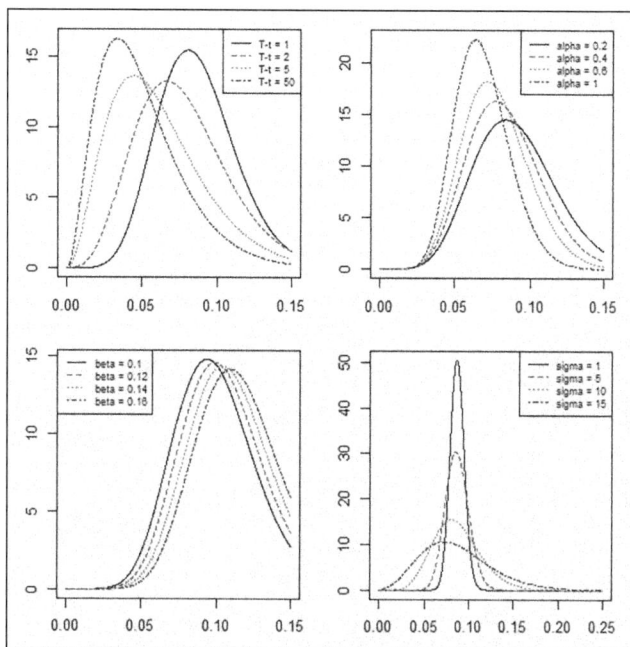

图 6-5 不同参数下的概率密度函数

用 CIR 模型对零息债券定价推出下面的公式 [参见 Cairns（2004）]：

$$P(t, r_t, T) = e^{A(T-t) - B(T-t)r_t}$$

这里，$B(\tau) = \dfrac{2(e^{\gamma\tau} - 1)}{(\gamma + \alpha)(e^{\gamma\tau} - 1) + 2\gamma}$，$A(\tau) = \dfrac{2\alpha\beta}{\sigma^2} \ln \dfrac{2\gamma e^{\frac{(\gamma + \alpha)\tau}{2}}}{(\gamma + \alpha)(e^{\gamma\tau} - 1) + 2\gamma}$，并且 $\gamma = \sqrt{\alpha^2 + 2\sigma^2}$。

从债券价格推导的收益率曲线和从 Vasicek 模型推导的结果完全一样。

6.4 利率模型的参数估计

当使用利率模型做定价或模拟时，重要的是把模型参数恰当地校准到真实数据上。这里，我们给出一种可行的方法估计参数。这种方法是由 Chan（1992）提出的，通常称为 CKLS 方法。借助于称为广义矩[Generalized Method of Moments，GMM，详见 Hansen（1982）]的计量经济学方法，CKLS 方法详细地估计了下列利率模型的参数：

$$dr_t = \alpha(\beta - r_t)dt + \sigma r_t^\gamma dW_t$$

容易看出，当 $\gamma = 0$ 时，这个过程给出了 Vasicek 模型，当 $\gamma = 0.5$ 时，给出了 CIR 模型。在参数估计的第一步，用欧拉近似方法［Euler approximation，见 Atkinson（1989）］对这个方程离散化：

$$r_t = \alpha\beta\delta_t + (1 - \alpha\delta_t)r_{t-1} + \sigma r_{t-1}^\gamma \sqrt{\delta_t} e_t$$

在这里，δ_t 是两次观测利率之间的时间区间，e_t 是独立的、标准正态随机变量。使用下列原假设估计参数：

$$r_t - r_{t-1} = \alpha\beta\delta_t - \alpha\delta_t r_{t-1} + \varepsilon_t$$

$$E(\varepsilon_t) = 0$$

$$E(\varepsilon_t^2) = \sigma^2 \delta_t r_{t-1}^{2\gamma}$$

取 Θ 为待估计的参数的向量，即 $\Theta = (\alpha, \beta, \sigma, \gamma)$。

考虑参数向量的下列函数：

$$M_t(\Theta) = \begin{bmatrix} \varepsilon_t \\ \varepsilon_t r_{t-1} \\ \varepsilon_t^2 - \sigma^2 r_{t-1}^{2\gamma} \\ (\varepsilon_t^2 - \sigma^2 r_{t-1}^{2\gamma})r_{t-1} \end{bmatrix}$$

容易看出，在原假设下，$E(M_t(\Theta)) = 0$。

GMM 的第一步是考虑对应于 $E(M_t(\Theta))$ 的样本，它是 $m_t(\Theta)$：

$$m_t(\Theta) = \frac{\sum_{t=1}^{n} M_t(\Theta)}{n}$$

在这里，n 是观测的个数。

最后，通过最小化下列二次型，GMM 求解了参数：

$$m_t'(\Theta)\Omega(\Theta)m_t(\Theta)$$

在这里，Ω 是一个对称正定的权重矩阵。

对于这一类问题，R 有一个 quadprog 包，或者我们可以通过 optim 函数使用最优化的一般方法。

6.5　使用 SMFI5 包

讨论完利率模型背后的数学原理和艰难的编程之后，向你推荐 SMFI5 包。这个包对（如果是由 Ornstein-Uhlenbeck 过程建模的）利率模型的建模和模拟、债券定价和许多其他应用提供了用户友好的解决方法。

限于篇幅不能详细讨论这个包，但作为一个简短的示例，我们调用一个函数模拟不同期限的债券价格：

```
bond.vasicek(0.5,2.55,0.365,0.3,0,3.55,1080,c(1/12, 3/12, 6/12, 1),365)
```

在这里，图 6-6 返回了一个壮观的结果。

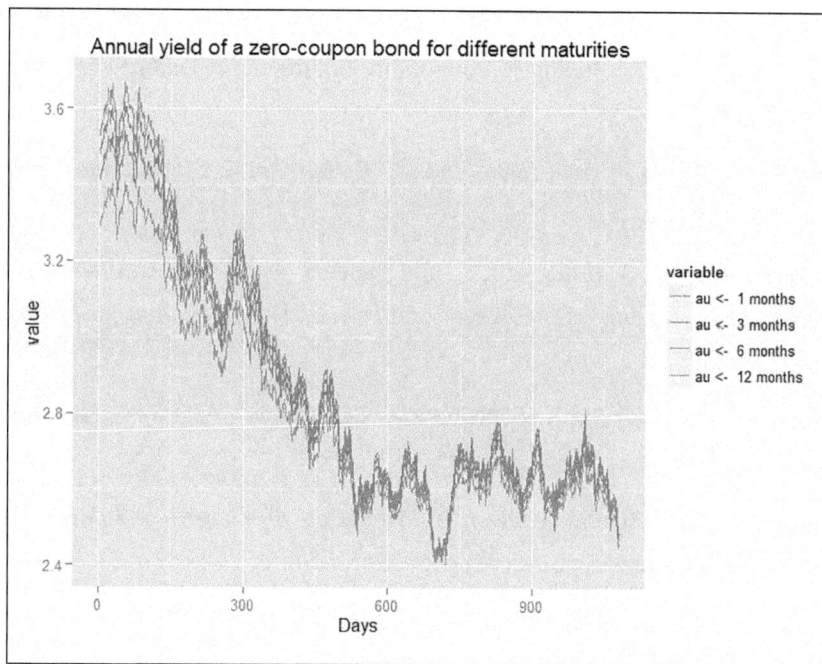

图 6-6　不同期限的零息债券的年度收益

6.6 小结

本章讲述了利率模型和利率衍生品。在介绍 Black 模型之后，我们使用它对利率上限和上限单元定价。此外，我们还考察了 Black-Scholes 模型相关的 R 程序代码。

然后，我们转而考察利率模型如 Vasicek 模型和 CIR 模型。并且，我们讨论了参数估计的理论。最后，我们简要地举例说明如何使用 SMFI5 包。因为利率衍生品定价始于未来利率和收益率曲线的某些假定，所以这一章的利率模型对我们至关重要。只有借助于恰当选择和校准的模型，我们才有机会分析未来利率可能的情境。当然，利率模型是一个相当广泛的主题，值得更深入的研究。但是，学习主流和著名的模型是一个好起点，我们鼓励你深入研究它们或者查阅下一章，因为某些期权依然会使我们惊奇。

6.7 参考文献

- Atkinson, K. [1989]: *An Introduction to Numerical Analysis*. John Wiley & Sons, New York.

- Black, F. [1976]: The Pricing of Commodity Contracts. *Journal of Financial Economics*, 3(1—2), pp. 167—179.

- Cairns, A. [2004]: *Interest Rate Models: An Introduction. Princeton University* Press, Princeton-Oxford.

- Chan, K., Karolyi, A., Longstaff, A. and Sanders, A. [1992]: An Empirical Comparison of Alternative Models of the Short-Term Interest Rate. *The Journal of Finance*, No. 3. pp. 1209—1227.

- Cox, J., Ingersoll, J. and Ross, S. [1985]: *The Theory of the Term Structure of Interest Rates*. Econometrica, No. 53. pp. 385—407.

- Hansen, L. [1982]: *Large Sample Properties of Generalized Method of Moment Estimators*. Econometrica, No. 4. pp. 1029—1054.

- Hull, J. [2009]: *Options, Futures, and Other Derivatives*. Pearson Prentice Hall,New Jersey.

- Vasicek, O. [1977]: An Equilibrium Characterisation of the Term Structure.*Journal of Financial Economics*, 5(2), pp. 177—188.

第 7 章
奇异期权

所有衍生品都是金融合约，在这些合约中，除了简单的买入或卖出权利外，还有更多可达成的特征。我们可以根据假设情景设计复杂的支出结构。于是，奇异合约的最终支出取决于一整套事件。甚至基础资产的路径都会经常对最终支出产生严重的影响。与这些衍生品相比，老牌看涨和看跌期权显得太简单，还为自己赚了个寡淡无味的绰号：普通香草（plain vanilla）。

香草看涨和看跌期权仿佛香草口味的冰淇淋，可能是最简单的冰淇淋，没有点缀任何花式搭配。"普通香草"这种说法在金融领域深入人心，应用甚至延伸到债券市场，在那里香草债券指那种可能是最简单的付息债券。

任何期权，其特征如果超过基本香草期权，都属于一个数目众多的群体，这个群体称为奇异期权（exotic option）。奇异期权的流行源于卖方银行家面临激烈竞争，需要为客户提供定制产品。奇异期权广泛推广的现象背后，有一个相当有趣的原因，就是在大多数时候，从做市商的角度出发，对奇异结构期权报价，相比对普通香草期权报价，并不是个更困难的任务。

7.1 一般定价方法

无论是否是奇异期权，每个衍生品都有一个共性，那就是它是其他产品的函数，所以才有衍生品这样的命名。因此，衍生品的价格不是直接由供求关系平衡的结果单独决定，而是基于估计构造成本来计算。例如，欧元的 1 月远期美元利率高度依赖于欧元的即期美元价格。远期价格正好是现货价格（以及利率）的函数。

如果持有某种衍生品获得的收益，可以由一个包含产品更简单的交易策略构建出来，那么这种衍生品可以复制。衍生品并非独一无二的画卷，它的复制品具有非常相同的价值，而副本与原本产品一样好。通过使用无套利原理（no-arbitrage argument），Black 和 Scholes（1973）以及 Merton（1973）展示了衍生品的价格等于在动态复制策略的恰当实现过程中产生的预期费用和。Taleb（1997）更全面地描述了，在真实市场环境中，实现一个恰当的复制策略很可能确实复杂。

7.2   动态对冲的作用

在大多数时候，复制是一种动态策略。或多或少，你必须在衍生品的有效期内，近乎连续交易。Haug（2007b）展示了，非连续对冲的对冲误差对普通香草期权而言可能很明显。无论如何，连续对冲都是一种巨大的努力，这通常不会在定价公式里明显看到。然而，大多数定价函数基于这样一个假设，动态对冲应该始终在其情景中正确进行。无论何时我们讨论风险中性世界或者风险中性定价，都是一样的情况。进一步参考参见 Wilmott（2006）。

幸运的是，无论动态对冲会多么复杂，运行一组期权至少是一项可以扩展升级的业务。对冲数千个期权并不比对冲一对期权更困难。所有期权都可以分解成确定的敏感性，用所谓的希腊字母（Greek letters，Greeks）表示。这个别名源于某些关键的敏感性采用了希腊字母表示（delta、gamma、rho 和 theta）。它们是偏导数，因此也是可加的。把个别期权的 delta 加总就得到了组合的 delta，等等。这既对普通香草期权又对于奇异期权起作用，由此产生了香草期权和奇异期权之间的密切联系。

7.3   R 如何发挥巨大作用

本节首先通过展示奇异期权的一些例子，给出一个可能的分类。示例来自 fExoticOptions 包，讲解如何对任何衍生品定价函数生成所谓的 Black-Scholes 曲面。接着讨论对任何奇异衍生品的希腊字母进行数值估计。最后展示了未包括在 fExoticOptions 包中的奇异期权。

我们选择了区间内（Double-no-touch，DNT）二元期权，主要是因为它在外汇（FX）市场的主流地位并且它的很多结论还与其他奇异期权有关。因为在本章写作期间，在澳元（AUD）和美元（USD）利率之间存在显著的利率差，我们可以展示如何把这些利率置入定价函数，因此我们使用澳元兑美元汇率（AUDUSD）作为基础资产。通过使用静态期权复制原理，我们还会展示计算 DNT 价格的第二种方法。我们会展示一个真实世界的 DNT

例子，并且通过一个模拟展示一种估计 DNT 生存概率的方法。通过这些方法，我们可以讨论真实世界概率和风险中性世界概率之间的关系以及风险溢价的作用。最后，我们会展示一些实践的调整技巧来把奇异期权嵌入结构化产品。

除了可以看到实现复杂的奇异期权定价函数以及在 R 中的模拟实验，学习本章还可以理解希腊字母在香草期权和奇异期权之间的联系作用。我们会使用在第 5 章 "FX 衍生品"引入的相同术语，那一章也包括了很多关于货币和香草期权的内容。

7.4　超越香草期权的概述

Haug（2007a）全面地涵盖了约 100 种奇异期权的定价公式集合。fOptions 包和 fExoticOptions 包都是基于这本书。Wilmott（2006），Taleb（1997）和 DeRosa（2011）讲述了大量的相关应用问题。

大家的第一印象很可能是奇异期权太多了。目前已经有许多分类方法。做市商讨论不同代的期权，如第一代、第二代，等等。这种方法来源于对冲的角度。我们会采用一个稍有不同的角度，终端用户方法，基于它们的主要奇异特征对这些期权分类。

亚式奇异期权与平均值有关。它可能是平均利率或平均敲定价格，同时也可能是算数平均或几何平均。这类期权依赖路径，就是说，它们在到期日的价值不只是到期日基础资产价格的函数，而是整个路径的函数。因为平均价格的波动率低于价格本身的波动率，所以亚式期权比香草期权便宜：

```
library(fOptions)
library(fExoticOptions)
a <- GBSOption("c", 100, 100, 1, 0.02, -0.02, 0.3, title = NULL,description
= NULL)
(z <- a@price)
[1] 10.62678
a <- GeometricAverageRateOption("c", 100, 100, 1, 0.02, -0.02, 0.3,
title = NULL, description = NULL)
(z <- a@price)
[1] 5.889822
```

障碍型奇异期权也是路径依赖的期权。可能有一到两个障碍。障碍可能是敲进（knock-in，KI）或是敲出（knock-out，KO）。在期权的有效期内，基础资产的价格受到监控，如果它在障碍或超过障碍时发生交易，这就是一个敲击事件。如果敲击事件发生，敲进障碍期权可以执行。敲出障碍期权从有效期开始就可以执行，但如果敲击事件发生，它就不可执行。如果存在两个障碍，它们就变成同一个类型：双敲出（double-knock-out，DKO）和双敲进（double-knock-in，DKI），或者可能是敲进-敲出类型（knock-in-knock-out，KIKO）。

如果其他所有参数设定值相同，那么就有下面的等式成立：$KO + KI = vanilla$。

因为在这种情形下，敲进和敲出期权互斥，但无疑其中之一可执行。第一个参数的选项 cuo 和 cui 分别标示了上敲出看涨期权（call-up-and-out）和上敲进看涨期权（call-up-and-in）。接下来，我们检验下面的条件：$vanilla - KO - KI = 0$。

下面的代码说明了上述条件：

```
library(fExoticOptions)
a <- StandardBarrierOption("cuo", 100, 90, 130, 0, 1, 0.02, -0.02, 0.30,
    title = NULL, description = NULL)
x <- a@price
b <- StandardBarrierOption("cui", 100, 90, 130, 0, 1, 0.02, -0.02, 0.30,
    title = NULL, description = NULL)
y <- b@price
c <- GBSOption("c", 100, 90, 1, 0.02, -0.02, 0.3, title = NULL,
    description = NULL)
z <- c@price
v <- z - x - y
v
[1] 0
```

基于和 $DKO + DKI - vanilla$ 同样的逻辑，我们甚至可以给出 $KO - DKO = KIKO$。所以，KIKO 期权变得从开始就不可执行，而且只要空头 DKO 和多头 KO 还是有效的，那它们就中和了彼此。如果空头 DKO 失效而多头 KO 仍存续，那么对于 KIKO 期权这是一个敲进事件。但是，即使在敲进之后，KIKO 依然可以失效。自然地，$KIKO + DKO = KO$ 方法导出了同样的结论。

同样，在障碍期权之间也有一些重要的收敛特征。基于 $KO + KI = vanilla$ 这个等式，因为我们把障碍推向远离即期价格的方向时，KI 期权会收敛到零，所以当我们把障碍推向远离即期价格的方向时，KO 期权会收敛到香草期权。在图 7-1 中将显示这个特征。

```
vanilla <- GBSOption(TypeFlag = "c", S = 100, X = 90, Time = 1,
    r = 0.02, b = -0.02, sigma = 0.3)
KO <- sapply(100:300, FUN = StandardBarrierOption, TypeFlag = "cuo",
    S = 100, X = 90, K = 0, Time = 1, r = 0.02, b = -0.02, sigma = 0.30)
plot(KO[[1]]@price, type = "l",
    xlab = "barrier distance from spot",
```

```
      ylab = "price of option",
      main = "Price of KO converges to plain vanilla")
abline(h = vanilla@price, col = "red")
```

图 7-1 是上述代码的结果。

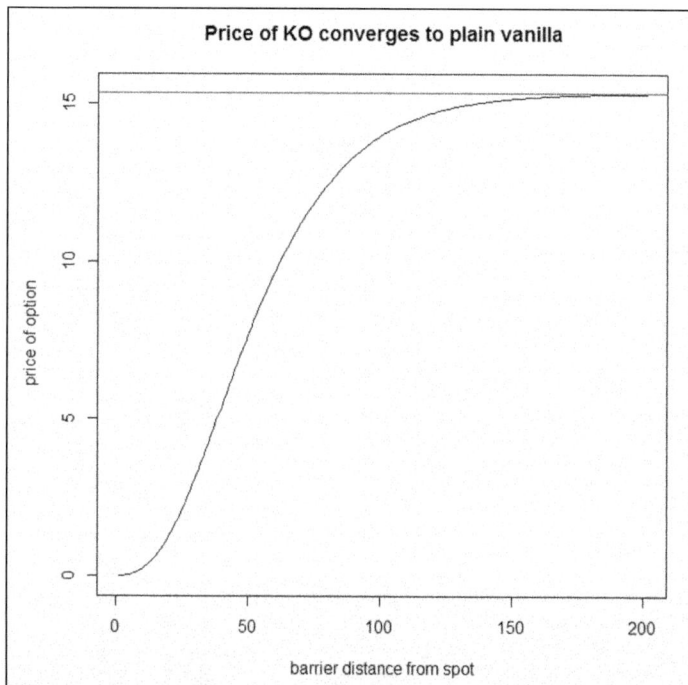

图 7-1 KO 期权价格收敛到香草期权

类似地，如果其中一种障碍开始变得不重要时，双障碍期权就会收敛于单障碍期权，而且如果两个障碍都变得不重要时，它会收敛到香草期权。

根据上文所述，在大多数时候，求解 KO 期权的定价公式已经足够。尽管这已经帮了大忙，但定价一个 KO 期权常常还是非常复杂。复制敲出事件基于这样一种技术，它试图建立香草期权的组合，当敲击事件发生时，组合价值恰好为零，也就是在那时，它们接近免费。这种技术有两种著名的方法，分别由 Derman-Ergener-Kani（1995）和 Carr-Ellis-Gupta（1998）阐述。

所谓的 Black-Scholes 曲面是一个 3D 的图形，其中期权价格可以表示为到期时间和基础资产价格的函数。因为某些奇异期权的定价函数在极端输入环境下会发生异常，因此建议期权价格不能小于零。

计算 Black-Scholes 曲面的代码如下：

```
install.packages('plot3D')
BS_surface <- function(S, Time, FUN, ...) {
    require(plot3D)
    n <- length(S)
    k <- length(Time)
    m <- matrix(0, n, k)
    for (i in 1:n){
        for (j in 1:k){
            l <- list(S = S[i], Time = Time[j], ...)
             m[i,j] <- max(do.call(FUN, l)@price, 0)
        }
    }
    persp3D(z = m, xlab = "underlying", ylab = "Remaining time",
        zlab = "option price", phi = 30, theta = 20, bty = "b2")
}
BS_surface(seq(1, 200,length = 200), seq(0, 2, length = 200),
    GBSOption, TypeFlag = "c", X = 90, r = 0.02, b = 0, sigma = 0.3)
```

上述代码生成下面的输出（见图 7-2）。

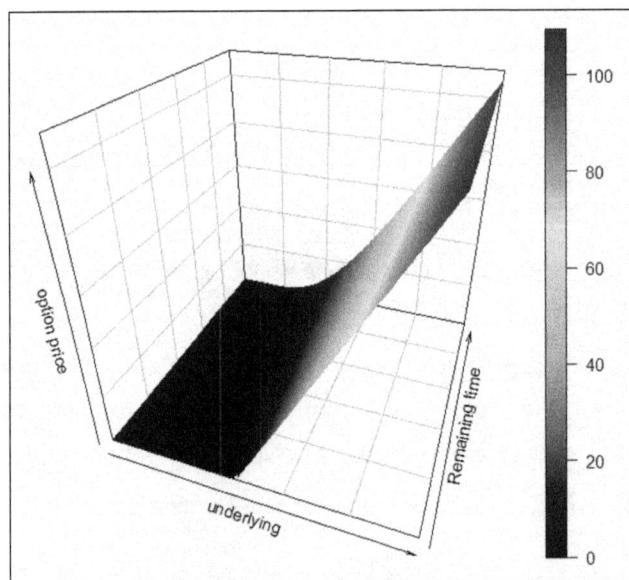

图 7-2　Black-Scholes 曲面

首先，我们准备了普通香草看涨期权的 Black-Scholes 曲面。但是，BS_surface 代码可以用于更多的目的。就像事实上 Black-Scholes 曲面的概念可以用于依赖于单个基础资产的任何种类衍生品。如果有一个定价函数，它能用作 FUN 参数：

```
BS_surface(seq(1,200,length = 200), seq(0, 2, length = 200),
    StandardBarrierOption, TypeFlag = "cuo", H = 130, X = 90, K = 0,
    r = 0.02, b = -0.02, sigma = 0.30)
```

图 7-3 是上述代码的结果。

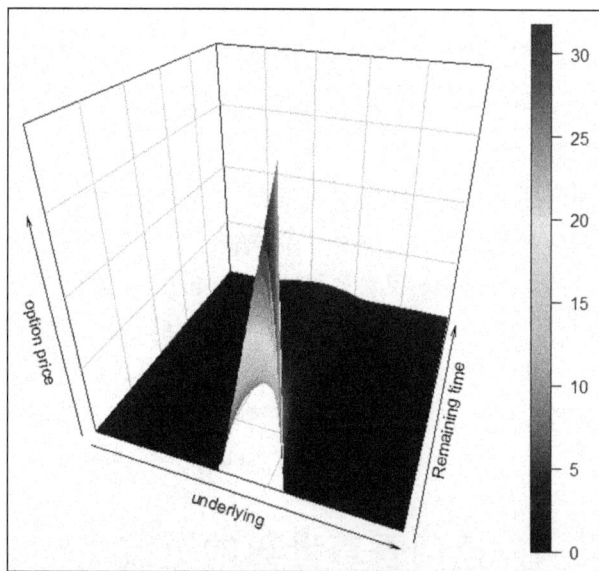

图 7-3　上升敲出看涨期权的 Black-Scholes 曲面

容易看出，相比香草看涨期权，向上敲出看涨期权有一个极限值。

我们使用相同的函数绘制 DNT 期权的 BS 曲面。

二元期权是一种奇异期权，它有一个固定或有支出。这个名字来源于这种期权的特征——只有两种可能结果：要么支付一个固定的数量，要么不支付。在期权的世界中，它们有 0—1 关系。二元特征可以与障碍特征混合，因而变成路径依赖的。只有在它的有效期内发生一次敲击事件时，一触即付（One-Touch，OT）期权才支付，而仅当不存在敲击事件时，无触发（No-Touch，NT）期权才支付。

有两种障碍可能与二元特征相关联，由此可以得到二元一触即付和二元无触发期权。基于无套利原理，必然成立下列等式：

$$NT + OT = T\text{-}Bill$$

$$DNT + DOT = T\text{-}Bill$$

和展示过的障碍期权情形类似，这里也能看到收敛性。如果其中的一个障碍足够远，DNT 期权会收敛到 NT 期权；如果两个边界障碍都足够远，会收敛到国库券（*T-Bill*）。DNT 的定价函数类似于 DKO 期权在障碍型期权中的作用，是二元期权的万金油。

回溯（lookback）期权同样也是路径依赖的。回溯特征非常方便。在到期时刻，头寸的持有者可以回溯，并选择基础资产路径中的最优价格。对一个浮动利率的回溯期权，期权持有者可以回溯敲定价格。对一个固定利率的回溯，期权持有者可以在期权有效期内，在任何一个基础资产的交易价格上执行期权。Taleb（1997）展示了如何通过 KIKO 期权的无限链条复制回溯期权。为了能够复制回溯期权，我们需要奇异期权作为积木。从这个意义上说，回溯期权至少算第二代奇异期权。

基础资产多于一种也是奇异期权的常见特征。在第 5 章 "FX 衍生品" 的 "交换期权" 和 "quanto 期权" 这两节中，已经讨论过两个相关例子。当然还有更多的例子。择优和择劣期权（Best-of and worst-of option）又称彩虹期权（rainbow option）给出了一个篮子中表现最优或最差的基础资产。价差期权（spread option）与纽结香草期权非常相像，这个期权的基础资产是两个资产之差。这些仅仅是一些例子，它们足以表明在所有的情形中，相关性毫无疑问发挥了重要的作用。还有，这些特征可以与障碍或者回溯或者亚式特征混合，几乎生成了无穷的组合。在本章中，我们不会更深地讨论这些类型。

7.5　希腊字母——返回香草世界的链接

如同我们在本章导言部分的解释，希腊字母是偏微分。下面是一些重要的希腊字母。

- delta：它代表 DvalueDspot，是相对于基础资产即期价格变化的期权价格变化。

- gamma：它代表 DdeltaDspot。

- vega：它代表 DvalueDvolatility。

- theta：它代表 DvalueDtime。

- rho：它代表 DvalueDinterest rate。

在一些简单的情形中，这些偏微分可以得到解析解。例如，fOptions 包里包含了 GBSGreeks 函数，这个函数可以给出香草期权的希腊字母。

解析的希腊字母很方便。但是，它们有两个问题。第一个问题是，市场交易的参数在无限小的增量中是不变的。比如，在纽约证券交易所，股票价格的最小变动单位是一美分。股票价格要么最少改变一美分要么根本不变。在 OTC 市场（柜台市场），外汇市场交易者使用 0.0005 的整数倍对波动率报价。第二个问题源于这样的事实，很多奇异期权没有闭式解。因为我们希望把希腊字母加总得到组合的希腊字母，因此无论如何还是需要了解希腊字母。加总解析的希腊字母和数值的希腊字母会导致错误，所以使用数值的希腊字母是更安全的方法。

GetGreeks 函数计算了任何定价函数的任何希腊字母：

```
GetGreeks <- function(FUN, arg, epsilon,...) {
    all_args1 <- all_args2 <- list(...)
    all_args1[[arg]] <- as.numeric(all_args1[[arg]] + epsilon)
    all_args2[[arg]] <- as.numeric(all_args2[[arg]] - epsilon)
    (do.call(FUN, all_args1)@price -
        do.call(FUN, all_args2)@price) / (2 * epsilon)
}
```

OTC 做市商不会使用任何数量对外汇波动率报价。他们通常使用 0.0005 的整数倍对AUDUSD 平价波动率的一个典型的报价是 5.95 %/6.05 %。当然，交易所交易的衍生品是对价格报价而不是对波动率报价，价格改变隐含的波动率改变可能小于 0.0005。

所以，当计算 vega 的数值解时，我们应该设定 epsilon 为 0.0005，epsilon 表示市场连续变化的最小单位。再比如，为了计算一个 AUDUSD 期权的 delta，我们能设置 epsilon 为0.0001（一个点差），或者我们可以对股票设定 epsilon 为 0.01（一分）。对于 theta，把 epsilon调整为 1/365（一天）是有用的，对于 rho 则设为 0.0001（一个基点）。

下面的代码对浮动敲定回溯期权（Floating Strike Lookback Option）绘制了 delta、vega、theta 和 rho：

```
x <- seq(10, 200, length = 200)
delta <- vega <- theta <- rho <- rep(0, 200)
for(i in 1:200){
    delta[i] <- GetGreeks(FUN = FloatingStrikeLookbackOption,
        arg = 2, epsilon = 0.01, "p", x[i], 100, 1, 0.02, -0.02, 0.2)
    vega[i] <- GetGreeks(FUN = FloatingStrikeLookbackOption,
        arg = 7, epsilon = 0.0005, "p", x[i], 100, 1, 0.02, -0.02,
            0.2)
    theta[i] <- GetGreeks(FUN = FloatingStrikeLookbackOption,
        arg = 4, epsilon = 1/365, "p", x[i], 100, 1, 0.02, -0.02,
            0.2)
```

```
    rho[i] <- GetGreeks(FUN = FloatingStrikeLookbackOption,
arg = 5, epsilon = 0.0001, "p", x[i], 100, 1, 0.02, -0.02, 0.2)
}
par(mfrow = c(2, 2))
plot(x, delta, type = "l", xlab = "S", ylab = "", main = "Delta")
plot(x, vega,  type = "l", xlab = "S", ylab = "", main = "Vega")
plot(x, theta, type = "l", xlab = "S", ylab = "", main = "Theta")
plot(x, rho,   type = "l", xlab = "S", ylab = "", main = "Rho")
```

上述代码给出了下面的输出结果（见图 7-4）。

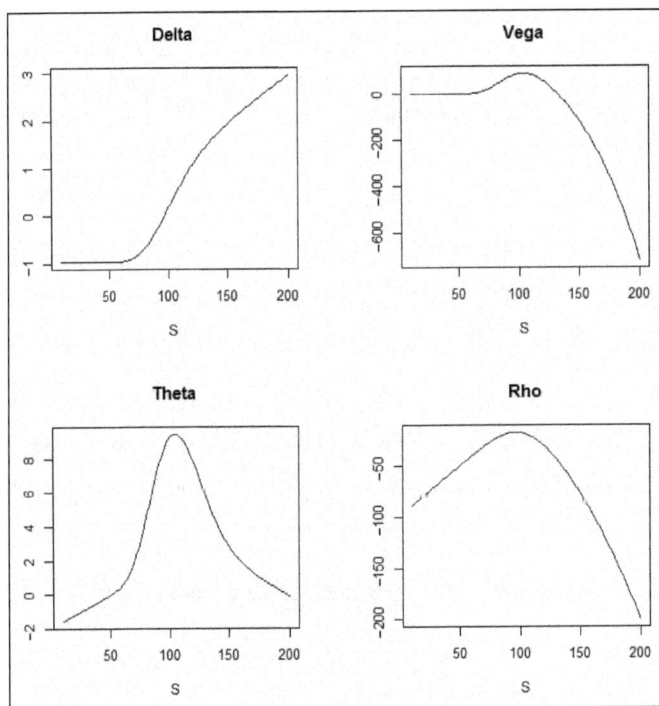

图 7-4　希腊字母

7.6　对 Double-no-touch 期权定价

二元不触发期权（Double-no-touch，DNT）是一种二元期权，到期时支付固定数量的现金。不幸的是，fExoticOptions 包中没有这种期权的计算公式。我们会展示用两种方法对 DNT 定价，具体讲述两种不同的定价方法。在本节，我们会调用函数 dnt1，而对第二种方法，我们会使用 dnt2 作为函数名。

Hui（1996）展示了一触即发式双重障碍二元期权（one-touch double barrier binary option）是如何定价的。在他的术语里，"一触即发"意味着单独一次交易就足以触发敲出事件，而"双重障碍"二元意味着一个二元期权有两个障碍。因为它通常应用在外汇市场，我们称其为 DNT。就许多流行的奇异期权在实现中不止一个名字这个事实来说，这是个好例子。在 Haug（2007a）中，Hui 公式已经转换成一般框架。S、r、b 以及 σ 和它们在第 5 章中的含义一样。当 L 和 U 是上方的和下方的障碍时，K 意味着支付（美元数量）。

$$c = \sum_{i=1}^{\infty} \frac{2\pi i K}{Z^2} \left[\frac{\left(\frac{S}{L}\right)^{\alpha} - (-1)^i \left(\frac{S}{U}\right)^{\alpha}}{\alpha^2 + \left(\frac{i\pi}{Z}\right)^2} \right] \times \sin\left(\frac{i\pi}{Z}\ln\left(\frac{S}{L}\right)\right) e^{-\frac{1}{2}\left[\left(\frac{i\pi}{Z}\right)^2 - \beta\right]\sigma^2 T}$$

在这里，$z = \ln(U/L)$、$\alpha = -\frac{1}{2}\left(\frac{2b}{\sigma^2} - 1\right)$、$\beta = -\frac{1}{4}\left(\frac{2b}{\sigma^2} - 1\right)^2 - 2\frac{r}{\sigma^2}$。

在 R 中实现 Hui（1996）函数，开始就会遇到一个大问题：怎样处理无限求和？我们应该取多大的数代表无穷大？有趣的是，出于实用的考虑，小到 5 或 10 的数字就常常可以很好地扮演无穷大的角色。Hui（1996）说明了，在大多数时间收敛很快。因为 α 用作指数，我们对此是有些怀疑。如果 b 是负的，而 sigma 足够小，那么公式的 $(S/L)^{\alpha}$ 部分可能会产生一个问题。

首先，我们尝试正常的参数看看收敛速度：

```
dnt1 <- function(S, K, U, L, sigma, T, r, b, N = 20, ploterror = FALSE){
    if ( L > S | S > U) return(0)
    Z <- log(U/L)
    alpha <- -1/2*(2*b/sigma^2 - 1)
    beta <- -1/4*(2*b/sigma^2 - 1)^2 - 2*r/sigma^2
    v <- rep(0, N)
    for (i in 1:N)
        v[i] <- 2*pi*i*K/(Z^2) * (((S/L)^alpha - (-1)^i*(S/U)^alpha ) /
            (alpha^2+(i*pi/Z)^2)) * sin(i*pi/Z*log(S/L)) *
                exp(-1/2 * ((i*pi/Z)^2-beta) * sigma^2*T)
    if (ploterror) barplot(v, main = "Formula Error");
    sum(v)
}
print(dnt1(100, 10, 120, 80, 0.1, 0.25, 0.05, 0.03, 20, TRUE))
```

图 7-5 显示了上述代码的结果。

这张公式误差图说明，在第七步之后，额外的步数已经对结果没有影响。这意味着为了实用，只要计算前 7 步就能快速地估计无限和。这看起来确实收敛得非常快。但也许纯属运气或者巧合。

如果把波动率降低到 3% 会怎么样？需要把 N 设为 50 再看收敛性：

```
print(dnt1(100, 10, 120, 80, 0.03, 0.25, 0.05, 0.03, 50, TRUE))
```

上述代码给出了下面的输出结果（见图 7-6）。

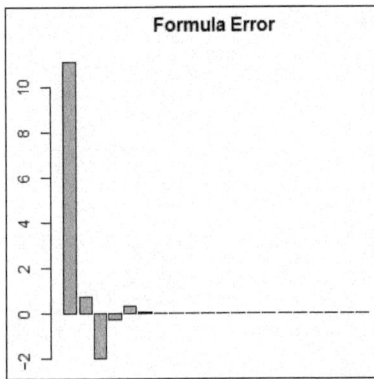

图 7-5　公式误差图　　　　图 7-6　N=50 的公式误差图

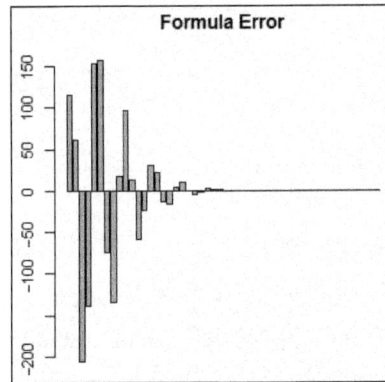

不那么令人印象深刻吗？50 步还不算坏。如果把波动率降得更低又会如何？才一个百分点，参数公式就发散了。首先，这看上去是灾难性的。然而，当我们使用 3% 的波动率时，DNT 的价格已经是支付的 98.75% 了。从逻辑上讲，DNT 价格应该是波动率的单调减函数，所以我们知道如果波动率低于 3%，DNT 的价格至少应为支付的 98.75%。

另一个问题是，如果我们选择了极高的 U 或极低的 L，计算会出现误差。但是，类似于波动率的问题，常识在这里可以帮大忙。如果 U 更高或 L 更低，DNT 的价格应该增加。

仍然会有其他诀窍。既然所有的问题都源于参数 α，我们可以尝试把 b 设定为 0，这会使 α 等于 0.5。如果我们把 r 也设定为 0，DNT 的价格会随着波动率的降低收敛到 100%。

至少，无论何时当我们用一个有限和替代无限和，知道它何时有用何时无效总是好的。我们做了一份新代码，并考虑了收敛并非总是高速的这个情况。诀窍是，只要上一步有任何显著改变，函数就计算下一步。因为对非常低的波动率没有纠正，这个函数依然不会对所有参数都表现良好。除非我们接受这样的事实：如果隐含波动率低于 1%，那么这就是一个极端的市场环境，在这种情况下，DNT 期权不应该通过这个公式定价：

```
dnt1 <- function(S, K, U, L, sigma, Time, r, b) {
  if ( L > S | S > U) return(0)
  Z <- log(U/L)
  alpha <- -1/2*(2*b/sigma^2 - 1)
  beta <- -1/4*(2*b/sigma^2 - 1)^2 - 2*r/sigma^2
  p <- 0
  i <- a <- 1
  while (abs(a) > 0.0001){
    a <- 2*pi*i*K/(Z^2) * (((S/L)^alpha - (-1)^i*(S/U)^alpha ) /
      (alpha^2 + (i *pi / Z)^2) ) * sin(i * pi / Z * log(S/L)) *
        exp(-1/2*((i*pi/Z)^2-beta) * sigma^2 * Time)
    p <- p + a
    i <- i + 1
  }
  p
}
```

我们已经有了一个友好的公式，可以画出一些 DNT 相关的图形来进一步熟悉这个期权。稍后，我们会使用一个特别的澳元兑美元的 DNT 期权，参数如下：L 等于 0.9200，U 等于 0.9600，K（支出）等于 100 万美元，T 等于 0.25 年，波动率等于 6%，r_AUD 等于 2.75%，r_USD 等于 0.25%，b 等于−2.5%。我们会计算并画出这个 DNT 从 0.9200 到 0.9600 之间所有的可能值，步长为 1 点差（0.0001），所以我们会使用 2000 步。

下面的代码绘制了基础资产价格的图像：

```
x <- seq(0.92, 0.96, length = 2000)
y <- z <- rep(0, 2000)
for (i in 1:2000){
    y[i] <- dnt1(x[i], 1e6, 0.96, 0.92, 0.06, 0.25, 0.0025, -0.0250)
    z[i] <- dnt1(x[i], 1e6, 0.96, 0.92, 0.065, 0.25, 0.0025, -0.0250)
}
matplot(x, cbind(y,z), type = "l", lwd = 2, lty = 1,
    main = "Price of a DNT with volatility 6% and 6.5%",
cex.main = 0.8, xlab = "Price of underlying" )
```

图 7-7 是上述代码的输出结果。

可以很清楚地看到，即使波动率很小的改变也会对 DNT 价格产生巨大的影响。看图观察是发现 vega 必然为负的一种直观方式。有趣的是，快速浏览这张图也足以说服我们，如果更接近障碍，vega 的绝对值会下降。

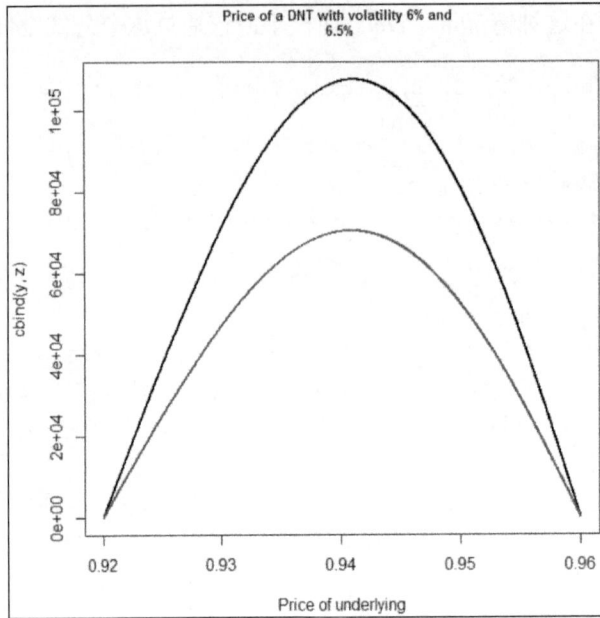

图 7-7　DNT 的价格

大多数终端用户认为，最大的风险发生在即期价格接近触发价格的时候。这是因为，终端用户真地按照二元方式来考虑二元期权。只要 DNT 有效，他们就关注正的结果。但是，对一个动态对冲者来说，当 DNT 的价值非常小时，就不再关注它的风险了。

同样有趣的是，如果国库券价格与波动率独立，同时等式 DNT + DOT = T-Bill 国库券成立，那么增加的波动率会减小 DNT 的价格，减少的数量与 DOT 价格会增加的数量完全相同。而 vega 无疑应该是 DNT 的精确反映。

我们能使用 GetGreeks 函数估计 vega、gamma、delta 和 theta。对于 gamma，我们可以按下面的方式通过 GetGreeks 函数来计算：

```
GetGreeks <- function(FUN, arg, epsilon,...) {
    all_args1 <- all_args2 <- list(...)
    all_args1[[arg]] <- as.numeric(all_args1[[arg]] + epsilon)
    all_args2[[arg]] <- as.numeric(all_args2[[arg]] - epsilon)
     (do.call(FUN, all_args1) -
        do.call(FUN, all_args2)) / (2 * epsilon)
}
Gamma <- function(FUN, epsilon, S, ...) {
    arg1 <- list(S, ...)
    arg2 <- list(S + 2 * epsilon, ...)
    arg3 <- list(S - 2 * epsilon, ...)
```

```
      y1 <- (do.call(FUN, arg2) - do.call(FUN, arg1)) / (2 * epsilon)
      y2 <- (do.call(FUN, arg1) - do.call(FUN, arg3)) / (2 * epsilon)
      (y1 - y2) / (2 * epsilon)
}
x = seq(0.9202, 0.9598, length = 200)
delta <- vega <- theta <- gamma <- rep(0, 200)
for(i in 1:200){
   delta[i] <- GetGreeks(FUN = dnt1, arg = 1, epsilon = 0.0001,
      x[i], 1000000, 0.96, 0.92, 0.06, 0.5, 0.02, -0.02)
   vega[i] <- GetGreeks(FUN = dnt1, arg = 5, epsilon = 0.0005,
      x[i], 1000000, 0.96, 0.92, 0.06, 0.5, 0.0025, -0.025)
   theta[i] <- - GetGreeks(FUN = dnt1, arg = 6, epsilon = 1/365,
      x[i], 1000000, 0.96, 0.92, 0.06, 0.5, 0.0025, -0.025)
   gamma[i] <- Gamma(FUN = dnt1, epsilon = 0.0001, S = x[i], K =
      1e6, U = 0.96, L = 0.92, sigma = 0.06, Time = 0.5, r = 0.02, b =
-0.02)
}


windows()
plot(x, vega, type = "l", xlab = "S",ylab = "", main = "Vega")
```

图 7-8 是上述代码的结果。

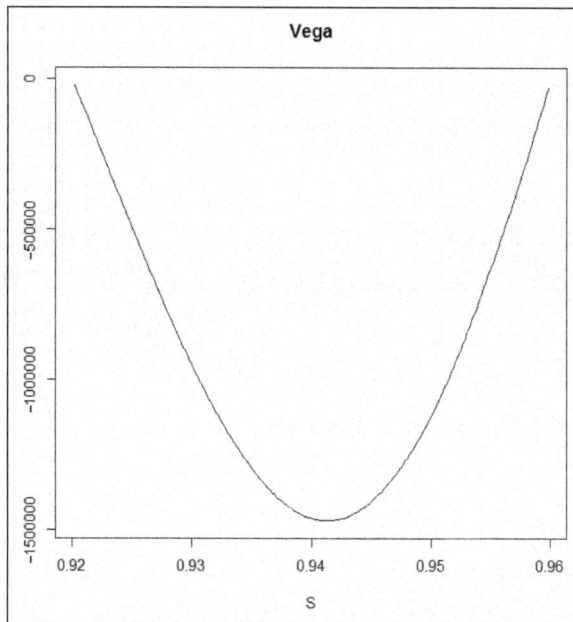

图 7-8　vega

　　在观察价值图后，可以发现 DNT 的 delta 也很接近直觉。如果接近更高的障碍，delta 会变负，并且如果接近更低的障碍，delta 会得到正值，如图 7-9 所示。

```
windows()
plot(x, delta, type = "l", xlab = "S",ylab = "", main = "Delta")
```

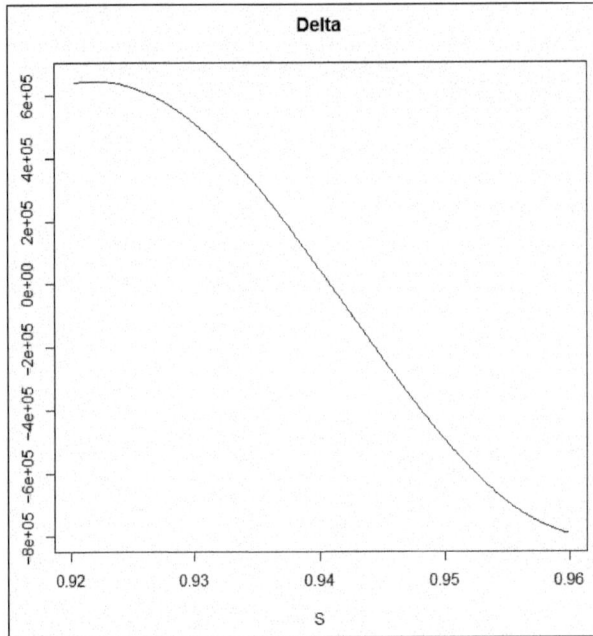

图 7-9　delta

　　这确实是一种非凸的情形。如果我们想做一个动态 delta 对冲，必然会有金钱损失。如果即期价格上升，DNT 的 delta 会下降，因此我们应该买入一些 AUDUSD 作为对冲。但是，如果即期价格下降，我们应该卖出一些 AUDUSD。设想这样一种情景，其中 AUDUSD 上午上升了 20 个点差，而下午下降了 20 个点差。这意味着，动态对冲者应该在价格上升之后买入一些 AUDUSD，并在价格开始下跌之后卖出同样数目的 AUDUSD。

　　delta 的改变可以通过 gamma 来描述，如图 7-10 所示。

```
windows()
plot(x, gamma, type = "l", xlab = "S",ylab = "", main = "Gamma")
```

　　负 gamma 意味着，如果即期价格上升，delta 会减小，但如果即期价格下降，delta 会增加。这听起来不太好。但对这种麻烦的非凸情形，还有一些补救，那就是 theta 值为正。如果什么也没发生，那一天之后，DNT 会自动升值。

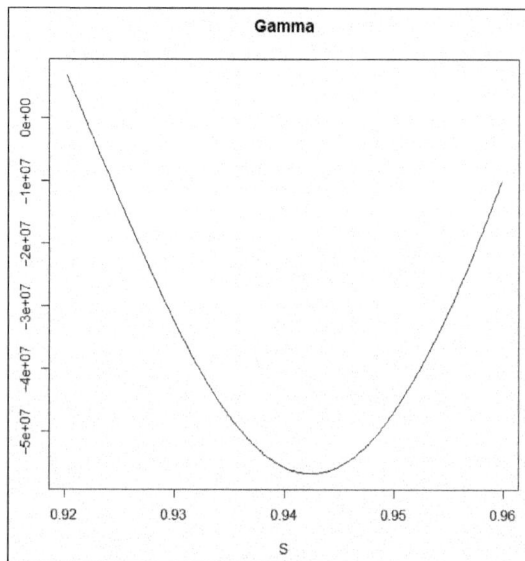

图 7-10 gamma

在这里，我们使用 theta 表示−1 乘以偏微分，$T–t$ 表示剩余时间，我们可以查看如果 t 增加一天，价格如何变化（见图 7-11）：

```
windows()
plot(x, theta, type = "l", xlab = "S",ylab = "", main = "Theta")
```

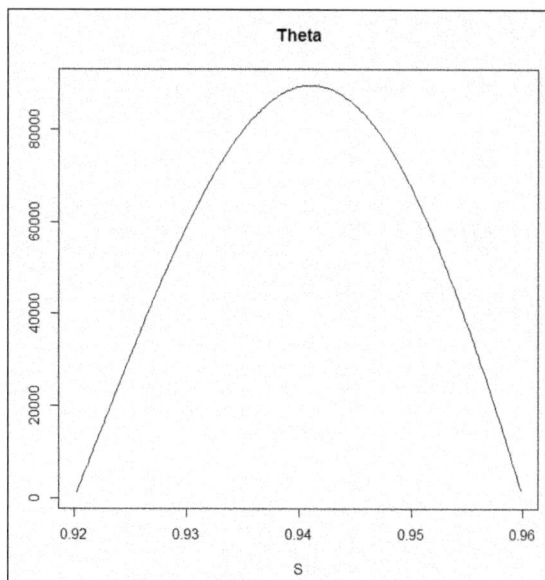

图 7-11 theta

负 gamma 的绝对值越大，正 theta 的值就越大。这就是时间如何补偿负 gamma 产生的潜在损失。

风险中性定价也意味着负 gamma 应该通过正 theta 补偿。这是通过 Black-Scholes 框架刻画香草期权的主要信息，但对奇异期权同样正确，参见 Taleb（1997）和 Wilmott（2006）。

之前已经引入了 Black-Scholes 曲面，现在可以深入更多的细节。这个曲面也很好地解释 theta 和 delta 如何发挥作用。它展示了期权对于不同现货价格和到期时间的价格。所以曲面斜率在一个方向上（坐标为时间——译者注）为 theta，在另一个方向（坐标为现货价格——译者注）为 delta。它的代码如下：

```
BS_surf <- function(S, Time, FUN, ...) {
  n <- length(S)
  k <- length(Time)
  m <- matrix(0, n, k)
  for (i in 1:n) {
    for (j in 1:k) {
      l <- list(S = S[i], Time = Time[j], ...)
      m[i,j] <- do.call(FUN, l)
      }
  }
  persp3D(z = m, xlab = "underlying", ylab = "Time",
    zlab = "option price", phi = 30, theta = 30, bty = "b2")
}
BS_surf(seq(0.92,0.96,length = 200), seq(1/365, 1/48, length = 200),
  dnt1, K = 1000000, U = 0.96, L = 0.92, r = 0.0025, b = -0.0250,
    sigma = 0.2)
```

图 7-12 是上述代码的输出。

我们可以看到怀疑过的东西。当即期价格接近（L, U）中点，DNT 随着 t 增大而减小（译者注——此处疑有误）。

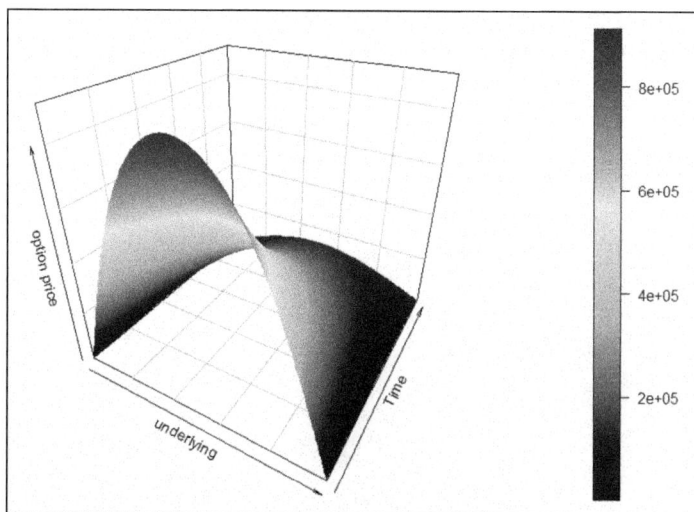

图 7-12　DN 的 Black-Scholes 曲面

7.7　对 Double-no-touch 定价的另一种方法

　　静态复制总是最简洁的定价方式。根据无套利原理，我们可以说，如果确认在未来的某时两个组合价值相同，那么它们的价格在之前的任何时刻都必然相同。我们将展示如何用双敲出（double-knock-out，DKO）期权构建 DNT。我们需要使用一个技巧，令敲定价格和某个障碍相同。如果敲定价格不低于上方的障碍，DKO 看涨期权在它变成价内之前就被敲出。所以在这种情况下，因为没人可以在价内执行这个期权，它会变得毫无价值。因此，对于一个 DKO 看涨期权，敲定价格应该低于上方的障碍。但是，我们可以选择敲定价格等于下方的障碍。看跌期权的敲定价格应该高于下方的障碍，因此没理由不让它等于上方的障碍。这样，DKO 看涨期权和 DKO 看跌期权会有非常方便的特征。如果它们仍然有效，那都能在价内执行。

　　现在，我们几乎就完成了。只要再加上 DKO 的价格，我们就会得到一个支出为 $(U-L)$ 美元的 DNT。因为 DNT 的价格是支出的线性函数，我只需将结果乘以 $K \times (U-L)$：

```
dnt2 <- function(S, K, U, L, sigma, T, r, b) {

    a <- DoubleBarrierOption("co", S, L, L, U, T, r, b, sigma, 0,
        0,title = NULL, description = NULL)
    z <- a@price
```

```
    b <- DoubleBarrierOption("po", S, U, L, U, T, r, b, sigma, 0,
        0,title = NULL, description = NULL)
    y <- b@price

    (z + y) / (U - L) * K
}
```

现在有两个定价 DNT 的函数，可以比较一下结果：

```
dnt1(0.9266, 1000000, 0.9600, 0.9200, 0.06, 0.25, 0.0025, -0.025)
[1] 48564.59

dnt2(0.9266, 1000000, 0.9600, 0.9200, 0.06, 0.25, 0.0025, -0.025)
[1] 48564.45
```

对一个具有 100 万美元或有支出和初始市值超过 48000 美元的 DNT，很高兴看到这两个定价方法的价格差异仅仅为 14 美分。而从技术角度看，第二个定价函数并没太大帮助，因为对 dnt2 来说，低波动率仍然是个问题。

对本章的剩余部分我们会使用 dnt1。

7.8 Double-no-touch 期权的有效期——一个模拟

在 2014 年第二季度，DNT 的价格是如何变化？我们有 AUDUSD 的开盘—高点—低点—收盘类型的时间序列，样本频率为 5 分钟，所以我们知道所有的极端价格：

```
d <- read.table("audusd.csv", colClasses = c("character",
rep("numeric",5)), sep = ";", header = TRUE)
underlying <- as.vector(t(d[, 2:5]))
t <- rep( d[,6], each = 4)
n <- length(t)
option_price <- rep(0, n)

for (i in 1:n) {
  option_price[i] <- dnt1(S = underlying[i], K = 1000000,
    U = 0.9600, L = 0.9200, sigma = 0.06, T = t[i]/(60*24*365),
      r = 0.0025, b = -0.0250)
}
a <- min(option_price)
b <- max(option_price)
option_price_transformed = (option_price - a) * 0.03 / (b - a) + 0.92
```

```
par(mar = c(6, 3, 3, 5))
matplot(cbind(underlying,option_price_transformed), type = "l",
    lty = 1, col = c("grey", "red"),
    main = "Price of underlying and DNT",
    xaxt = "n", yaxt = "n", ylim = c(0.91,0.97),
    ylab = "", xlab = "Remaining time")
abline(h = c(0.92, 0.96), col = "green")
axis(side = 2, at = pretty(option_price_transformed),
    col.axis = "grey", col = "grey")
axis(side = 4, at = pretty(option_price_transformed),
    labels = round(seq(a/1000,1000,length = 7)), las = 2,
    col = "red", col.axis = "red")
axis(side = 1, at = seq(1,n, length=6),
    labels = round(t[round(seq(1,n, length=6))]/60/24))
```

图 7-13 是上述代码的输出。

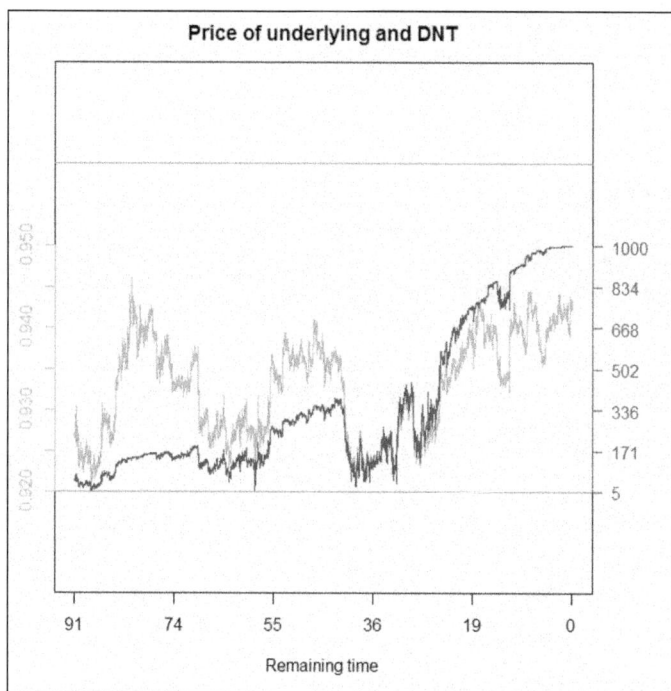

图 7-13　基础资产和 DNT 的价格

DNT 的价格以红色表示在右侧坐标轴（除以 1000），而真实的 AUDUSD 价格以灰色表示在左侧坐标轴。绿线表示 0.9600 和 0.9200 这两个障碍。这张图显示了在 2014 年第二季度，AUDUSD 货币对在区间（0.9200，0.9600）内交易。因此，DNT 的支出可能达到一百万美元。这样看来，DNT 是一笔不错的投资。但是，事实是发自几乎无限大的先验集合中的一条轨线。也可能会发生不同的情况。比如，在 2014 年 5 月 2 日，距离到期日还剩 59 天，AUDUSD 在 0.9203 成交，距离下方的障碍仅有 3 个点差。但在此时，DNT 的价值仅有 5302 美元，这由下面的代码显示：

```
dnt1(0.9203, 1000000, 0.9600, 0.9200, 0.06, 59/365, 0.0025, -0.025)
[1] 5302.213
```

把这个 5302 美元和初始的期权价格 48564 美元比较一下！

在下面的模拟中，我们会展示一些不同的轨线。它们都从 AUDUSD 在 2014 年 4 月 1 日清晨的同一个即期价格 0.9266 出发，我们会看到其中有多少个会保留在（0.9200，0.9600）区间中。为了简化，我们将使用 6% 的波动率来模拟几何布朗运动，这个波动率我们曾在对 DNT 定价时使用过：

```
library(matrixStats)
DNT_sim <- function(S0 = 0.9266, mu = 0, sigma = 0.06, U = 0.96,
  L = 0.92, N = 5) {
  dt <- 5 / (365 * 24 * 60)
  t <- seq(0, 0.25, by = dt)
  Time <- length(t)

  W <- matrix(rnorm((Time - 1) * N), Time - 1, N)
  W <- apply(W, 2, cumsum)
  W <- sqrt(dt) * rbind(rep(0, N), W)
  S <- S0 * exp((mu - sigma^2 / 2) * t + sigma * W )
  option_price <- matrix(0, Time, N)

  for (i in 1:N)
    for (j in 1:Time)
    option_price[j,i] <- dnt1(S[j,i], K = 1000000, U, L, sigma,
        0.25  -t[j], r = 0.0025,
        b = -0.0250)*(min(S[1:j,i]) > L & max(S[1:j,i]) < U)

survivals <- sum(option_price[Time,] > 0)
dev.new(width = 19, height = 10)

par(mfrow = c(1,2))
matplot(t,S, type = "l", main = "Underlying price",
  xlab = paste("Survived", survivals, "from", N), ylab = "")
```

```
abline( h = c(U,L), col = "blue")
matplot(t, option_price, type = "l", main = "DNT price",
   xlab = "", ylab = "")}
```

```
set.seed(214)
system.time(DNT_sim())
```

图 7-14 是上述代码的输出。

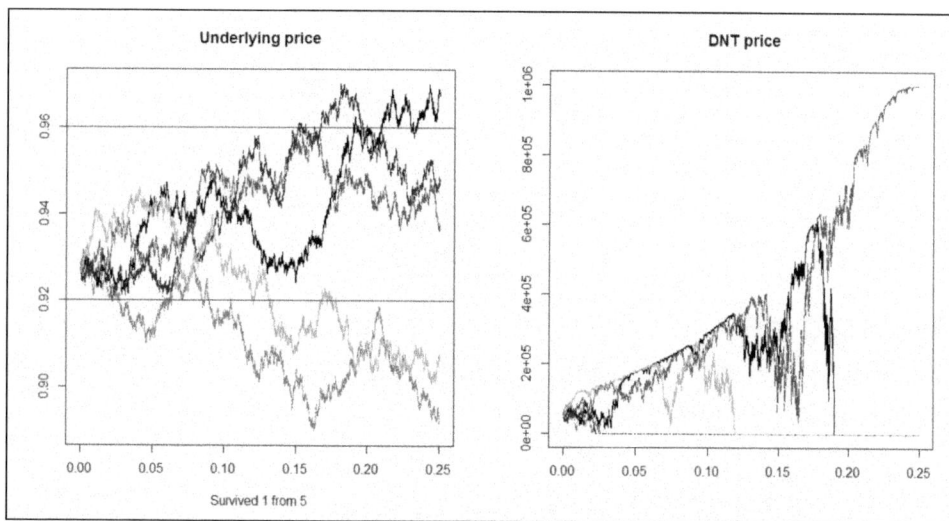

图 7-14　DNT 价格的模拟

在这里，唯一幸存在区间内的轨线是条红线。在所有的其他情况中，DNT 要么击中了上方的障碍，要么击中了下方的障碍。代码中的一行 set.seed(214)，保证了每次运行都会出现相同的结果。五分之一的概率也不太坏，需要告知终端用户或者未做动态对冲的投机者，这个期权有大约 20% 的支付价值（特别是因为利率比较低，货币的时间价值不重要）。

但是，5 条轨线还是太少，不可以仓促下结论。我们应该对更多数目的轨线检查 DNT 的存活比率。

对这个 DNT 在真实世界的先验存活概率，轨线的存活比例会是好估计，从而对终端用户有一定价值。在迅速增加 N 之前，我们应该牢记模拟所用的时间。我的计算机计算 $N=5$ 时，花了 50.75s，计算 $N=15$ 时，用时 153.11s。

图 7-15 是 $N=15$ 的输出。

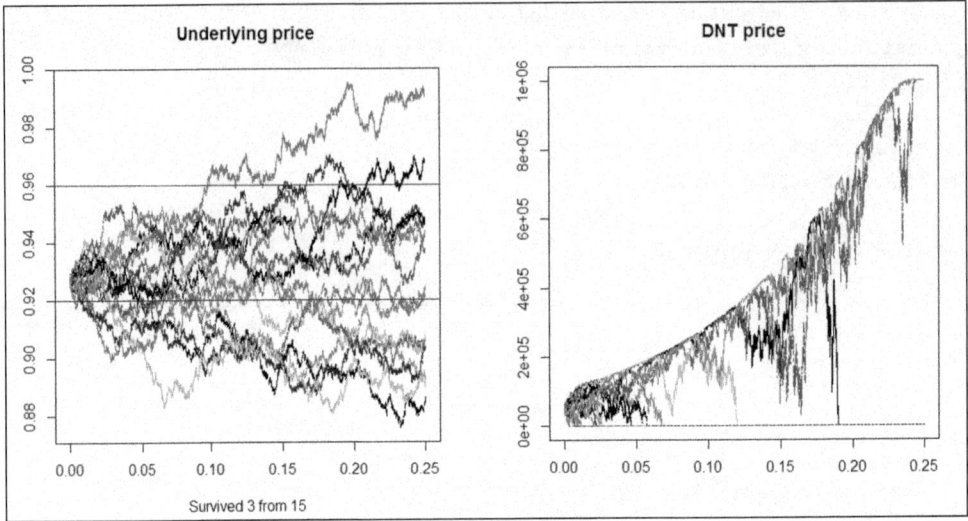

图 7-15　N=15 的 DNT 轨线

现在，15 条轨线中幸存下来 3 条，所以估计的存活比率依然是 3/15，等于 20%。看起来这个产品非常好，价格大约是支出的 5%，而估计的生存比率是 20%。仅仅出于好奇心，运行 N=200 的模拟。这可能会花费 30min。

图 7-16 是 N=200 时的输出。

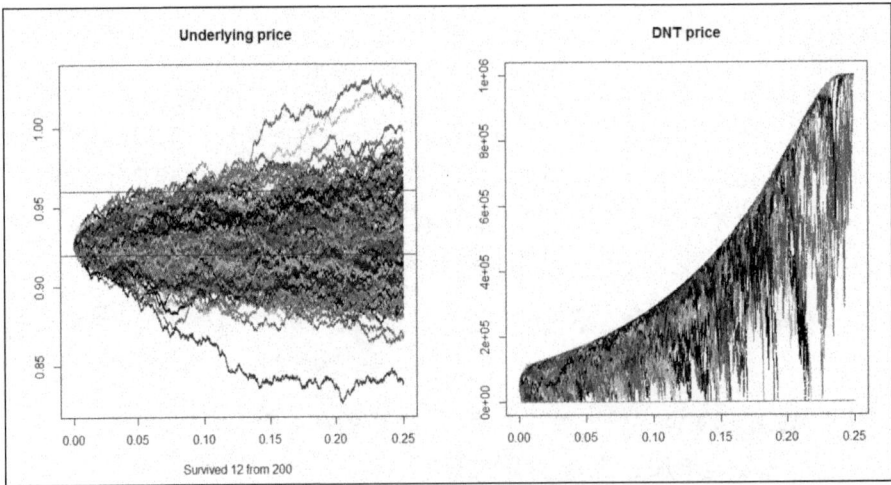

图 7-16　N=200 的 DNT 轨线

图 7-16 的结果令人震惊。现在，200 条轨线中仅有 12 条存活，比例只有 6%。所以为了得到更好的价格，我们应该使用更大的 N 运行模拟运算。

　　伍迪·艾伦的电影《怎样都行》（*Whatever Works*，由 Larry David 领衔主演）的时长有 92 分钟。在一样长的仿真时间中，这对应着 $N=541$（见图 7-17）。当 $N=541$ 时，仅有 38 条幸存的轨线，生存比率最后计算出来为 7%。

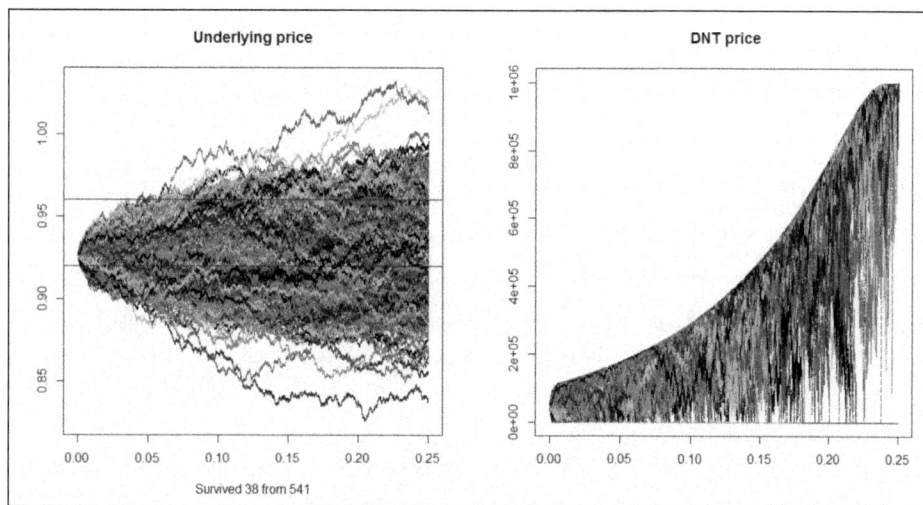

图 7-17　$N=541$ 的轨线

　　真正的期望幸存比是多少？是 20%、6% 还是 7%？关于这一点我们是不知道的。数学家警告我们，大数定律（law of large numbers）要求很大的数，在这里"很大"意味着超过 541，因此如果时间允许，建议使用尽可能大的 N 运行这个模拟。当然，更好的计算机也有助于在相同的时间内模拟更大的 N。无论如何，从这个角度来说，Hui's（1996）的 DNT 定价公式收敛速度较快，应该得到重视。

　　到目前为止，模拟使用的随机过程和定价所用的随机过程完全相同。常识认为，在某些情况下，市场隐含的波动率可能是有偏的，高于或者低于期望波动率。考虑满足两个条件 $N=200$ 和 sigma＝5.5% 时运行模拟，很自然产生了更多的幸存轨线，15 条。当满足条件 $N=200$ 和 sigma＝6.5% 时，会产生更少的幸存轨线——9 条。这再一次直观地说明了 vega 的巨大作用。幸存轨线的数目可以是 9、12 或 15，主要依赖于过程的波动率。对应的存活比率分别为 4.5%、6% 或 7.5%。这也引起了一个更加理论化的问题：与风险溢价（risk premium）有关吗？如果市场需要 vega，即使我们预期的是 5.5% 的波动率，我们也很可能会购买一个基于波动率为 6% 的 DNT。在某些极端的情形下，市场也许确实偏好 vega。在这些情况下，风险溢价包含在其中。

　　在定价衍生品时，我们通常先寻找生成某种产品的边际成本，再使用无套利原理，因此衍生品定价一直假定动态对冲。实际上一些市场参与者试图发挥这个策略，并成为衍生品的提供方，就像一个工厂。通过几乎连续的动态对冲，他们几乎消除了所有风险，因而愿意承担交易中任何一方的角色。他们是做市商。但是，并非所有市场参与者都是衍生品工厂，他们中的许多参与者特意追求敏感性。因此，他们没有对冲自己的衍生品头寸。另一组称为市场接受者或终端用户。其中一些参与者因为已经有某些敏感性，并希望降低一些（自然对冲者），所有寻找敏感性。另外一些参与者开始没有敏感性，但愿意下一个金融赌注（投机者）。

有趣的是，衍生品的价格和它对终端用户的价值之间存在显著性的差异。通过买入DNT，终端用户可以下赌注，最终可能一无所获，也可能获利丰厚。这个赌注有没有任何风险溢价，还是它就像一个赌场？DNT 在真实世界的期望值是否高于在风险中性世界的期望值（它等于价格吗）？因为做市商会基于隐含波动率报价，所以使用价值或者"用户体验"可能是有区别的。在极端的市场状况中，对 vega 的需求会推升它的价格（即隐含波动率）高于期望的波动率。

在这种情况下，任何可以卖出波动率的参与者会得到一个溢价。就 DNT 的情况来说，得到溢价意味着，它的价格会低于它在真实世界支付的期望值。

那么二元一触即发（Double-one-touch，DOT）期权会怎样？因为国库券可以看作一个DNT 和一个 DOT 的和，如果 DNT 太便宜，DOT 必然会很贵。因此，这些奇异期权是对波动率的简单赌注。如果投机者认为波动率会显著地低于隐含波动率，买入 DNT 就是一个显而易见的赌注。如果投机者预期波动率会高于隐含波动率，DOT 就是恰当的赌注。

在这个意义上说，DNT 类似于空头跨式（short straddle）期权，而 DOT 类似于多头跨式（long straddle）期权。但是，二元期权更容易校准到所需的规模。多头跨式期权由一个多头看涨期权和一个规模、敲定价格和到期日都相同的多头看跌期权组成。空头跨式期权是它的镜像：空头看涨期权和空头看跌期权。宽跨式（strangle）期权非常类似于跨式期权，唯一的区别在于其中看涨期权的敲定价格高于而不是等于看跌期权的敲定价格。与空头跨式期权或空头宽跨式期权相比，通过购买 DNT 对波动率下赌注更方便。DNT 是一个高杠杆产品，不过可能损失的全部金额已经在前期支付。所以，它适合在线交易平台的菜单，该平台的典型客户是小型零售投机者。

基于这个逻辑，风险溢价只会流向这样的市场参与者，他们愿意持有对别的市场参与者不喜欢的头寸。如果那里有对波动率的额外需求，那么 DNT 会包含风险溢价。如果那里有对波动率的额外供给，那么 DOT 会包含风险溢价。还有一种可能，市场处于稳定均衡中，DNT 和 DOT 都不包含风险溢价。

7.9 嵌入结构产品的奇异期权

在大多数时候，奇异期权是以伪装形式进行交易。它们被嵌入到结构化债券或凭证中。奇异行为需要转换为对用户更友好的语言，即更容易被日常投资者理解。比如，二元支付可以被计算到息票收益率当中。那么如果情形变化使得二元期权给出支付，投资者就会获得更高的利息。包含敲出期权的结构可以称为安全气囊凭证（airbag certificate）。因为只要多头 KO 期权没有被敲出，它就可以对市场损失给出一定保护，这类似于安全气囊在不太严重的事故中对驾驶者的保护。

另一个例子是 turbo 凭证。在大多数时间里，它只是某种敲出期权的证券化形式，这种敲出期权有深度价内敲定价格，并且 KO 接近敲定价格。一些受到资本担保的产品，息票利息与股票指数的极值相关。这些产品中可以发现回溯期权。

举一个数值例子，我们看一下期限为 3 个月的存款凭证（certificate of deposit，CD），它可能支付 3%的息票也可能支付 0%，条件取决于外汇市场行为。这种资本担保产品可以视为国库券和二元期权的组合。如果 3 个月的国库券可以在 99.75%买到，那么每个美元中有 0.25 美分会被花在二元期权上。到期的本金会通过国库券担保，而二元期权对应着 3%的或有息票利息。

此时，任何二元期权都能做到，购买一个 DNT 也有用，但这种方式有太多参数。银行必须调整所有的参数来使整个产品有吸引力。从做市商的角度出发，在风险中性世界中，一个期限为 3 个月的，更低的触发 $L=0.9200$ 的 DNT，与期限稍多于 3 个月的，$L=0.9195$ 的 DNT 是相同的：

```
dnt1(0.9266, 1000000, 0.9600, 0.9200, 0.06, 90/365, 0.0025, -0.025)
[1] 50241.58
dnt1(0.9266, 1000000, 0.9600, 0.9195, 0.06, 94/365, 0.0025, -0.025)
[1] 50811.61
```

这个特征在期权中非常普通，包括敲出事件。如果推动障碍，使它更远离即期价格一些，那么大多用一些额外时间补偿这种偏离。在风险中性世界，S/L 距离总是要除以因子 $\sigma\sqrt{(T_t)}$，所以这里有一个权衡。我们可以使 L 更小，但反过来，我们应该增长期限。在真实世界中，终端用户的预期是受到他们的主观或感性的预期驱动。假如我们没有计划对 DNT 做动态对冲，那么相比 $L=0.9200$ 和 $T=90$ 天我们会更喜欢 $L=0.9195$ 且 $T=94$ 天。

这就是为什么 L、U 和 T 要按照产品看起来可以吸引终端用户的方式来设置。而且，如果某个结构化产品嵌入了这个奇异期权，那么这个结构化产品本身应该易于出售。最后，大多数结构化产品应该切分成更小的、适宜零售规模的份额，如名义 1000 美元。当然，每块蛋糕切得必须相同，所以银行会视它整体为一个巨大的产品。

再回来设置 L、U 和 T，容易看出，DNT 的价格是 L、U 和 T 的严格单调函数（同样也是波动率的单调函数）。在确定的市场条件下（S、r、b 和波动率），设置 $L = 0.9195$ 并且 $T = 94$ 天。现在，我们提出下面的逆定价问题：当 DNT 的价格是支付的 33%，U 是多少？

这会是隐含的上方障碍，隐含在价格已经给定的意义中。这里有个奇怪的答案：这样隐含的 U 不能确定存在。这是因为，如果我们开始提高上方的障碍，DNT 的价格会收敛到不触发（No-Touch，NT）期权的价格。如果这个 NT 的价格小于 33%，能使 DNT 价值 33% 的 U 就不存在。我们使用 fExoticOptions 包中的 BinaryBarrierOption 函数来对 No-Touch 期权定价，这由下面的代码描述：

```
dnt1(0.9266, 1000000, 1.0600, 0.9200, 0.06, 94/365, 0.0025, -0.025)
[1] 144702
a <- BinaryBarrierOption(9, 0.9266, 0, 0.9200, 1000000, 94/365,
    0.0025, -0.025, 0.06, 1, 1, title = NULL, description = NULL)
(z <- a@price)
[1] 144705.3
```

在风险中性世界，如果我们把 U 提高 1000 个点差，它会变得完全不合适，所以 DNT 的行为类似于 NT。

所以，在这种情况下，如果我们希望 DNT 估价 33%，我们应该选择一个低于 0.9195 的 L。接下来，我们设置 $L = 0.9095$，并寻找一个使 DNT 价值 33% 的 U。在这个部分末，我们会通过展示在下面代码中的 implied_U_DNT 函数寻找隐含的 U。现在，假定我们出于其他理由使用了 $U=0.9745$：

```
dnt1(0.9266, 100, 0.9705, 0.9095, 0.06, 90/365, 0.0025, -0.025)
[1] 31.44338
```

这个 DNT 的价格仅仅为支付的 31.44%，因此银行执行了所有的艰苦结构化工作，还是有一定的利润空间。假定银行可以出售总共价值 10000 万美元的这种 CD，那么 3 个月后，银行要么支付给客户 10000 万美元（年利率 0%），要么支付 10075 万美元（年利率大约 3%）。这种分情况的许诺可以通过购买这个组合来对冲，10000 万美元名义的国库券和支付为 75 万美元的 DNT 期权。起初，这些产品花费了 99.75%×100000000 + 31.44338%×750000 =

99985825.35 美元，因此银行赚取了 14174.65 美元的利润。

在其他情况下，隐含的到期时间也许是个有趣的问题。在确定的市场条件下，对于给定的一对（L，U），什么样的 T 能使 DNT 的价格为，比如说，50%？即使对一个非常紧凑的（L，U）区间，我们也可以找到一个足够小的 T，使 DNT 的价格高达 50%。反之亦然。如果时间充足，即使对于非常宽阔的一对（L，U）区间，DNT 的价格也可以达到 50%。参见本节末尾的 implied_T_DNT 函数。

不像 L、U 或 T，我们不能随意选择波动率参数。但是，计算隐含波动率有助于计算其他衍生品的定价。这是一种关键的定价概念，因为风险中性定价基于比较。如果知道了 DNT 的价格（和所有其他的参数），我们就能求解出用于定价计算的波动率。参见本节末尾的 implied_vol_DNT 函数。

接下来，我们会展示多个隐含的函数，并最终画出隐含的图形：

```
implied_DNT_image <- function(S = 0.9266, K = 1000000, U = 0.96,
  L = 0.92, sigma = 0.06, Time = 0.25, r = 0.0025, b = -0.0250) {
    S_ <- seq(L,U,length = 300)
    K_ <- seq(800000, 1200000, length = 300)
    U_ <- seq(L+0.01, L + .15, length = 300)
    L_ <- seq(0.8, U - 0.001, length = 300)
    sigma_ <- seq(0.005, 0.1, length = 300)
    T_ <- seq(1/365, 1, length = 300)
    r_ <- seq(-10, 10, length = 300)
    b_ <- seq(-0.5, 0.5, length = 300)

    p1 <- lapply(S_, dnt1, K = 1000000, U = 0.96, L = 0.92,
      sigma = 0.06, Time = 0.25, r = 0.0025, b = -0.0250)
    p2 <- lapply(K_, dnt1, S = 0.9266, U = 0.96, L = 0.92,
      sigma = 0.06, Time = 0.25, r = 0.0025, b = -0.0250)
    p3 <- lapply(U_, dnt1, S = 0.9266, K = 1000000, L = 0.92,
      sigma = 0.06, Time = 0.25, r = 0.0025, b = -0.0250)
    p4 <- lapply(L_, dnt1, S = 0.9266, K = 1000000, U = 0.96,
      sigma = 0.06, Time = 0.25, r = 0.0025, b = -0.0250)
    p5 <- lapply(sigma_, dnt1, S = 0.9266, K = 1000000, U = 0.96,
      L = 0.92, Time = 0.25, r = 0.0025, b = -0.0250)
    p6 <- lapply(T_, dnt1, S = 0.9266, K = 1000000, U = 0.96, L =
      0.92 , sigma = 0.06, r = 0.0025, b = -0.0250)
    p7 <- lapply(r_, dnt1, S = 0.9266, K = 1000000, U = 0.96, L =
      0.92 , sigma = 0.06, Time = 0.25, b = -0.0250)
    p8 <- lapply(b_, dnt1, S = 0.9266, K = 1000000, U = 0.96, L =
      0.92 , sigma = 0.06, Time = 0.25, r = 0.0025)
```

```
dev.new(width = 20, height = 10)

par(mfrow = c(2, 4), mar = c(2, 2, 2, 2))
plot(S_, p1, type = "l", xlab = "", ylab = "", main = "S")
plot(K_, p2, type = "l", xlab = "", ylab = "", main = "K")
plot(U_, p3, type = "l", xlab = "", ylab = "", main = "U")
plot(L_, p4, type = "l", xlab = "", ylab = "", main = "L")
plot(sigma_, p5, type = "l", xlab = "", ylab = "", main =
    "sigma")
plot(T_, p6, type = "l", xlab = "", ylab = "", main = "Time")
plot(r_, p7, type = "l", xlab = "", ylab = "", main = "r")
plot(b_, p8, type = "l", xlab = "", ylab = "", main = "b")
}

implied_vol_DNT <- function(S = 0.9266, K = 1000000, U = 0.96, L =
   0.92 , Time = 0.25, r = 0.0025, b = -0.0250, price) {
    f <- function(sigma)
        dnt1(S, K, U, L, sigma, Time, r, b) - price
    uniroot(f, interval = c(0.001, 100))$root
}

implied_U_DNT <- function(S = 0.9266, K = 1000000, L = 0.92,
   sigma = 0.06, Time = 0.25, r = 0.0025, b = -0.0250, price = 4) {
    f <- function(U)
        dnt1(S, K, U, L, sigma, Time, r, b) - price
    uniroot(f, interval = c(L+0.01, L + 100))$root
}

implied_T_DNT <- function(S = 0.9266, K = 1000000, U = 0.96, L =
   0.92 , sigma = 0.06, r = 0.0025, b = -0.0250, price = 4){
    f <- function(Time)
        dnt1(S, K, U, L, sigma, Time, r, b) - price
    uniroot(f, interval = c(1/365, 100))$root
}
library(rootSolve)
implied_DNT_image()
print(implied_vol_DNT(price = 6))
print(implied_U_DNT(price = 4))
print(implied_T_DNT(price = 30))
```

图 7-18 是上述代码的输出。

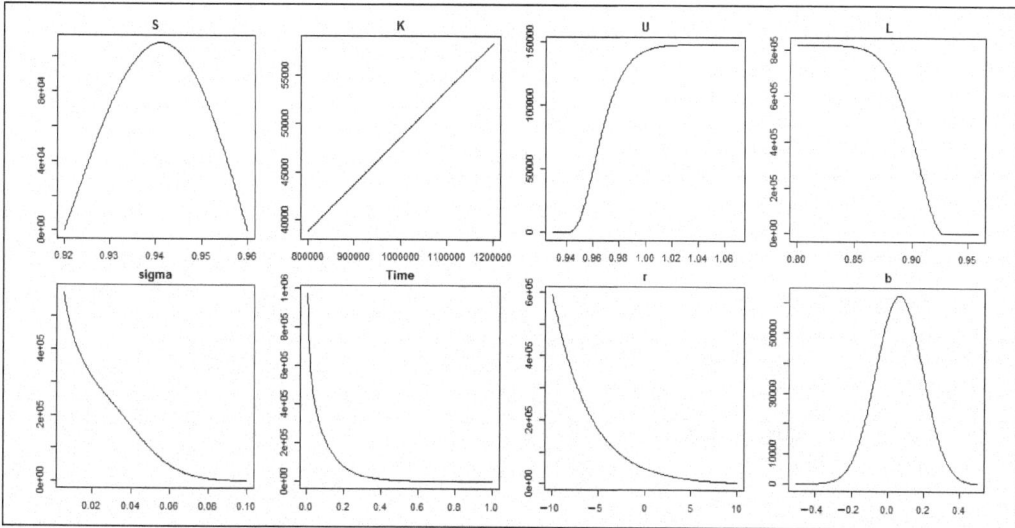

图 7-18 隐含的函数

7.10 小结

本章从介绍奇异期权开始。在简要的理论概括中，我们解释了奇异期权和普通香草期权的相互联系。尽管奇异期权有很多类型，我们仅展示了一种可能的分类方式，这种方式与 fExoticOptions 包一致。我们展示了对任意定价函数如何构建 Black-Scholes 曲面（一种3D 图形，包含了依赖于时间和基础资产价格的衍生品价格）。

对奇异期定价权仅仅是第一步。做市商在他们的交易簿上保留了数千不同的期权。这样可行，仅仅是因为每种期权可以分解成特定的敏感性，即所谓的希腊字母。作为偏微分，希腊字母是可加的。因此，衍生品的组合就有了它的成分的希腊字母之和。下一步是对任意衍生品定价函数估计希腊字母。我们的数值化方法可以校准到真实的市场条件。对于许多参数，我们已经知道了最小可能变化单位是什么。比如，银行间 AUDUSD 汇率的最小变化单位是 0.0001。甚至多重偏微分也可以通过数值方法计算，如 gamma 或者 vanna。

在本章的后半部分，我们关注一种特别的奇异期权：Double-No-Touch（DNT）二元期权。关注背后有两种原因，一种原因是基于 DNT 的流行程度，另一种原因是，与许多其他奇异期权结论相关的 DNT 中，会显示许多技巧。我们展示了两种不同的方法对 DNT 期权定价。首先，我们使用了 Hui（1996）的闭式解，其中价格是无限求和的结果。收敛速度通常非常快，但是也有例外。我们展示了一种实用方法，在不浪费时间的前提下如何处理收敛问题。定价 DNT 的第二种方法是，从一个 DKO 看涨期权和一个 DKO 看跌期权出发的静态复制。为了对这些 DKO 期权定价，我们使用了 fExoticOptions 包。进而我们发现，两种 DNT 定价方法的结果之间几乎没有差异。

通过使用 2014 年第二季度的 AUDUSD 汇率的数据，变量是 5 分钟频率的开盘—高点—低点—收盘类型的时间序列，我们展示了 DNT 期权在真实数据上如何表现。通过模拟显示了，波动率的供求紧张关系影响了风险溢价如何包含在 DNT 或 DKO 中，进而估计了 DNT 的生存概率。最后，我们展示了一些调整的方法为有特定价格的 DNT 寻找缺失参数，在构建结构化产品的情况下，通过引入函数找到隐含参数。

7.11　参考文献

- Black, F. and Scholes, M. [1973]: *The Pricing of Options and Corporate Liabilities*, The Journal of Political Economy, 81(3), pp. 637—654.

- Carr, P., Ellis, K. and Gupta, V. [1998]: *Static hedging of exotic options*, Journal of Finance, 53, 1165—1190.

- Derman, E., Ergener, D. and Kani, I. [1995]: *Static Options Replication*, Journal of Derivatives, 2 (4), 78—95.

- DeRosa, D. F. [2011]: *Options on Foreign Exchange*. Wiley Finance.

- Haug, E. G. [2007a]: *The Complete Guide to Option Pricing Formulas*, 2nd edition. The McGraw-Hill Companies.

- Haug, E. G. [2007b]: *Derivatives Models on Models*. John Wiley & Sons.

- Hui, C. H. [1996]: *One-touch Double Barrier Binary Option Values*, Applied Financial Economics, 1996, 6, pp. 343—346.

- Merton, R. [1973]: *Theory of Rational Option Pricing*, The Bell Journal of Economics and Management Science, 4(1), pp. 141—183.

- Taleb, N. N., [1997]: *Dynamic Hedging*. John Wiley & Sons.

- Wilmott, P., [2006]: *Quantitative Finance*, 2nd edition. John Wiley & Sons.

第8章
最优对冲

在前面几章讨论过理论背景之后，现在来关注衍生品交易的一些应用问题。

正如在 Daróczi et al.（2013）的第 6 章"衍生品定价"中的详细描述，衍生品定价基于复制一个和衍生品资产具有相同现金流的组合。换句话说，衍生品风险可以通过持有一定数量的基础资产和无风险证券完美对冲。远期和期货合约可以静态对冲，而期权的对冲需要不时地重新平衡组合。所谓完美的动态对冲 Black-Scholes-Merton（BSM）模型（Black and Scholes，1973，Merton，1973），实际中仍有一些局限性。

本章将在静态和动态环境中深入衍生品对冲的细节。我们展示了离散时间交易和存在交易成本的影响。在离散时间对冲的情况下，合成的期权复制品的成本会变得随机。因此，在风险和交易成本之间的权衡会非常尖锐。最优对冲时期取决于优化的不同目的。但它不仅受到市场因素的影响，也受到诸如风险厌恶这样的投资者特定参数影响。

8.1 衍生品的对冲

对冲意味着创造一个抵消初始敞口风险的组合。风险通常用未来现金流的波动来衡量，因此对冲的目的是减小全部组合价值的方差。当对冲工具和对冲头寸不同时，Daróczi et al.（2013）的第 1 章给出了基础风险存在时的最优对冲决策。这通常会发生在商品敞口的对冲之中，因为商品可以在交易所交易，而交易所仅仅提供标准化（期限、数量和质量）的合约。

最优对冲比是对冲工具占敞口的百分比，这个特定比率使整个头寸的波动率最小化。在本章中，我们会处理衍生品头寸的对冲，假设基础产品也在 OTC 市场上交易。因此，在敞口和对冲的衍生品之间没有错配，故基础风险不会上升。

8.1.1　衍生品的市场风险

远期或期货合约的价值取决于基础资产的即期价格、到期时间、无风险利率和敲定价格。在普通香草期权的情形下，基础资产的波动率也对期权价格有影响。这种陈述成立的条件是，直到衍生品交易的时期，基础资产都不提供现金流（没有收入也没有成本）。否则，这种（包括流入和流出的）现金流也会影响价格。为了简化，这里我们先假设没有现金流（无红利支付的股票），再讨论衍生品定价。尽管模型对其他基础资产（如货币或商品）的扩展需要稍微修正公式，但对基本逻辑没有影响。

因为敲定价格在整个期限内稳定，所以只有改变其他 4 个因素才会改变衍生品价值。衍生品对这几个变量的敏感性用希腊字母表示，它们是关于给定变量的一阶偏导数，细节参见 Daróczi et al.（2013）的第 6 章"衍生品定价"。

Black-Scholes-Merton 模型假定了无风险利率和基础资产的波动率都是常数，因此，只要时间的改变是确定的，唯一影响衍生品价值的随机变量就是基础资产的即期价格。源于即期价格波动的风险，可以通过持有精确的 delta 数量来对冲，delta 是衍生品价格对基础资产即期价格的敏感性（见方程 1）：

$$\Delta = \frac{\partial c}{\partial S} \qquad\qquad （方程 1）$$

delta 是否随着时间变化取决于衍生品，而且会引出不同的（静态的或动态的）对冲策略（Hull，2009），在下一节中给出。

8.1.2　静态 delta 对冲

对冲一份远期协议对双方都是有约束力的债务，因而直截了当。在多头远期头寸中，我们确定会在其到期时买入，而空头头寸则意味着确定卖出基础资产。所以，通过按衍生品金额卖出（多头远期）或买入（空头远期）基础资产，我们可以完美地对冲远期头寸。通过对多头远期头寸的值求导，我们可以核查远期的 delta：

$$LF = S - PV(K) \qquad\qquad （方程 2）$$

这里，LF 表示多头远期，S 代表即期价格，K 是敲定价格，它是约定的远期价格。现值由 PV 表示。

所以，delta 等于 1，而且依赖于真实的市场环境。

然而，因为头寸每天结算，期货合约的价值是实际期货价格（F）和敲定价格（S）的差。因此，它的 delta 是 F/S，而且会随时间而改变。因此，需要轻微地再调整头寸平衡。但在不存在随机利率的情况下，可以预见 delta 的过程(Hull，2009)。

8.1.3 动态 delta 对冲

对期权来说，基础资产的支付是不确定的。这依赖于多头头寸一方的决策，这是买入期权的一方。毫不奇怪，这种或有要求权的对冲，不能由前文中买入并持有的静态策略实现。在二项式模型框架下，期权头寸总能在下一个 Δt 时期对冲，而在 Black-Scholes-Merton 模型中，Δt 收敛到 0。因此，头寸的对冲需要在每一个瞬间重新平衡。但在真实世界中，实际资产只能在离散的时间点上交易，所以对冲组合也在离散的时间点上调整。通过考察一个不分红股票的普通香草平价（at-the-money，ATM）多头期权的例子，我们来看看对冲的结果。

R 包含一个叫作 OptHedge 的包，用来估计期权价值，以及在离散时间区间的格点上看涨和看跌期权的对冲策略价值。但是，我们的目的是说明交易周期长度的影响。因此，我们会用自己的函数来计算。

首先，我们安装会用到的包：

```
install.packages("fOptions")
library(fOptions)
```

然后，在一个选定的参数集上使用已知代码，我们可以计算看涨期权的 BS 价格：

```
GBSOption(TypeFlag = "c", S = 100, X = 100, Time = 1/2, r = 0.05, b =
  0.05  , sigma = 0.3)
```

我们得到了给定的参数，以及根据 Black-Scholes 公式计算出的看涨期权价格：

```
Parameters:
         Value:
 TypeFlag c
 S        100
 X        100
 Time     0.5
 r        0.05
 b        0.05
 sigma    0.3
Option Price:
 9.63487
```

基于 BS 模型，这个看涨期权的价格是 9.63487.

通常，在实践中，期权价格在标准化市场上报价，并且可以从 BS 公式推出隐含波动率。一个预期未来波动率低于隐含波动率的投资者，可以通过卖出期权，并同时对它进行 delta 对冲来获利。在下面的情境中，我们对前文中一个股票服从几何布朗运动（a geometric brownian motion，GBM）的期权给出空头头寸的 delta 对冲。我们保留了 BSM 模型的全部假设，除了连续时间交易，其他都保留。为了对冲空头头寸，我们需要有数量为 delta 的股票，而且随着 delta 的改变，需要定期地重新平衡组合。重新调整的频率应该根据基础资产的波动率和流动性调节。

来看一条股票价格的可能未来路径以及 delta 的变化。price_simulation 函数通过给定参数生成价格过程：初始股票价格（S_0），GBM 过程的漂移率（*mu*）和波动率（*sigma*）以及看涨期权的保留参数（*K*，*Time*）和选定的重新平衡周期（Δt）。在模拟即期价格之后，这个函数对每一个中间日期计算了 delta 和期权价格，并且绘出图形。通过使用 set.seed 函数，我们可以创建可重复的模拟：

```
set.seed(2014)
library(fOptions)
Price_simulation <- function(S0, mu, sigma, rf, K, Time, dt, plots =
  FALSE) {
  t <- seq(0, Time, by = dt)
  N <- length(t)
  W <- c(0,cumsum(rnorm(N-1)))
  S <- S0*exp((mu-sigma^2/2)*t + sigma*sqrt(dt)*W)
  delta <- rep(0, N-1)
  call_ <- rep(0, N-1)
  for(i in 1:(N-1) ){
    delta[i] <- GBSGreeks("Delta", "c", S[i], K, Time-t[i], rf, rf,
      sigma)
    call_[i] <- GBSOption("c", S[i], K, Time-t[i], rf, rf,
      sigma)@price}
  if(plots){
    dev.new(width=30, height=10)
    par(mfrow = c(1,3))
    plot(t, S, type = "l", main = "Price of underlying")
    plot(t[-length(t)], delta, type = "l", main = "Delta", xlab =
      "t")
    plot(t[-length(t)], call_ , type = "l", main = "Price of option",
      xlab = "t")
  }
}
```

然后，设置函数的参数：

```
Price_simulation(100, 0.2, 0.3, 0.05, 100, 0.5, 1/250, plots = TRUE)
```

我们会得到一条股票价格的潜在路径、真实的 delta 以及相应的期权价格（见图 8-1）。

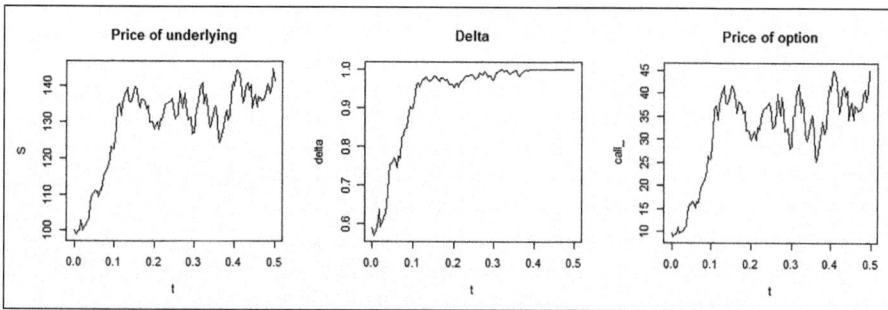

图 8-1　根据模拟得到的股票路径、delta 和期权价格

我们能看到一种可能的未来情景，据此即期价格上升并迅速达到价内的水平，所以期权在到期时执行。这个看涨期权的 delta 跟随股票价格的波动并收敛到 1。如果即期价格走高，则执行看涨期权的概率上升。而为了复制这个看涨期权，我们需要买更多一些股票。同时，下降的股价导致更低的 delta，标志着卖出。总之，如果股票价格昂贵，我们买入，如果价格低廉，则卖出。期权价格源于这个对冲成本。重新平衡的周期越短，我们需要跟踪的价格运动越少。

对冲成本定义为买入和卖出对冲头寸所需要的股票的累积净成本的现值（参见 Hull，2009）。全部成本分成两部分，购买股份的支出数量以及头寸融资的利息。跟着 BSM 模型，我们使用无风险利率计算复利。我们会看到对冲成本取决于未来价格的运动，而且通过模拟一些股票的价格路径，我们可以画出成本分布。股票价格更高的波动率会引起对冲成本更高的波动率。

Cost_simulation 函数计算了对冲看涨期权的成本：

```
cost_simulation = function(S0, mu, sigma, rf, K, Time, dt){
t <- seq(0, Time, by = dt)
N <- length(t)
W <- c(0,cumsum(rnorm(N-1)))
S <- S0*exp((mu-sigma^2/2)*t + sigma*sqrt(dt)*W)
delta <- rep(0, N-1)
call_ <- rep(0, N-1)
for(i in 1:(N-1) ){
```

```
delta[i] <- GBSGreeks("Delta", "c", S[i], K, Time-t[i], rf, rf, sigma)
call_[i] <- GBSOption("c", S[i], K, Time-t[i], rf, rf, sigma)@price
}
```

在下面的命令中，share_cost 代表为保持对冲头寸而买入基础资产的成本，而 interest_cost 是融资头寸的成本：

```
share_cost <- rep(0,N-1)
interest_cost <- rep(0,N-1)
total_cost <- rep(0, N-1)
share_cost[1] <- S[1]*delta[1]
interest_cost[1] <- (exp(rf*dt)-1) * share_cost[1]
total_cost[1] <- share_cost[1] + interest_cost[1]
for(i in 2:(N-1)){
    share_cost[i] <- ( delta[i] - delta[i-1] ) * S[i]
    interest_cost[i] <- ( total_cost[i-1] + share_cost[i] ) *
(exp(rf*dt)-1)
    total_cost[i] <- total_cost[i-1] + interest_cost[i] + share_cost[i]
            }
c = max( S[N] - K , 0)
cost = c - delta[N-1]*S[N] + total_cost[N-1]
return(cost*exp(-Time*rf))
}
```

根据哪种对冲成本可以计算，我们可以使用之前定义的函数生成不同的未来价格过程。向量 A 聚集了几种可能的对冲成本，并绘出了概率分布的直方图。接下来，我们给出对冲策略，它重新平衡了周（A）和日（B）的组合：

```
call_price = GBSOption("c", 100, 100, 0.5, 0.05, 0.05, 0.3)@price
A = rep(0, 1000)
for (i in 1:1000){A[i] = cost_simulation(100, .20, .30,.05, 100, 0.5,
1/52)}
B = rep(0, 1000)
for (i in 1:1000){B[i] = cost_simulation(100, .20, .30,.05, 100, 0.5,
1/250)}
dev.new(width=20, height=10)
par(mfrow=c(1,2))
hist(A, freq = F, main = paste("E = ",round(mean(A), 4) ," sd =
",round(sd(A), 4)), xlim = c(6,14), ylim = c(0,0.7))
curve(dnorm(x, mean=mean(A), sd=sd(A)), col="darkblue", lwd=2, add=TRUE,
yaxt="n")
hist(B, freq = F, main = paste("E = ",round(mean(B), 4) ," sd =
```

```
",round(sd(B), 4)), xlim = c(6,14), ylim = c(0,0.7))
curve(dnorm(x, mean=mean(B), sd=sd(B)), col="darkblue", lwd=2, add=TRUE,
yaxt="n")
```

图 8-2 是生成的成本支出的直方图。

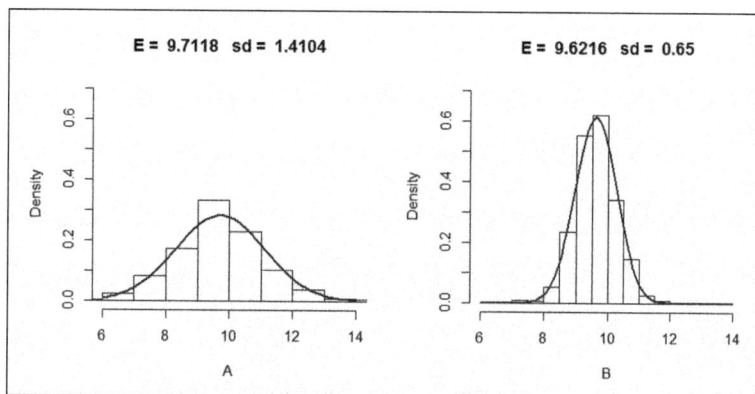

图 8-2　生成的成本支出的直方图

左侧的直方图展示了周策略的成本分布，右侧的直方图属于重新平衡的日策略。

如我们所见，对冲成本的标准差可以通过缩短 Δt 而减小，这意味着对组合进行更频繁的再平衡调整。值得注意的是，不仅对冲成本的波动率会随着变短的周期减小，而且它的期望值也会更低，接近 BS 价格。

8.1.4　比较 delta 对冲的表现

我们可以进一步研究重新平衡的周期，通过稍稍修正成本模拟函数来选择相同的未来路径。通过这种方式，我们可以比较不同的重新平衡的策略。

Hull（2009）定义了 delta 对冲的表现度量，是卖空这个期权，并对冲它所需的成本标准差和期权理论价格的比例。

cost_simulation 函数需要修正，所以我们能同时计算几个重新平衡的周期：

```
library(fOptions)
cost_simulation = function(S0, mu, sigma, rf, K, Time, dt, periods){
t <- seq(0, Time, by = dt)
N <- length(t)
W = c(0,cumsum(rnorm(N-1)))
S <- S0*exp((mu-sigma^2/2)*t + sigma*sqrt(dt)*W)
```

```
SN = S[N]
delta <- rep(0, N-1)
call_ <- rep(0, N-1)
for(i in 1:(N-1) ){
delta[i] <- GBSGreeks("Delta", "c", S[i], K, Time-t[i], rf, rf, sigma)
call_[i] <- GBSOption("c", S[i], K, Time-t[i], rf, rf, sigma)@price
}
S = S[seq(1, N-1, by = periods)]
delta = delta[seq(1, N-1, by = periods)]
m = length(S)
share_cost <- rep(0,m)
interest_cost <- rep(0,m)
total_cost <- rep(0, m)
share_cost[1] <- S[1]*delta[1]
interest_cost[1] <- (exp(rf*dt*periods)-1) * share_cost[1]
total_cost[1] <- share_cost[1] + interest_cost[1]
for(i in 2:(m)){
    share_cost[i] <- ( delta[i] - delta[i-1] ) * S[i]
    interest_cost[i] <- ( total_cost[i-1] + share_cost[i] ) *
(exp(rf*dt*periods)-1)
    total_cost[i] <- total_cost[i-1] + interest_cost[i] + share_cost[i]
            }
c = max( SN - K , 0)
cost = c - delta[m]*SN + total_cost[m]
return(cost*exp(-Time*rf))
}
```

在下面的命令中，修正的 cost_simulation 函数用于不同的重新平衡周期，并生成一个表格，包括带有置信水平上下界的期望值（E）、对冲成本的波动率（v）以及排成 6 个重新平衡周期（0.5、1 和 2 天；1、2 和 4 周）的表现度量（ratio）。我们还得到两张图，每个策略一个直方图，以及一个包含了拟合分布的正态曲线图形：

```
dev.new(width=30,height=20)
par(mfrow = c(2,3))
i = 0
per = c(2,4,8,20,40,80)
call_price = GBSOption("c", 100, 100, 0.5, 0.05, 0.05, 0.3)@price
results = matrix(0, 6, 5)
rownames(results) = c("1/2 days", "1 day", "2 days", "1 week", "2
  weeks", "4 weeks")
colnames(results) = c("E", "lower", "upper", "v", "ratio")
for (j in per){
```

```
  i = i+1
  A = rep(0, 1000)
  set.seed(10125987)
for (h in 1:1000){A[h] = cost_simulation(100, .20, .30,.05, 100,
  0.5  , 1/1000,j)}
E = mean(A)
v = sd(A)
results[i, 1] = E
results[i, 2] = E-1.96*v/sqrt(1000)
results[i, 3] = E+1.96*v/sqrt(1000)
results[i, 4] = v
results[i, 5] = v/call_price
hist(A, freq = F, main = "", xlab = "", xlim = c(4,16), ylim =
  c(0,0.8))
title(main = rownames(results)[i], sub = paste("E = ",round(E, 4)
  ," sd = ",round(v, 4)))
curve(dnorm(x, mean=mean(A), sd=sd(A)), col="darkblue", lwd=2,
  add=TRUE, yaxt="n")
}
print(results)
dev.new()
curve(dnorm(x,results[1,1], results[1,4]), 6,14, ylab = "", xlab =
  "cost")
for (l in 2:6) curve(dnorm(x, results[l,1], results[l,4]), add =
  TRUE, xlim = c(4,16), ylim = c(0,0.8), lty=l)
legend(legend=rownames(results), "topright", lty = 1:6)
```

在我们的模拟模型中，输出如下：

	E	lower	upper	v	ratio
1/2 days	9.645018	9.616637	9.673399	0.4579025	0.047526
1 day	9.638224	9.600381	9.676068	0.6105640	0,06337
2 days	9.610501	9.558314	9.662687	0.8419825	0,087389
1 week	9.647767	9.563375	9.732160	1.3616010	0,14132
2 weeks	9.764237	9.647037	9.881436	1.8909048	0,196256
4 weeks	9.919697	9.748393	10.091001	2.7638287	0,286857

随着我们更加频繁地重新平衡对冲头寸，对冲成本的标准差变得更小。在周度和月度的重新平衡之间的期望值存在显著的差异，显著水平为 95%。在更短的时期中没有发现期望值的显著性差异。

图 8-3 所示与之前的分析（用周度和月度的重新平衡）很相似。但是，在这里我们有

更多的重新平衡周期。对冲成本的分布展示了重新平衡频率的效应（见图 8-4）。

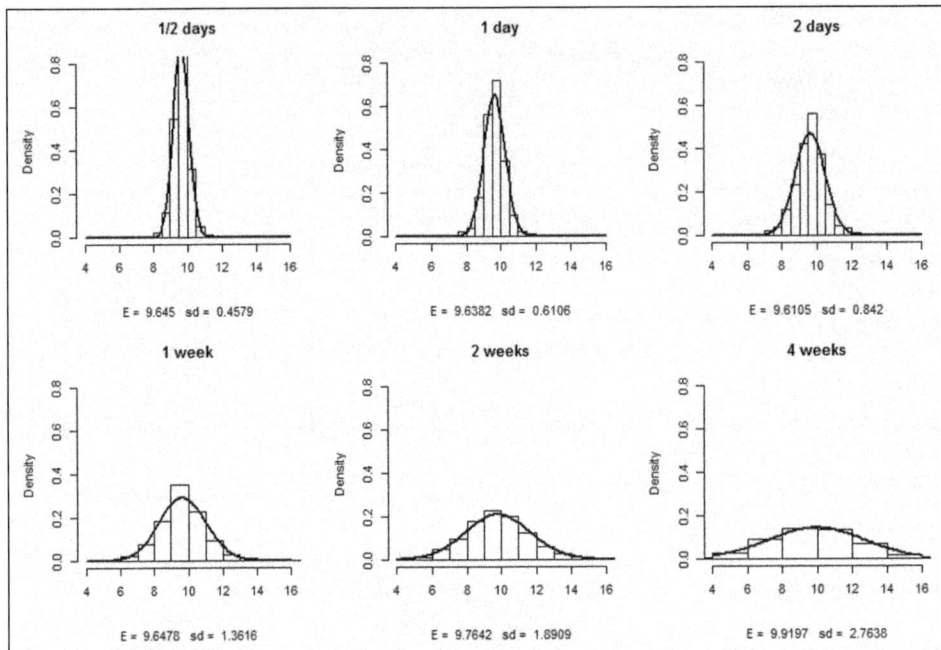

图 8-3　6 个重新平衡周期

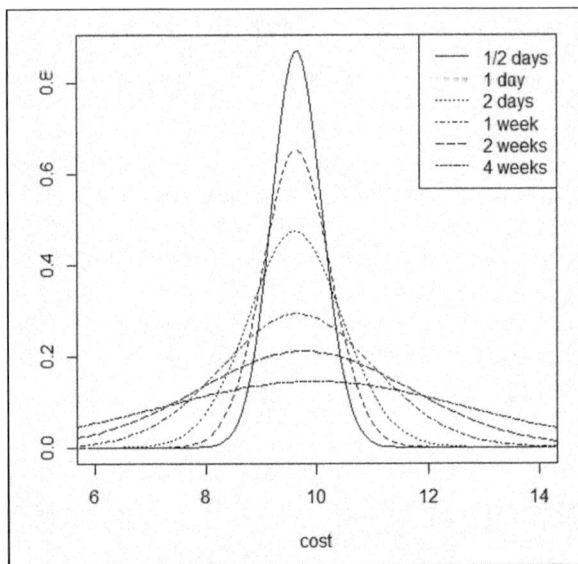

图 8-4　对冲成本的分布

正如上一节，我们可以在单独的一张图上比较给定的重新平衡周期的成本分布。

可以通过减少模拟次数减少时间消耗。

8.2 交易成本存在下的对冲

正如我们之前所示，增加组合调整的数目会引起对冲成本波动率的下降。因为 Δt 接近 0，对冲成本接近通过 BS 公式推导的期权价格。直到现在，我们一直忽略了交易成本。但是，在这里我们移除这个假设，并分析交易成本对期权对冲的效应。因为重新平衡变得更加频繁，交易成本增加了对冲的成本。但同时，更短的重新平衡周期减小了对冲成本的波动率。因此，需要在更多的细节上检验这种权衡，进而定义最优的重新平衡策略。当我们定义函数时，通过修正参数，可以把一个绝对的（对每个交易固定）或相对的（和交易规模成比例）的交易成本加入到代码中：

```
cost_simulation = function(S0, mu, sigma, rf, K, Time, dt, periods,
cost_per_trade)
```

然后，绝对交易成本的成本计算方法可以如下编程：

```
share_cost[1] <- S[1]*delta[1] + cost_per_trade
interest_cost[1] <- (exp(rf*dt*periods)-1) * share_cost[1]
total_cost[1] <- share_cost[1] + interest_cost[1]
for(i in 2:m){
    share_cost[i] <- ( delta[i] - delta[i-1] ) * S[i] + cost_per_trade
    interest_cost[i] <- ( total_cost[i-1] + share_cost[i] ) *
(exp(rf*dt*periods)-1)
    total_cost[i] <- total_cost[i-1] + interest_cost[i] + share_cost[i]
            }
```

对于相对成本来说，程序代码如下：

```
share_cost[1] <- S[1]*delta[1]*(1+trading_cost)
interest_cost[1] <- (exp(rf*dt*periods)-1) * share_cost[1]
total_cost[1] <- share_cost[1] + interest_cost[1]
for(i in 2:m){
    share_cost[i] <- (( delta[i] - delta[i-1] ) * S[i]) + abs(( delta[i]
- delta[i-1] ) * S[i]) * trading_cost
    interest_cost[i] <- ( total_cost[i-1] + share_cost[i] ) *
(exp(rf*dt*periods)-1)
    total_cost[i] <- total_cost[i-1] + interest_cost[i] + share_cost[i]
}
```

当涉及 cost_simulation 函数时，必须给出绝对或相对成本。我们来确认每笔交易的绝对成本为 0.02 元的影响（我们假设成本单位和交易范围一样）。为了减少耗费的时间，在这里仅仅使用 100 个模拟的路径。

我们必须改变循环中 cost_simulation 函数的参数：

```
for (i in 1:100)
  A[i] = cost_simulation(100, .20, .30,.05, 100, 0.5, 1/1000,j,.02)
```

然后，我们得到如下显示的表格：

	E	lower	upper	v	ratio
1/2 days	12.083775	11.966137	12.20141	0.6001933	0.06229386
1 day	10.817594	10.643468	10.99172	0.8883994	0.09220668
2 days	10.244342	9.999395	10.48929	1.2497261	0.12970866
1 week	9.993442	9.612777	10.37411	1.9421682	0.20157700
2 weeks	10.305498	9.737017	10.87398	2.9004106	0.30103266
4 weeks	10.321880	9.603827	11.03993	3.6635388	0.38023748

设定固定交易成本为 0.02，计算出对冲成本的期望值有了很大提升。因为更多的交易增加了成本，因此最短的重新平衡周期最受影响。如果周期短于一周，标准差也更高。

通过在代码中运用下列变化，可以看到相对交易成本为 1%的效果：

```
for (i in 1:100)
  A[i] = cost_simulation(100, .20, .30,.05, 100, 0.5, 1/1000,j, 0.01)
```

对最短（日度或更高频率）的重新平衡周期来说，期望对冲成本进一步提高。但是，我们也发现波动率有更显著的上升（如下面的输出表格所示）：

	E	lower	upper	v	ratio
1/2 days	13.56272	13.26897	13.85646	1.498715	0.1555512
1 day	12.53723	12.28596	12.78850	1.282005	0.1330589
2 days	11.89854	11.59787	12.19921	1.534010	0.1592144
1 week	11.37828	10.96775	11.78880	2.094506	0.2173881
2 weeks	11.55362	10.95111	12.15612	3.073993	0.3190487
4 weeks	11.43771	10.69504	12.18038	3.789128	0.3932724

交易成本的存在，抵消了频繁重新平衡引起的波动率缩减效应。所以，通过加权这些彼此联系的效应，决定了最优重新平衡周期。

8.2.1 对冲最优化

为了找到重新平衡周期的最优长度，我们必须定义最优化准则，和最大化或者最小化的度量。一般来说，对冲的目的是减少风险，通过对冲成本的方差度量。因此，最优对冲需要最小化对冲成本的波动率。最优化的另一个目的是最小化成本的预期值。正如我们所见，如果没有交易成本，通过频率更高的重新平衡对冲组合，这些目标可以同时达到。另外，交易成本不仅提高成本的期望值，也提高波动率，当重新调整过于频繁时，波动率会大幅度上升。

需要权衡期望值和波动率时，可以考虑在金融领域中普遍的一个方法，定义效用函数和效用最大化的最优条件。例如，在组合理论中假定的个体效应函数，回报率的预期值对它有正影响，回报率的方差对它有负影响。我们可以使用同样的技术，定义一个同时包含对冲成本的期望值和方差的效用函数。但是，在我们的例子里，两个因素都对交易者的效应有负影响。因此，两个函数都必须有正号，并且函数需要最小化。由此，目标函数是一个如下定义的效用函数：

$$U(x) = E(x) + \alpha Var(x) \qquad\qquad （方程3）$$

这里，x 是随机变量，表示对冲成本，E 表示期望值，Var 代表方差，α 是风险厌恶函数。更高的 α 表示一个更厌恶风险的交易者/投资者。

还有一种方法可以替代均值-方差优化方法，把期望的（成本）值作为主要目标进行最小化，边界条件是选定风险度量为预定义值。在这里，我们选择在险值（Value-at-Risk）作为控制变量，这是一种下行风险度量，定义为在预定义的概率和选定时间区间上的最大损失或者最坏结果。

下面的代码对 1～80 Δt 的不同平衡周期进行 1000 次模拟，进而计算交易成本。单位 Δt 是一天的 1/4，所以 1 个 Δt 意味着一天 4 次调整，而最长的 80 Δt 意味着 20 天的长度。函数采集了预期值、标准差和分布的 95%分位数，并且以文本格式给出了 4 种不同的优化情景的结果，并绘出了结果：

```
n_sim <- 1000
threshold <- 12
cost_Sim <- function(cost = 0.01, n = n_sim, per = 1){a <- replicate(n,
cost_simulation(100, .20, .30,.05, 100, 0.5, 1/1000,per,cost));
l <- list(mean(a), sd(a), quantile(a,0.95))}
A <- sapply(seq(1,80) ,function(per) {print(per); set.seed(2019759);
cost_Sim(per = per)})
e <- unlist(A[1,])
```

```
s <- unlist(A[2,])
q <- unlist(A[3,])
u <- e + s^2
A <- cbind(t(A), u)
z1 <- which.min(e)
z2 <- which.min(s)
z3 <- which.min(u)
    (paste("E min =", z1, "cost of hedge = ",e[z1]," sd = ", s[z1]))
    (paste("s min =", z2, "cost of hedge = ",e[z2]," sd = ", s[z2]))
    (paste("U min =", z3, "u = ",u[z3],"cost of hedge = ",e[z3]," sd = ",
s[z3]))
matplot(A, type = "l", lty = 1:4, xlab = "Δt", col = 1)
lab_for_leg = c("E", "Sd", "95% quantile","E + variance")
legend(legend = lab_for_leg, "bottomright", cex = 0.6, lty = 1:4)
abline( v = c(z1,z2,z3), lty = 6, col = "grey")
abline( h = threshold, lty = 1, col = "grey")
text(c(z1,z1,z2,z2,z3,z3,z3),c(e[z1],s[z1],s[z2],e[z2],e[z3],s[z3],u[z3]
),round(c(e[z1],s[z1],s[z2],e[z2],e[z3],s[z3],u[z3]),3), pos = 3, cex =
0.7  )
e2 <- e
e2[q > threshold] <- max(e)
z4 <- which.min(e2)
z5 <- which.min(q)
if( q[z5] < threshold ){
print(paste(" min VaR = ", q[z4], "at", z4 ,"E(cost | VaR < threshold = "
,e[z4], " s = ", s[z4]))
} else {
    print(paste("optimization failed, min VaR = ", q[z5], "at", z5 ,
"where cost = ", e[z5], " s = ", s[z5]))
                }
```

最后一步寻找最小成本的最优化, 可以在这样的条件下得到, 在显著性水平 q 之下的 VaR (q 分位数) 没有超过预定的阈值。因为最小化的存在性不是必需的, 如果最优化失败, q-VaR 的最小值作为结果给出。

8.2.2   绝对交易成本情形下的最优对冲

对于存在交易成本和参数已经考察过的普通看涨期权来说, 这个任务是找到重新平衡周期的最优长度。假设每笔交易的交易成本是 0.01。

之前函数的输出是一个矩阵 **A**, 包含属于不同重新平衡周期的分布参数, 以及对应不同准则的最优条件。

矩阵 A 的第一行和最后一行如下所示：

```
       [,1]           [,2]           [,3]           [,4]
[1,]  14.568          0.3022379     15.05147        14.65935
[2,]  12.10577        0.4471673     12.79622        12.30573
...
[79,] 10.00434        2.678289      14.51381        17.17757
[80,] 10.03162        2.674291      14.41796        17.18345
```

方括号里的数字代表用 Δt 表示的重新平衡周期。各个列依次包含期望值、标准差、95% 的分位数以及期望值和标准差的和。4 个最优化过程概括在下面的输出：

```
"E min = 50 cost of hedge = 9.79184040508574 sd = 2.21227796458088"
"s min = 1 cost of hedge = 14.5680033393436 sd = 0.302237879069942"
"U min = 8 u = 11.0296321604941 cost of hedge = 10.2898541853535 sd =
0.860103467694771"
" min VaR = 11.8082026178249 at 14 E(cost | VaR < threshold =
10.0172915117802 s = 1.12757856083913"
```

图 8-5 描绘了重新平衡周期（以 Δt 表示）的函数结果。虚线表示标准差，实线表示期望成本，同时点虚线和点线表示效用函数的值（见方程 3），参数 α 分别为 1% 和 95% 的分位数。

尽管最优化取决于参数，这张图阐明了存在交易成本时，期望成本与波动率之间的权衡。

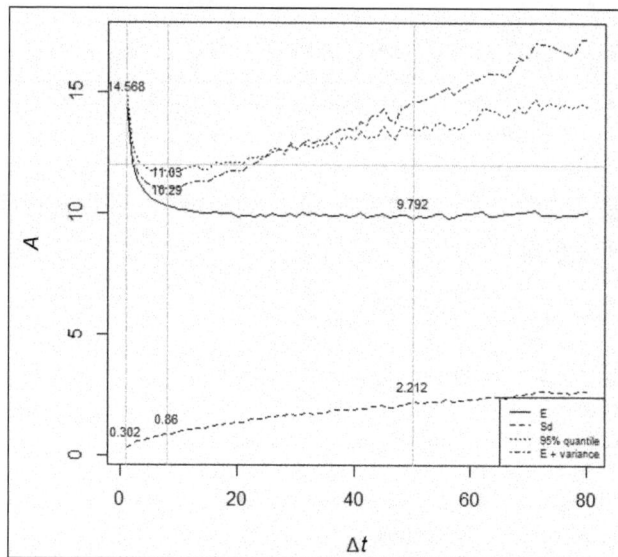

图 8-5　重新平衡周期的函数结果

期望成本的最小值（9.79）离 BS 价格 9.63 并不遥远。最优的重新平衡周期就是 50 Δt，即 12.5 天长。在最低的期望成本处，标准差是 2.21。

波动率的最小化导致了最频繁的重新调整，这意味着每天重新平衡 4 次。那么，标准差的最小值是 0.3，但频繁的交易剧烈增加了成本。期望的成本是 14.57，这比前面的情况高出了大约 50%。

方程 3 基于效用函数定义的最优化模型，同时考虑了对冲的两个方面。而且先前的输出结果显示 8 Δt 长的重新平衡周期是最优的，即恰好两天。可以计算出期望值为 10.29，稍微超过最小值一点，标准差是 0.86。

前面输出的最后一行给出了使用 VaR 限制的最优化结果。我们使用 95% 的 VaR 搜寻最小期望成本，成本在 95% 的情形下小于阈值 12。由此，最优的重新平衡的长度为 14 Δt，即 3.5 天。成本的期望值稍低于前一种情况，这里这个结果被稍高的标准差（1.13）抵消。

8.2.3 相对对冲成本情形下的最优对冲

在这一节中，要解决和前一节相同的最优化问题。不同的是，现在的交易成本是成交金额的 1%。所有其他参数相同。

输出包含相同数据的矩阵 A：

```
        [,1]        [,2]        [,3]        [,4]
[1,] 16.80509    2.746488    21.37177    24.34829
[2,] 14.87962    1.974883    18.20097    18.77978
...
[79,] 11.2743    2.770777    15.89386    18.9515
[80,] 11.31251   2.758069    16.0346     18.91945
```

给定依赖于交易规模的成本，在期望值和标准差中都得到 U 形曲线。这说明，交易过于频繁对波动率最小化也是次优的。

和之前的最优化相比，另一个主要不同在于，VaR 的阈值不能成立（如下面代码所示）：

```
"E min = 56 cost of hedge = 11.1495374978655 sd = 2.40795704676431"
"s min = 9 cost of hedge = 12.4747301348104 sd = 1.289919873150291"
"U min = 14 u = 13.9033123535802 cost of hedge = 12.0090095949856 sd =
1.37633671701175"
"optimization failed, min VaR = 14.2623891995575 at 21 where cost =
11.7028044352096 s = 1.518297863428"
```

图 8-6 给出了上述代码的结果。

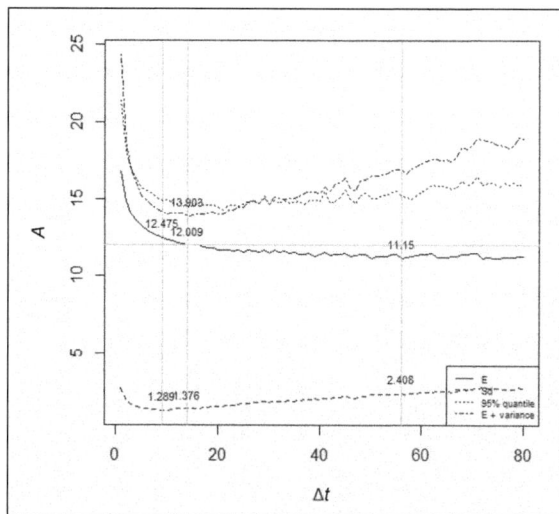

图 8-6　相对对冲成本下重新平衡周期的函数结果

在 $56\Delta t$ 处，期望成本达到最低的 11.15，标准差为 2.41。这表示，最优的重新平衡周期是 14 天。

在 Δt 为 9 处，波动率达到最低的 1.23，期望值为 12.47。均值-方差最优化的结果为 Δt 是 14 的重新平衡周期（3.5 天），标准差是 1.38，期望值是 12.01。

正如前面提过，第 4 个最优化失败了。95%VaR 的最小值是 14.26，这可以在 Δt 为 21 时达到（5.25 天），期望值是 11.7，标准差是 1.52。

最优化说明，存在交易成本时，仅仅考虑降低波动性可能会导致成本的大幅上升。因此，最优对冲策略需要同时考虑其影响。

8.3　进一步扩展

通过研究其他价格过程，可以进一步扩展这个模型。金融资产的回报率通常不像 BSM 模型中假设的正态分布，它们的尾部比高斯曲线的预测更厚。这种现象可以通过 GARCH 模型描述，自相关的方差导致了波动率聚集。另一种方法通过在过程中建立随机跳跃，可以在极端回报率中捕捉到更高的概率。在模型中运用这些过程，会使衍生品的对冲更加昂贵，从而增大了成本分布的期望值和方差。

我们可以看到，即期价格变动引起的 delta 变动，可以通过 gamma 度量，这是期权价格关于即期价格的二阶导数。一个 gamma 中性的组合，不能通过仅仅持有衍生品和基础资产获得，因为最新资产的 gamma 是零，但我们需要为任意期限或敲定价格的相同基础资产买入期权。

此外，如果我们不赞同波动率为常数的假设，衍生品的价值不仅会受到基础资产即期价格变动和到期时限变动的影响，也会受到基础资产波动率变动的影响。波动率变动的效应通过 vega 度量，它是期权价格关于波动率的一阶导数。高的 vega 取值引起波动率对期权价格明显的影响（Hull, 2009）。这会造成这样一种局面，基础资产的价格上升，因此看涨期权的价格也上升；但同时隐含波动率下降，期权价格也应该随之下降。为了抵消 vega 的影响，要么买入相同基础资产的其他期权，要么使用一种称为 VIX 指数的指数对冲波动率，这是一种包含隐含波动率期权的交易指数。

本章主要讨论 delta 对冲，讲述 gamma 和 vega 中性化已经超出了我们的焦点。

8.4　小结

在本章中，我们展示了在衍生品对冲中出现的一些应用问题。Black-Scholes-Merton 模型假定了连续时间交易，在没有交易成本时，结果是对冲组合的连续重新平衡。但在实际中，交易发生在离散的时间，而且它的确有交易成本。因此，对冲成本依赖于基础资产即期价格的未来路径。于是，对冲成本不再是由解析公式给出的一个单独值，而是一个可以由它的概率分布描述的随机变量。在本章中，我们模拟了不同的路径，计算了对冲的成本，假定了不同重新平衡频率，并给出了概率分布。我们得到的结论是，不存在交易成本时，重新平衡周期的缩短会使波动率减小。另外，交易成本增加了对冲成本的期望值和方差。我们给出了几种优的算法寻找最优对冲策略。

我们在 R 中创建了几个自定义的函数模拟价格运动，并且生成成本的分布。最后，我们对给定的优化模型实施了数值优化。

8.5　参考文献

- Black, F. and Scholes, M. [1973]: The Pricing of Options and Corporate Liabilities. *The Journal of Political Economy*, 81(3), pp. 637—654.

- Hull, J. C. [2009]: Option, Futures and other Derivatives. Pearson,Prentice Hall.

- Merton, R. [1973]: Theory of Rational Option Pricing. *The Bell Journal of Economics and Management Science*, 4(1), pp. 141—183.

- Száz, J [2009]: Devizaopciókés Részvényopciók Árazása, Jet Set, Budapest.

第 9 章
基本面分析

现在，全球金融危机似乎快结束了，大多数投资者开始返回到股票市场。因此，在即将到来的时代里，需要面临的问题就是，如何选择那些表现卓越的股票。为了找到正确的投资资产购买，需要两种基本思路。一方面，可以借助历史价格发展中的任何趋势和模式。如果开发基于趋势和模式的投资推荐，这是技术分析。另一方面，通过分析财务表现、战略处境或未来计划，可以尝试找出会超越市场的公司。这称为基本面分析。

本章帮助你使用 R 在股权投资中识别成功的基本面交易策略。本章首先介绍基本的统计方法运用，再介绍更复杂的高级方法，同时揭示如何将基本面投资的思想转换为可检验的统计假设。

9.1　基本面分析基础

在寻找可能的投资资产时，市场提供了可选择的广阔范围。可以选取债券、艺术品、房地产、货币、商品、衍生品，或者最出名的资产类别——股权。股权代表了给定公司（发行者）某一部分的所有者权益。

但是，该买哪种股份？何时买以及何时卖？这些决策决定了投资者组合的回报，因而至关重要。关于这些问题有两种不同的观点。

技术分析建立在历史价格发展之上，它认为可以识别特定模式，帮助预测报价的未来运动。基本面分析则相反，它关注公司和所有者权益本身，而非公司的市场价格。在这里，我们相信，市场价格迟早必然会反映股份的公允价值。类似其他任何投资，公允价值可以通过持有股份会收到的未来现金流计算。

技术分析关心基于历史模型投资者的行为如何在未来推动价格，而基本面分析根据公司未来表现的预测判断价格变动趋势。因此，实施基本面分析需要回顾公司金融和会计的知识。

哪怕核查仅仅一份给定股份的公允价格，我们也会花费数天时间对未来表现建模，并估计销售增长、花费、投资、财务策略变动，以及资本成本，以获得用于现金流预测的有效折现率。在开发交易策略时，我们需要审核数千个潜在投资，因此不可能做这样的深度分析，即使尝试也异常困难。如果你对所有股权创建大型电子表格模型，等完成时，第一个公司的假设可能已经过时。因此，可能还来不及思考模型第一个版本的结果，就不得不重新开始这个计算过程。所以，必须基于历史经验识别好投资模式，而非真地去预测财务的未来状态。我们试图建立以前的基本面比率和历史价格发展之间的关系，并期望这种关系在未来也成立。

问题的关键是，我们不是想找到好公司投资，而是必须找到那些很可能错误定价的股份。所以，我们想找到低估的股票并买入，或者当市场允许做空时，我们想找到高估的股票并卖出。在本章的剩余部分，我们仅仅关心可能的上涨，但你可以使用完全相同的技术，去识别很可能大福下跌的股份并卖出。过去 12 个月股票价格上涨的公司，搜集它的基本面特征，有助于我们基于当前财务报表判断它在下一年是不是好投资。

所以，在建立基本面股权投资策略时，我们需要按照以下步骤进行。

- 对可能的股权投资搜集财务报表数据。

- 计算标准化的基本面比率。

- 识别比率和未来价格发展之间的关系。

- 按照检验策略，对同一个时期另一个股票的集合，和/或另一个期间同一个股票集合计算结果。

在一个生命周期内，一次性地实施这些步骤是不够的。假设两年间公司和经济环境都没有本质改变，那么在上一年表现良好的策略也可以继续使用。市场改变时，公司必然也会随之改变。这意味着，上一年实践最佳的策略现在可能只是表现良好或一般。因此，即使我们的策略在几年里都运行良好，也会发现它的有效性发生一些平缓甚至激烈的变化。所以，定期的重新核查和更新至关重要。

9.2　收集数据

建立所需的数据集可能是最大挑战之一。在这里，我们不仅需要分红复权价格报价，而且需要财务报表数据。第 4 章描述了如何访问一些开放的数据资源，但很难在一个包里提供你需要的所有数据。

另一种选择可以是，使用专业财务数据提供商作为资源。这些平台允许你创建定制的表格，可以导出到 Microsoft Excel。我们为本章使用 Bloomberg 终端。第一步，我们把数据导出到 Microsoft Excel。

电子表格是个优秀的工具，搜集来自于不同源的数据并整理成数据库。无论你在电子表格上如何整理数据，都需要注意输出格式（xls、xlsx、xlsm、xlsb）的变动和高级格式特征（比如，合并单元格），这并不是把数据传递给 R 的最好形式。更好的方法是，把数据保存在一种逗号分隔或者 csv 格式的文件。这很容易使用下面的命令读取：

```
d <- read.table("file_name", header = T, sep = ",")
```

在这里，头部=T 表示数据集有表头行，而 sep=","表示数据由逗号分隔。注意 Excel 的某些本地化版本有不同的分隔符，如分号。在这种情况下，使用 sep=";"。如果文件没有设置在 R 的工作目录下，需要为 file_name 的部分指定完整的路径。

如果希望盯住 Excel 文件，接下来的方法会在大多数时间中起作用。安装 gdata 包，它扩展了 R 的能力，使得软件能从 xls 或 xlsx 文件中读取信息：

```
install.packages("gdata")
library(gdata)
```

在那之后，你可以像下面这样读取 Excel 文件：

```
d <- read.xls("file_name", n)
```

在这里，第二个参数记为 n，表示你想读取的工作薄中第几个工作表。

为了阐明建立基本投资策略的过程，我们使用 NASDAQ 成分指数的成员公司。截止到本章写作的时刻，共包括 21931 家公司。

为了给我们的策略建立一个坚实基础，我们首先应该清洗数据集，否则，极端值会引起严重偏差。比如，如果有某个公司一年前的 P/E（Price/Earning per share，市盈率）比率为 150，在过去 12 个月内价格表现出快速上涨，没有人会对此惊讶。但现在不可能找到这样一家公司，结果我们的策略毫无价值。策略应该帮助我们投资什么股份（当然，你也可能因为持有高 P/E 的股份蒙受损失），因此我们仅仅保留没有极端值的股份。下面的限制会用到：

- P/E（价格/每股收益）低于 100；

- 股份持有者的年度总回报率（TRS）等于价格收益率加上股息率，小于 100%；

- 长期债务/总资本小于 100%（没有负的股份持有者资本）；

- 一份股权的 P/BV（市净率）大于 1，所以股权的市值高于账面价值（清算中的公司没有必要）；

- 营业收入/销售额低于 100%，但大于 0（历史表现可以长期成立）。

这样，只有那些看起来不被清算或者不会破产的公司才会保留下来，而且它们已经表现出长期明显的可持续性发展。在使用这些过滤器之后，全部公司中有 7198 家保留了下来。

下一步是选择比率，定义策略时我们可能会用到。基于历史经验，我们选取上一年财务报表中的 15 个比率，加上公司经营的行业名称和过去 12 个月的股东总回报。

可以证明，检查余下的数据是否适合我们的目标是明智的。比如，一个箱型图可以揭示我们的大部分股票是否显示出巨大的正回报或负回报，或者行业之间是否存在巨大差异，根据这些原因，我们可能会对一个给定的繁荣行业结束讨论，因为这不是个好投资策略。幸运的是，在这里，我们没有这样的问题（见图 9-1）：

```
d <- read.csv2("data.csv", stringsAsFactors = F)
for (i in c(3:17,19)){d[,i] = as.numeric(d[,i])}
boxplot_data <- split( d$Total.Return.YTD..I., d$BICS.L1.Sect.Nm )
windows()
par(mar = c(10,4,4,4))
boxplot(boxplot_data, las = 2, col = "grey")
```

如图 9-1 所示是上述代码的结果。

核查是否应该引入新变量，也是个好主意。许多模型对低资本化的股票设定了更高的必要回报率，因为这些股票的流动性更差。一个尚未错过的属性可以控制公司规模。为了控制这一点，我们可以使用散点图，代码如下，输出结果如图 9-2 所示。

```
model <- lm(" Total.Return.YTD..I. ~ Market.Cap.Y.1", data = d)
a <- model$coefficients[1]
b <- model$coefficients[2]
windows()
plot(d$Market.Cap.Y.1,d$Total.Return.YTD..I., xlim = c(0, 400000000000),
xlab = "Market Cap Y-1", ylab = "Total Return YTD (I).")
abline(a,b, col = "red")
```

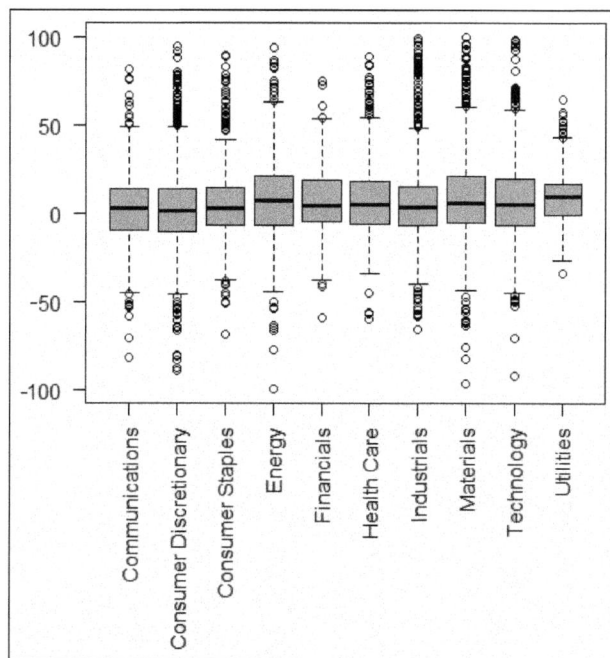

图 9-1 板块比较的箱型图

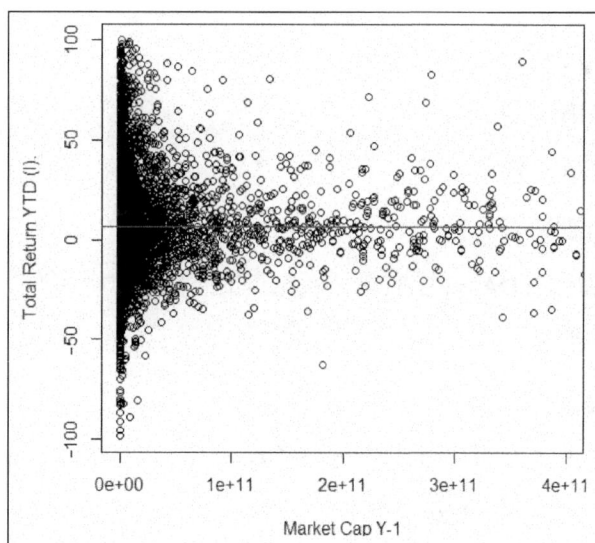

图 9-2 公司的市场资本化对 TRS 的散点图

对于资本化和 TRS，我们看不到明显的趋势。我们也可以对这个数据集拟合一个曲线，

并对拟合优度计算 R^2，但这张图并不支持任何强烈的联系。R^2 表明了估计所解释方差的百分比。所以，任何超过 0.8 的值都不错，而低于 0.2 的值意味着表现微弱。

9.3 揭示联系

为了开始探索上升潜力巨大的股份，我们需要核查一年前的量化个别比率和下一年的总回报率之间的联系。我们为本章选取下列比率。我们选取更早一年的数值，以便可以与去年的 TRS 比照：

- 一年前的现金/资产；
- 一年前的净固定资产/资产总额；
- 一年前的资产/1000 名雇员；
- 一年前的价格/前 5 年现金流平均值；
- 一年前的价格/现金流；
- 一年前的营业收入/净销售额；
- 一年前的派息率；
- 一年前的资产周转率；
- 一年前的市净率；
- 一年前的税收增长率；
- 一年前的长期债务/资本；
- 一年前的债务/EBITDA（EBITDA，税息折旧及摊销前利润）；
- 一年前的市场资本化；
- 一年前的市盈率。

（译者注，原文给出的 15 个比率里有一个是重复的，在这里译者去掉了。）

计算皮尔逊相关系数是个好起点：

```
d_filt <- na.omit(d)[,setdiff(1:19, c(1,2,18))]
cor_mtx <- cor(d_filt)
round(cor_mtx, 3)
```

在看相关系数表时，可以得出如下两个重要结论。

- 这里只有 4 个财务比率与 TRS 表现出显著的相关性。但是，这些相关性很弱。准确地说，它们的相关系数保持在-0.08 到 0.08 之间。这意味着，在 TRS 和任何一个比率之间没有明显的线性相关性。

- 选择的财务比率非常独立。在 105 个（15×14/2）潜在的相关中，仅仅 15 个是显著的。即使所有这些联系拟合到-0.439 到+0.425 之间的区间，也仅仅有 8 个绝对值大于 0.2。

因此，建立一个好策略并非易事。我们仅仅依靠单个指标，很可能无路可走。我们应该寻找更复杂的方法。

9.4 引入多重变量

使用多重变量的线性回归，也是一种建立预测表现模型的方法。线性估计应该仅仅包括变量间线性关系最少的变量。正如我们所见，解释变量彼此之间多少相互独立，这一点不错。但是，坏消息是这些变量与因变量 TRS 之间分别具有低的相关性。

为了得到最佳线性估计，我们可以在几种不同的方法中选择。一个方法是，首先导入所有变量，然后通过 R 逐步删去显著性最小的变量（逐步回归法，step-wise method）。另一种使用广泛的方法是，R 首先从仅仅一个变量开始，然后逐步引入解释力最高的下一个变量（后向法，the backward method）。在这里，我们选择后一种方法，因为第一种方法最终得到的模型可能不显著：

```
library(MASS)
vars <- colnames(d_filt)
m <- length(vars)
lin_formula <- paste(vars[m], paste(vars[-m], collapse = " + "), sep = "
~ ")
fit <- lm(formula = lin_formula, data = d_filt)
fit <- stepAIC(object = fit, direction = "backward", k = 4)
summary(fit)

Coefficients:
                     Estimate Std. Error t value Pr(>|t|)
(Intercept)           6.77884    1.11533   6.078 1.4e-09
***
Cash.Assets.Y.1      -0.08757    0.03186  -2.749 0.006022
```

```
**
Net.Fixed.Assets.to.Tot.Assets.Y.1  0.07153  0.01997  3.583 0.000346
***
R.D.Net.Sales.Y.1                    0.30689  0.07888  3.891 0.000102
***
P.E.Y.1                             -0.09746 0.02944 -3.311 0.000943
***
---
Signif. codes: 0 '***' 0.001 '**' 0.01 '*' 0.05 '.' 0.1 ' ' 1

Residual standard error: 19.63 on 2591 degrees of freedom
Multiple R-squared: 0.01598, Adjusted R-squared: 0.01446
F-statistic: 10.52 on 4 and 2591 DF, p-value: 1.879e-08
```

在后向法最终的结果中，R^2 为 1.6%，这意味着回归仅仅只能解释 TRS 全部方差中不超过 1.6%的变化。换句话说，模型表现很差。注意，不好的表现源于解释变量和 TRS 之间微弱的（线性）关系。如果有一些关系更强的变量，线性回归会有更好的结果。如果 R^2 超过 50%，可以买入高价值股份建立一个好的股票选择策略。高价值变量是在模型中符号为正的显著性解释变量，而低价值变量则在模型中符号为负。但在这里不能使用这种方法，我们选择了基于另一种逻辑的方法。

9.5 区分投资目标

区分好的投资目标并且核查它们的共同之处，是另一种建立投资策略的方法。创建基于 TRS 值的分组，并比较低表现和高表现的聚类，是找出表现良好的股票之间相似性的一种好方法。这样做的第一步，应该分析下面的代码：

```
library(stats)
library(matrixStats)
h_clust <- hclust(dist(d[,19]))
plot(h_clust, labels = F, xlab = "")
```

上面代码的输出是系统树图（见图 9-3）。

基于这张系统树图，3 个聚类区分得非常好。但是为了把最大的一个聚类分割为两个子群，我们需要把聚类个数增加到 7 个。为了保持概观，我们应该尝试把聚类数保持到可能的最低值。因此，我们先只使用 K-均值方法创建 3 个聚类：

```
k_clust <- kmeans(d[,19], 3)
```

```
K_means_results <- cbind(k_clust$centers, k_clust$size)
colnames(K_means_results) = c("Cluster center", "Cluster size")
K_means_results
```

Cluster Dendrogram

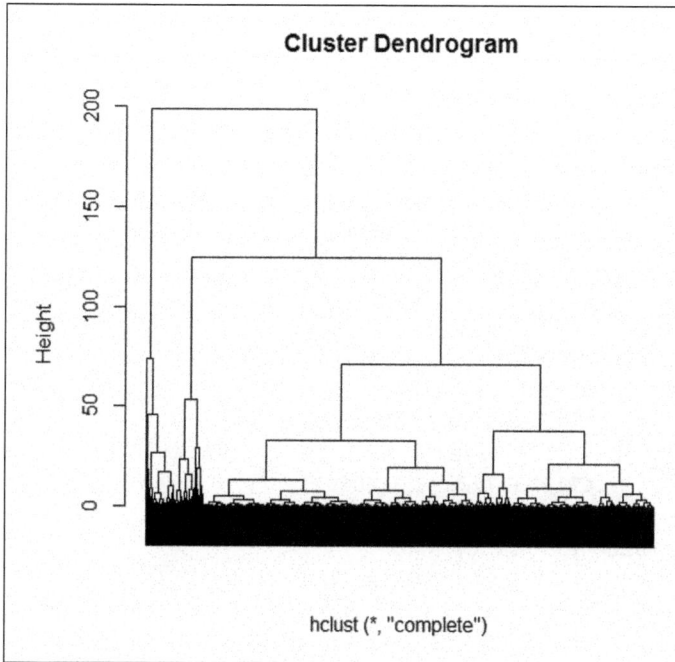

图 9-3 聚类的系统树图

结果相当鼓舞人心。3 个聚类中有 1000~4000 个元素，并能很明显地识别出卓越、普通和中等的表现者：

```
  Cluster center Cluster size
1       9.405869        3 972
2      48.067540          962
3     -16.627188         2264
```

接下来，我们需要检验这 3 个组的平均比率值是否显著不同。为此，我们将使用方差分析表。这种统计工具会比较各组均值的偏差和各组内的标准差。一旦分组有效，可以发现各组均值的差异巨大，而同一聚类内的公司差异很小。

```
for(i in c(3,4,6,10,12,14,16,17)) { print(colnames(d)[i]); print(summary(
aov(d[,i]~k_clust$cluster , d))) }
```

输出如下：

```
[1] "Cash.Assets.Y.1"
                  Df Sum Sq Mean Sq F value Pr(>F)
k_clust$cluster    1    7491   7491   41.94  1e-10 ***
Residuals       7195 1285207    179
---
Signif. codes: 0 '***' 0.001 '**' 0.01 '*' 0.05 '.' 0.1 ' ' 1
1 observation deleted due to missingness
[1] "Net.Fixed.Assets.to.Tot.Assets.Y.1"
                  Df Sum Sq Mean Sq F value Pr(>F)
k_clust$cluster    1  19994  19994   40.26 2.36e-10 ***
Residuals       7106 3529208    497
---
Signif. codes: 0 '***' 0.001 '**' 0.01 '*' 0.05 '.' 0.1 ' ' 1
90 observations deleted due to missingness
[1] "P.CF.5Yr.Avg.Y.1"
                  Df Sum Sq Mean Sq F value Pr(>F)
k_clust$cluster    1  24236  24236     1.2  0.273
Residuals       4741 95772378  20201
2455 observations deleted due to missingness
[1] "Asset.Turnover.Y.1"
                  Df Sum Sq Mean Sq F value Pr(>F)
k_clust$cluster    1      7  6.759   11.64 0.00065 ***
Residuals       7115   4133  0.581
---
Signif. codes: 0 '***' 0.001 '**' 0.01 '*' 0.05 '.' 0.1 ' ' 1
81 observations deleted due to missingness
[1] "OI...Net.Sales.Y.1"
                  Df Sum Sq Mean Sq F value Pr(>F)
k_clust$cluster    1   1461  1461.4   10.12 0.00147 **
Residuals       7196 1038800   144.4
---
Signif. codes: 0 '***' 0.001 '**' 0.01 '*' 0.05 '.' 0.1 ' ' 1
[1] "LTD.Capital.Y.1"
                  Df  Sum Sq Mean Sq F value Pr(>F)
k_clust$cluster    1    1575  1574.6   4.134 0.0421 *
Residuals       7196 2740845   380.9
---
Signif. codes: 0 '***' 0.001 '**' 0.01 '*' 0.05 '.' 0.1 ' ' 1
[1] "Market.Cap.Y.1"
                  Df    Sum Sq   Mean Sq F value Pr(>F)
k_clust$cluster    1 1.386e+08 138616578   2.543  0.111
Residuals       7196 3.922e+11  54501888
[1] "P.E.Y.1"
                  Df Sum Sq Mean Sq F value Pr(>F)
```

```
k_clust$cluster    1    1735 1735.3   8.665  0.00325 **
Residuals        7196 1441046  200.3
---
Signif. codes: 0 '***' 0.001 '**' 0.01 '*' 0.05 '.' 0.1 ' ' 1
```

在输出结果中，F 检验的概率值（Pr）的后面，R 用星号（*）标记显著性。因此，从前表可以看出，有 6 个变量表现出聚类之间的显著差异。为了看到每个聚类的均值，需要键入下列代码：

```
f <- function(x) c(mean = mean(x, na.rm = T), N =
    length(x[!is.na(x)]), sd = sd(x, na.rm = T))
output <- aggregate(d[c(19,3,4,6,10,12,14,16,17)],
    list(k_clust$cluster), f)
rownames(output) = output[,1]; output[,1] <- NULL
output <- t(output)
output <- output[,order(output[1,])]
output <- cbind(output, as.vector(apply(d[c(19,3,4,6,10,12,14,16,17)], 2,
f)))
colnames(output) <- c("Underperformers", "Midrange",
    "Overperformers", "Total")
options(scipen=999)
print(round(output,3))
```

输出结果在表 9-1 中。如你所见，每个变量都有 3 行（均值、成分个数和标准差）。这是这个表这么长的原因。

表 9-1   输出结果

	低于市场表现	中等表现	超越市场表现	总计
Total.Return.　　YTD..I..mean	−16.627	9.406	48.068	6.385
Total.Return.　　YTD..I..N	2264.000	3972.000	962.000	7198.000
Total.Return. YTD..I..sd	12.588	8.499	17.154	23.083
现金/资产，1 年均值	15.580	13.112	12.978	13.870
现金/资产，1 年成分个数	2263.000	3972.000	962.000	7197.000
现金/资产，1 年标准差	14.092	12.874	13.522	13.403
净固定资产/总资产，1 年均值	26.932	29.756	31.971	29.160
净固定资产/总资产，1 年成分个数	2252.000	3899.000	957.000	7108.000
净固定资产/总资产，1 年标准差	21.561	22.469	23.204	22.347

续表

	低于市场表现	中等表现	超越市场表现	总计
价格/5 年的现金流平均值，1 年均值	18.754	19.460	28.723	20.274
价格/5 年的现金流平均值，1 年成分个数	1366.000	2856.000	521.000	4743.000
价格/5 年的现金流平均值，1 年标准差	57.309	132.399	281.563	142.133
资产周转率，1 年均值	1.132	1.063	1.052	1.083
资产周转率，1 年成分个数	2237.000	3941.000	939.000	7117.000
资产周转率，1 年标准差	0.758	0.783	0.679	0.763
营业收入/净销售额，1 年均值	13.774	14.704	15.018	14.453
营业收入/净销售额，1 年成分个数	2264.000	3972.000	962.000	7198.000
营业收入/净销售额，1 年标准差	11.385	12.211	12.626	12.023
长期债务/资本，1 年均值	17.287	20.399	17.209	18.994
长期债务/资本，1 年成分个数	2264.000	3972.000	962.000	7198.000
长期债务/资本，1 年标准差	18.860	19.785	19.504	19.521
市盈率，1 年均值	20.806	19.793	19.455	20.067
市盈率，1 年成分个数	2264.000	3972.000	962.000	7198.000
市盈率，1 年标准差	14.646	13.702	14.782	14.159

　　正如在之前的方差分析表中所见，在 8 个财务比率中找出 6 个在 3 个组之间有显著差异。这个方法甚至有助于找到非线性关系（与相关性比率对比）。举一个好例子，变量 Cash.Assets，卓越者和中等者表现出很相似的值，但普通者的现金数量（可能是闲置资金）明显更高。这意味着，现金资产比率低于特定水平说明给定的股份不是好投资。我们会在资产周转率上发现相同的模式。

　　价格/现金流的 5 年均值是另一个好例子，告诉我们如何去发掘那些在仅检查相关性时未发现的关系。这个比率表现出 J 型，即最低的值是中等组的，而最高的值是卓越组的。

　　基于这些结果，最优投资目标如下，在同一时刻，更低的现金比率和财务杠杆（长期债务/资本），但有固定资产率和价格/现金流比率更低，而市盈率和资产周转率刚好是平均水平。简单说，最好的公司能有效运用当前资本，使用并不充裕的自由现金计算资本周转率的均值。他们有更自由的空间来增加财务杠杆，并且更高的价格/现金流比率反映出良好的现金流增长前景。在检验这个选择方法之前，要么通过增加更精确的准则区分潜在投资，要么移除某些准则进行简化，以便我们确认能否改善这种方法。

9.6 设置分类规则

我们选择另一种不同的逻辑开发决策规则，这样我们能在后面比较两种结论。我们来选择哪些股份可以提供最好的回报。对这个目标，决策树或称分类树是特别好的方法。在这里，R 会从给定的变量列表中选取那些可以创建最有效的分类树的变量。我们放弃了像之前那样建立联合规则。首先，根据 TRS 创建股份的子群选择变量。接着，对每一个子群，它会选择次有效的变量，以此类推。输出的是一种分类树：

```
d_tree <- d[,c(3:17,19)]
vars <- colnames(d_tree)
m <- length(vars)
tree_formula <- paste(vars[m], paste(vars[-m], collapse = " + "), sep = "
~ ")
library(rpart)
tree <- rpart(formula = tree_formula, data = d_tree, maxdepth = 5 ,cp =
0.001)
tree <- prune(tree, cp = 0.003)
par(xpd = T)
plot(tree)
text(tree, cex = .5, use.n = T, all = T)
```

在我们例子的结果中，树有 5 个水平，可以在图 9-4 中看到。树的每个节点可以看到创建子群 TRS 平均值的指示。决策规则同样在图中指明：如果逻辑陈述为真，向下走到分支左侧；如果逻辑陈述为假，走到分支右侧。可以看到，我们仅仅关心高回报率的可能性。我们需要检查树的底部，看看创建了什么子群以及哪个子群表现出特别高的 TRS。

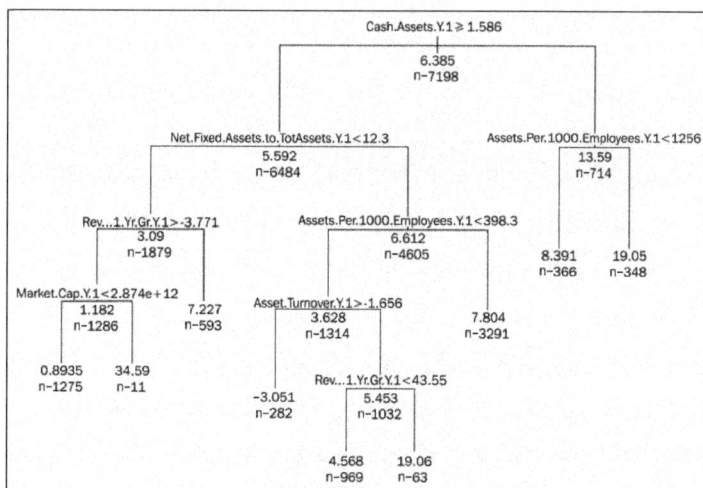

图 9-4 决策树

我们的数据库的结果是 TRS 平均值特别高的 3 个子群。基于这棵树，我们必须先检查现金资产比率。

比率高于（或等于）1.6% 的公司应该根据净固定资产/总资产进一步分割。比率高于 12.3% 并且资产/雇员低于 398，加上资产周转率低于 1.66，我们则只需要确保前一年的税收年增长率高于 43.5%，就可以得到一个 TRS 均值为 19% 的含 63 家公司的子群。

如果现金/资产比率高于（或等于）1.6%，而且净资产/总资产比率低于 12.3%，我们还需要找到前一年的税收年增长率。对于这 11 家比率高于 3.77 并且市场资本化超过 2874 亿美元的公司，我们发现 TRS 的均值为 34.6%。

再考虑第三个卓越组。有 348 家公司的现金比率低于 1.6，并且资产/雇员比率高于 2156，TRS 的均值为 19%。

考虑将这 3 组的元素个数与所有的分析公司数量比较，第一组和最后一组给我们提供了实用的投资策略。包含 11 家公司的那组代表了所有公司的 0.15%，因此很有可能是随机或者非预期事件的结果。

所以，总结一下，高的现金比率（超过 1.6）应该伴随着固定资产率高于 12.3%，资产/雇员比率低于 398，资产周转率低于 1.66，以及前一年的税收年增长率超过 43.5%。如果现金比率低于 1.6，我们应该从组合中选择资产/雇员比率高于 2156 的股份。

在这里要注意，我们的投资决策计划只包含了 5 个变量，而之前建立的是一个包含 8 个变量的集群。而且，注意这里只有 3 个比率（现金/资产比率、固定资产率和资产周转率），都用于这两个决策过程。下一步，我们可以比较这两种方法的效率。

9.7 回测

"回测（backtesting）"这个词指基于历史数据计算一个交易策略的结果。我们的例子会使用同一个数据集，因为我们的统计方法在完全相同的数据上优化，所以我们会过高估计策略的有效性。在真实生活中，我们会选取不同的时期或者不同的股票（或两者同时）来更客观地度量有效性。

不论我们如何区分出最佳表现者，我们都根据相同的逻辑检验投资思想。把结果转换为规则，选取（通常来自不同样本的）符合要求的公司，并将它们归入一个聚类。然后，创建包含所有其他公司的另一个聚类。最后，比较这两组的均值和/或中位数的表现。

为了检验决策树的选择规则，我们需要创建一个公司子集。公司需要满足以下要求：现金比率高于 1.6、固定资产比率超过 12.3%、资产/雇员比率低于 398，以及一年前的税收年增长率至少 43.5%。然后，我们需要加上那些现金比率低于 1.6，并且资产/雇员比率高于 2156 的公司：

```
d$condition1 <- (d[,3] > 1.6)
d$condition2 <- (d[,4] > 12.3)
d$condition3 <- (d[,5] < 398)
d$condition4 <- (d[,10] < 1.66)
d$condition5 <- (d[,13] > 43.5)
d$selected1 <- d$condition1 & d$condition2 & d$condition3 & d$condition4
& d$condition5
d$condition6 <- (d[,3] < 1.6)
d$condition7 <- (d[,5] > 2156)
d$selected2 <- d$condition6 & d$condition7
d$tree <- d$selected1 | d$selected2
```

为了做这个，我们会创建两个新变量（两个子集各一个），要求满足它们等于 1，否则等于 0。接下来，我们会计算第三个变量，它等于前两个变量的和。这种方法，我们最终得到两个聚类：1 对应满足投资要求的公司，0 对应其他：

```
f <- function(x) c(mean(x), length(x), sd(x), median(x))
report <- aggregate( x = d[,19], by = list(d$tree), FUN = f )$x
colnames(report) = c("mean","N","standard deviation","median")
report <- rbind(report, f(d[,19]))
rownames(report) <- c("Not selected","Selected","Total")
print(report)
```

一旦准备好重新聚类，方差分析表会帮助我们比较选出的和未选出的公司的表现。为了避免离群值造成的均值显著不同，比较中位数更为明智。在我们的例子里，类别看起来表现良好，即使是在中位数之间也有巨大差异：

	mean	N	standard deviation	median
Not selected	5.490854	6588	22.21786	3.601526
Selected	19. 620651	260	24.98839	15.412807
Total	6.384709	7198	23.08327	4.245684

检验基于聚类的投资思想稍微复杂一些。在这里，我们仅仅看到，好公司的聚类与其

他两组在均值上有差异。重要的是，注意到这些不是我们用来创建聚类的差异，这仅是我们转换逻辑，并且财务比率准则可以区分出更好的表现者。

我们需要检查表现出显著差异的所有 8 个变量，并且创建可接受的范围。使用非常狭小的范围，会导致只能选取数量很小的股份，范围太大会使各组在 TRS 上的差异消失。再次强调，检查中位数很有帮助。

为了得到之前识别的 3 个聚类的均值和中位数，我们会使用以下代码。在打印表格时，为了节约空间，我们对 3 个组标记数字，代替原来的名字：

普通者；

中等者；

卓越者。

以下是代码：

```
d$cluster = k_clust$cluster
z <- round(cbind(t(aggregate(d[,c(19,3,4,6,10,12,14,16,17)],
list(d$selected) ,function(x) mean(x, na.rm = T))),
t(aggregate(d[,c(19,3,4,6,10,12,14,16,17)], list(d$selected) ,function(x)
median(x, na.rm = T))))[-1,], 2)
> colnames(z) = c("1-mean","2-mean","3-mean","1-median", "2-median",
"3-median")
> z
```

	1-mean	2-mean	3-mean	1-median	2-median	3-median
Total.Return.YTD..I.	-16.62	9.41	48.07	-13.45	8.25	42.28
Cash.Assets.Y.1	15.58	13.11	12.98	11.49	9.07	8.95
Net.Fixed.Assets.to.Tot.Assets.Y.1	26.93	29.76	31.97	21.87	24.73	26.78
P.CF.5Yr.Avg.Y.1	18.75	19.46	28.72	11.19	10.09	10.08
Asset.Turnover.Y.1	1.13	1.06	1.05	0.96	0.89	0.91
OI...Net.Sales.Y.1	13.77	14.71	15.02	10.59	11.23	11.49
LTD.Capital.Y.1	17.28	20.41	17.21	11.95	16.55	

```
10.59
Market.Cap.Y.1                   278.06  659.94  603.10    3.27    4.97
4.43
P.E.Y.1                           20.81   19.79   19.46   16.87   15.93
14.80
```

表 9-2 展现了基于聚类方差分析表开发的规则。由于小的差异或者重叠的范围，我们从准则中删除 3 个变量。注意你的主要任务是从普通者中区分出卓越者，所以中等者的重复相比于普通者可以接受（设置更宽的接受范围，中等者实际中处于中间范围）。

表 9-2　　　　　　　　　　　　基于聚类的方差分析表发展的规则

	现金/资产	净固定资产/总资产	价格/5 年现金流平均值	资产周转率	营业收入/净销售额	长期债务/资本	市场资本化	市盈率
最小	无	23	下降	无	11	下降	下降	无
最大	14	无	下降	1,7	无	下降	下降	20

利用下面的代码，首先我们会把所有的要求排列到一个变量里。然后，创建一张终表用于比较：

```
d$selected <- (d[,3] <= 14) & (d[,4] >= 23) & (d[,10] <= 1.7) & (d[,12]
>= 11) & (d[17] <= 20)
d$selected[is.na(d$selected)] <- FALSE
h <- function(x) c(mean(x, na.rm = T), length(x[!is.na(x)]), sd(x, na.rm
= T), median(x, na.rm = T))
backtest <- aggregate(d[,19], list(d$selected), h)
backtest <- backtest$x
backtest <- rbind(backtest, h(d[,19]))
colnames(backtest) = c("mean", "N", "Stdev", "Median")
rownames(backtest) = c("Not selected", "Selected", "Total")
print(backtest)
                   mean     N   Stdev    Median
Not selected   5.887845  6255  23.08020  3.710650
Selected       9.680451   943  22.84361  7.644033
Total          6.384709  7198  23.08327  4.245684
```

如你所见，我们选择的公司平均回报率为 9.68%，而中位数是 7.6%。在这里，我们的结论认为，基于决策树开发的策略相比均值（19.05%）和中位数（14.98%）表现更好。为了检查重叠性，我们会计算交叉表：

```
d$tree <- tree$where %in% c(13,17)
crosstable <- table(d$selected, d$tree)
rownames(crosstable) = c("cluster-0","cluser-1")
colnames(crosstable) = c("tree-0","tree-1")
crosstable <- addmargins(crosstable)
crosstable


          tree-0 tree-1  Sum
cluster-0 5970      285 6255
cluser-1   817      126  943
Sum       6787      411 7198
```

在这里，我们看到两种策略非常不同，只有 126 家公司同时被两个策略选择。但是它们有何特别之处吗？确实有。这些公司的中位数为 14.4%，TRS 的均值为 19.9%的。计算如下：

```
mean(d[d$selected & d$tree,19])
[1] 19.90455
median(d[d$selected & d$tree,19])
[1] 14.43585
```

9.8 特定行业投资

直到这里，我们一直把全部样本作为一个整体来考虑。仅仅关注某些行业可能是一个合理的决策。注意，选择正确的投资行业不应仅仅根据过去的表现模式。我们应该分析多年来全球经济的协同变动趋势，进而预测近期的经济趋势，再选择前景最佳的行业。这个方法可以帮助你确定组合中行业的正确权重，但是接下来，你还是需要选择可以表现优于其他股份的个股。

当然，一旦选择了一个给定的行业，我们会使用那些不同于全盘考虑整个样本的投资规则来结束。因此，通过对每个行业分别执行之前讲过的步骤，可以进一步地提升投资的表现。

同时，考虑到在数据中，越是特定的因素（时期、行业以及公司规模），越不可能创建在其他样本或在未来表现良好的策略。通过增加构建策略的自由度（对子样本重新运行所有的统计检验），对反映了一系列随机事件效应的给定样本，你给出的推荐几乎完美适合。但因为这些随机效应不再发生，在一个确定的限制之后加入越来越多的放松条件，实际上会恶化最终结果。

为了这个例子，我们选取 Communications 这个行业。如果在这里使用决策树技术，我们以图 9-5 结束。然后，我们需要投资于那些在过去一年看到税收增长低于 21%但大于 1.31%，同时净固定资产比率至少是 8.06%的公司：

```
d_comm <- d[d[,18] == "Communications",c(3:17,19)]
vars <- colnames(d_comm)
m <- length(vars)
tree_formula <- paste(vars[m], paste(vars[-m], collapse = " + "), sep = "
~ ")
library(rpart)
tree <- rpart(formula = tree_formula, data = d_comm, maxdepth = 5 ,cp =
0.01  , control = rpart.control(minsplit = 100))
tree <- prune(tree, cp = 0.006)
par(xpd = T)
plot(tree)
text(tree, cex = .5, use.n = T, all = T)
print(tree)
```

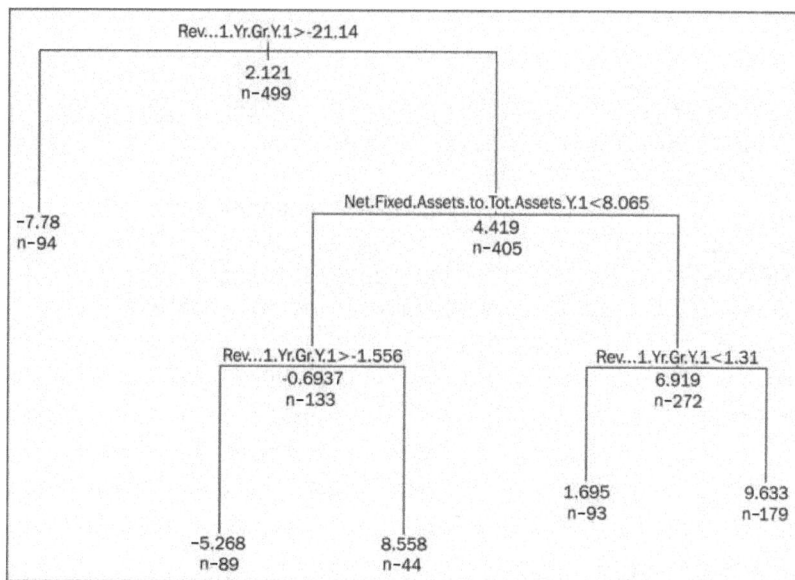

图 9-5　对 Communications 行业投资的决策树

同时，基于给定时期的一般样本建立策略，最终会超配到那些在给定年份中表现非凡的特定行业。当然，不能保证接下来的年份还会推荐相同的行业。所以，建立策略之后，我们应该交叉检验在策略背后行业依赖是否严重。

交叉表控制了行业关系，而且基于决策树的投资策略揭示出我们严重超配了能源和公共事业行业。同时，基于聚类的策略，对材料行业给出了额外权重。后者的代码如下显示：

```
cross <- table(d[,18], d$selected)
colnames(cross) <- c("not selected", "selected")
cross
                        not selected selected
  Communications                 488       11
  Consumer Discretionary        1476       44
  Consumer Staples               675       36
  Energy                         449       32
  Financials                     116        1
  Health Care                    535       37
  Industrials                   1179       53
  Materials                      762       99
  Technology                     894        7
  Utilities                      287       17

prop.table(cross)

                           not selected      selected
  Communications         0.0677966102  0.0015282023
  Consumer Discretionary 0.2050569603  0.0061128091
  Consumer Staples       0.0937760489  0.0050013893
  Energy                 0.0623784385  0.0044456794
  Financials             0.0161155877  0.0001389275
  Health Care            0.0743262017  0.0051403168
  Industrials            0.1637954987  0.0073631564
  Materials              0.1058627396  0.0137538205
  Technology             0.1242011670  0.0009724924
  Utilities              0.0398721867  0.0023617672
```

我们也会对我们的策略在行业间如何执行有兴趣。对此，我们应该查看所有单独行业中所选公司和未选公司的 TRS 平均值。创建一个类似的表格，我们需要使用以下命令。输出说明了基于决策树的策略如何表现（0 表示未选择，1 表示选择）：

```
t1 <- aggregate(d[ d$tree,19], list(d[ d$tree,18]), function(x)
c(mean(x), median(x)))
```

```
t2 <- aggregate(d[!d$tree,19], list(d[!d$tree,18]), function(x)
c(mean(x), median(x)))
industry_crosstab <- round(cbind(t1$x, t2$x),4)
colnames(industry_crosstab) <- c("mean-1","median-1","mean-0","median-0")
rownames(industry_crosstab) <- t1[,1]
industry_crosstab
```

```
                        mean-1   median-1 mean-0 median-0
Communications          10.4402   11.5531 1.8810   2.8154
Consumer Discretionary  15.9422   10.7034 2.7963   1.3154
Consumer Staple s       14.2748    6.5512 4.5523   3.1839
Energy                  17.8265   16.7273 5.6107   5.0800
Financials              33.3632   33.9155 5.4558   3.5193
Health Care             26.6268   21.8815 7.5387   4.6022
Industrials             29.2173   17.6756 6.5487   3.7119
Materials               22.9989   21.3155 8.4270   5.6327
Technology              43.9722   46.8772 7.4596   5.3433
Utilities               11.6620   11.1069 8.6993   7.7672
```

正如上述输出所示，我们的策略在所有行业中表现良好。尽管在 Consumer Staples（消费者日用品）板块中，已选公司的中位数接近未选公司的中位数。在其他情形中，我们最终会看到在某些行业中，我们并没有获得好结果，而且所选公司的 TRS 甚至低于其他组。如果这样，我们将会对那些模型表现不好的行业专门建立一个独立的股票选择模型。

9.9　小结

在本章中，我们研究了如何使用 R 基于基本面建立投资策略。在 R 中创建和装载数据库后，我们首先检查是否某些变量与 TRS 表现出强烈的关系。然后，我们确认是否这些变量的某些线性组合会表现良好，并且控制这些变量。

因为每种方法都不会产生可接受的结果，我们把逻辑反过来考虑。我们基于 TRS 的表现创建公司聚类。然后，我们确认卓越者会有什么样的典型特征。我们还使用了决策树，寻找能区分出 TRS 最高的公司的最好方法。然后，根据这些结果，我们描述了股票选择规则并执行了回测。

我们的例子表明，即使单个的解释变量与表现没有显示出强烈的线性关系，依然可以建立有效的基本面股票选择策略。在运用这些技术时，必须牢记它的局限性：太多的条件放松可能相当有害。如果你是通过对模型提供了太多自由度而获得了好拟合性，那么，一个对历史数据集拟合几近完美的模型，也许会在未来表现很差。

9.10 参考文献

- Brealey, Richard–Myers, Stewart–Marcus, Alan (2011): *Fundamentals of Corporate Finance*, McGraw-Hill/Irwin; 7th edition.

- Ross, Stephen–Westerfield, Randolph–Jordan, Bradford D. (2009):*Fundamentals of Corporate Finance Standard Edition McGraw-Hill/Irwin; 9th edition.*

- Koller, Tim–Goedhart, Marc–Wessels, David (2010): *Valuation,Measuring and managing the value of companies, 5th edition*, John Wiley & Sons, New York.

- Damodaran, Aswath (2002): *Investment Valuation, Tools and Techniques for Determining the Value of Any Asset*, John Wiley & Sons, Inc., New York.

第 10 章
技术分析、神经网络和对数优化组合

本章简单介绍了几种可以提高投资组合表现的不同方法：技术分析、神经网络和对数优化组合。这些方法背后的共同思想是：过去的价格运动有助于预测未来趋势。换句话说，我们隐含了价格不服从马尔可夫过程（如说随机行走）的假设，但是它们具备某种长记忆的特性，因此过往模式会在未来重现。总之，市场不是有效的。

在前面部分，我们介绍最常见的技术分析工具，并且给出一些指示案例，关于如何在 R 环境中编程时使用。在中间部分，我们简要说明了神经网络的概念，并用 R 的内置函数说明了它的设计。技术分析和神经网络运用于比特币数据库，因此我们关注一项单独资产并寻找买入和卖出的可靠信号。最后，在后面部分，我们讨论所谓的对数优化组合策略，它使我们在长期中优化多种资产（在我们的例子里是一些 NYSE 的股票）的组合。

本章的主要目的仅仅是鸟瞰概念、最常用的工具以及给出一些编程案例。因此，我们强调，为了简洁我们仅仅试图给你一些领域的洞见，以此鼓励读者去查阅参考书，自学更多并尝试更多工具。

10.1 市场有效性

如果市场的当前价格包含了所有信息，那么市场是有效的。市场弱式有效性要求，最新价格已经包括了过去的价格和成交量图表中可以获得的所有信息。很明显，如果市场至少满足弱式有效性，回报率会与时间独立，并且基于技术分析、神经网络和对数优化组合理论的策略会毫无价值，参见 Hull（2009），"股价行为的模型"这一章。

然而，一个给定市场是否有效则纯粹是一个经验问题。你无从确定，真实世界的资产回报率是否独立于时间。因此，你不能把市场有效性当作一种既定事实。我们鼓励你能发明新技术驱动的策略并运用起来，亲自去检验市场有效性。如果你的策略用过去交易的数据校准并证明有足够的稳健性，在未来表现也很好，那么市场会增加你的组合的风险回报，慷慨奖励你的努力，结果你会赢得超额收益。例如，在新兴的货币市场中，研究已经表明，由于流动性和央行干预的原因，市场很少有效，参见 Tajaddini-Crack（2012）。相反，大多数技术流派的策略在更发达的美国市场上不能持续奏效，参见 Bajgrowicz-Scaillet（2012），Zapranis-Prodromos（2012）。此外，同样的研究表明，当技术化交易成功时，它联合基本面分析会更成功，参见 Zwart et al.（2009）。

尽管技术分析直至今日仍然被视为某种伪学，但它应用广泛，即使在基本面投资者中也广受肯定。这主要归功于它自我实现的本质：如果市场参与者知道他们越来越多的同伴使用了技术分析工具，他们也会对此更加留意。例如，如果在一个主要的指数图形上，200天均线被跌破，这会成为头条新闻，并且引发卖出狂潮。

10.2　技术分析

如果没有过高估计它的预测能力，技术分析（TA）能帮助你获得更好的结果。技术分析特别擅长分析预测短期趋势和反映市场情绪。基本面投资者（以及本章的作者之一）使用技术分析来选择他们的买入点和卖出点：给定市场方向由基本面决定的观点，技术分析对选择短期最优组合有极大帮助。它也可以消除常见的交易缺陷，如选择不利的头寸规模（趋势强度的指示），"颤抖的手"（仅在出现信号时卖出）以及"无法按下按钮"（只要出现信号，就卖出）。

在我们转向技术细节之前，要牢记 3 个黄金法则。

（1）**每个市场都有它自身的有用组合**：比如，头肩顶大多出现在股票图形中，而支撑-阻力水平调节着外汇市场的交易，同时市场内的每一个资产都可以是特殊的。于是，作为经验法则，对你正在观察的资产使用特定的指标集合和神经网络。

（2）**没有付出，没有回报**：牢记在这里没有圣杯，如果谁能持续赢得 60% 的交易，那么他已经发现了一个可行且回报丰厚的交易策略。

（3）**避免冲动交易**：这可能是这 3 条中最重要的。如果输掉上一笔交易感受到伤害，务必不要让它影响你未来的决定。仅仅在出现交易信号的时候交易。如果你考虑开一个交易账户，需要广泛地阅读关于资金管理（处理风险和头寸规模、杠杆）和交易心理（贪婪、恐惧、希望、后悔）的资料。

10.2.1 技术分析工具箱

技术分析的工具很多，但大部分工具可以归为 4 个类别。我们建议你使用一些老工具，除了大多对用户更加友好，还因为它们更多地被专业人士采用，更容易触发价格自身的变动（自我实现）。

（1）**支撑-阻力和价格通道**（support-resistance and price channels）：价格水平常常影响交易：策略水平线可以作为支撑操作，保持价格水平不向下运动，也可以作为阻力操作，阻碍价格进一步上升。用于趋势基本条件的平行线（上升趋势的底，下降趋势的顶）定义了价格通道。它们是自上而下分析的工具，就像下一个工具，图形模式。因为它们通常很难编程，所有我们不会详细处理它们。

（2）**图形模式——头肩和碟形**（chart patterns–head-and-shoulders, saucers）：听起来熟悉吗？可能由于它们天性易于识别。图形模式是最出名的技术分析工具。它们有 3 类：趋势制造者（杆形、旗形）、趋势破坏者（双顶）和决策点信号（三角形）。这些概念更偏直觉化，更难编程，因此也排除于本章的讨论范围。

（3）**K 线模式**（candle patterns）：因为蜡烛图（即 K 线图）是最为广泛传播的技术分析工具，技术分析专家在上面开始标识信号，并且给出诸如"早晨之星""三白兵"或者著名的"关键反转"这样的名字。不像其他任何技术分析工具，它们需要和其他指标组合在一起，对于大多数的价格水平才是显著的。它们可以是 2 到 5 根 K 线的组合。

（4）**指标**（indicators）：这是我们将在后面最主要处理的一个类型。技术指标易于编程，是高频交易的基础，这是一种基于算法决策和快速下单的策略。这些指标有 4 个分类：基于动量、趋势跟踪、资金流（基于成交量）和基于波动率。

在本章中，我们会给出一个类型（3）和（4）当中元素组合的策略，借助于指标和信号等关键反转信息，我们会寻找潜在趋势的改变。

10.2.2 市场

每个人都应该独立探索自己的技术分析工具，能够在各自的市场上具有最好表现，也可以通过公示描述某些一般化的观察。

（1）**股票**通常可以形成漂亮的图形模式，并对 K 线模式和战略性的移动平均交叉敏感。非对称信息还是一个重要的问题，但是，程度还是小于如商品的情形。而且，未预期的冲高在消息发布时会改变价格的走向。

（2）外汇在全球连续交易，并且交易的分散化程度很高。这意味着两件了事。首先，一个投资者不可能获得所有的成交量信息，所以权衡价格变动的重要性时，必须对市场流动有整体认识——如夏季的流动性更低，因此很小的买入也会产生波动。其次，不同的人交易时间不同，每个人都有不同的习惯。例如，考虑 EURJPY（欧元兑日元）的交易，在美国和欧洲的交易时间中，数十及取整数字往往是心理支撑，而在亚洲的交易中，心理支撑则为 8（8 是幸运数字）。从技术分析工具箱的角度看，除了三角形和杆形，还有其他的无特征图形模式，重要的支撑阻力水平和价格通道，交易区思维，stuck-launch dynamics 和斐波那契比例都常常使用。

10.2.3 绘制图形——比特币

在交易程序中，如果经纪人没有提供图形程序这项业务，也可以付出昂贵代价得到，但不能提供任何复杂的 TA 工具。为了解决这个问题，你可以使用 R 来追踪图形，并能对所有你想要的指标进行编程——如果它们还未内置。

现在来看一个例子：为比特币绘制图形。比特币是一种加密的货币，在 2014 年的夏天流行，价格从不足一美元上涨到 1162 美元，而且在许多新建立的市场中交易，因此还是一种不成熟的交易。这给小投资者们带来了一个问题：如何追踪图形？而且，即使他们对 BitStamp 这个不稳定的平台没有不满，但至今详细数据依然通过电子表格形式提供。

你可以从 http://bitcoincharts.com/获取数据。在此，我们介绍一套可以绘制活动数据的代码，它的作用类似于活动图形工具。利用这种有用的技巧，你可以避免为专业软件支付数百美金。我们可以画出最常用的类型，K 线图（也叫 OHLC）。在开始前，通过这里的一张图（图 10-1）解释它的工作原理。

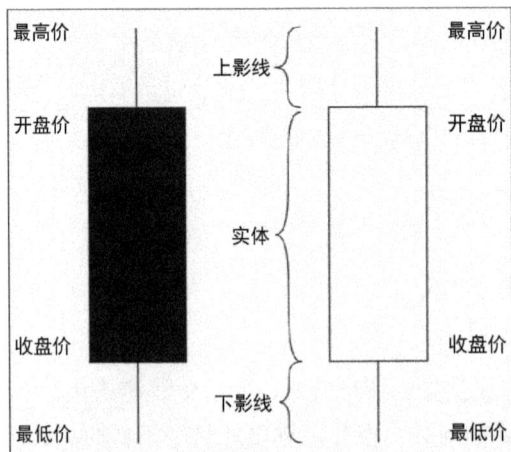

图 10-1　K 线

在这里，我们提供读取活动数据的程序代码，可以画出 OHLC 的图形。

我们将使用 RCurl 包从互联网获取数据。首先，我们看看如下代码：

```
library(RCurl)
get_price <- function(){
```

我们使用 RCurl 包的 getURL 函数把整个网站作为字符串读入：

```
a <- getURL("https://www.bitcoinwisdom.com/markets/bitstamp/btcusd",
    ssl.verifypeer=0L, followlocation=1L)
```

如果读过这个 HTML 代码，可以很容易发现我们想找的比特币价格。函数把它作为数值型的值返回：

```
    n <- as.numeric(regexpr("id=market_bitstampbtcusd>", a))
    a <- substr(a, n, n + 100)
    n <- as.numeric(regexpr(">", a))
    m <- as.numeric(regexpr("</span>", a))
    a <- substr(a, n + 1, m - 1)
    as.numeric(a)
}
```

或者我们借助于 XML 包的帮助，能抓取完全相同的信息。这个包用来创建解析 HTML 和 XML 文件，并从中提取信息：

```
library(XML)
as.numeric(xpathApply(htmlTreeParse(a, useInternalNodes = TRUE),
    '//span[@id="market_bitstampbtcusd"]', xmlValue)[[1]])
```

当然，获取价格数据的执行仅仅是为了演示，活跃的价格数据应该由我们的交易商提供（对于这些数据，我们仍然可以使用 R）。现在来看一下，如何绘制活动的 K 线图：

```
DrawChart <- function(time_frame_in_minutes,
    number_of_candles = 25, l = 315.5, u = 316.5) {

    OHLC <- matrix(NA, 4, number_of_candles)
    OHLC[, number_of_candles] <- get_price()
    dev.new(width = 30, height = 15)
    par(bg = rgb(.9, .9, .9))
    plot(x = NULL, y = NULL, xlim = c(1, number_of_candles + 1),
        ylim = c(l, u), xlab = "", ylab = "", xaxt = "n", yaxt = "n")
```

```
abline(h = axTicks(2), v = axTicks(1), col = rgb(.5, .5, .5), lty = 3)
axis(1, at = axTicks(1), las = 1, cex.axis = 0.6,
   labels = Sys.time() - (5:0) * time_frame_in_minutes)
axis(2, at = axTicks(2), las = 1, cex.axis = 0.6)
box()
allpars = par(no.readonly = TRUE)
while(TRUE) {
   start_ <- Sys.time()
   while(as.numeric(difftime(Sys.time(), start_, units = "mins")) <
      time_frame_in_minutes) {
     OHLC[4,number_of_candles] <- get_price()
     OHLC[2,number_of_candles] <- max(OHLC[2,number_of_candles],
       OHLC[4,number_of_candles])
OHLC[3,number_of_candles] <- min(OHLC[3,number_of_candles],
    OHLC[4,number_of_candles])
     frame()
     par(allpars)
     abline(h = axTicks(2), v=axTicks(1), col = rgb(.5,.5,.5),
       lty = 3)
     axis(1, at = axTicks(1), las = 1, cex.axis = 0.6,
       labels = Sys.time()-(5:0)*time_frame_in_minutes)
     axis(2, at = axTicks(2), las = 1, cex.axis = 0.6)
     box()
     for(i in 1:number_of_candles) {
       polygon(c(i, i + 1, i + 1, i),
         c(OHLC[1, i], OHLC[1, i], OHLC[4, i], OHLC[4, i]),
           col = ifelse(OHLC[1,i] <= OHLC[4,i],
             rgb(0,0.8,0), rgb(0.8,0,0)))
       lines(c(i+1/2, i+1/2), c(OHLC[2,i], max(OHLC[1,i],
         OHLC[4,i])))
       lines(c(i+1/2, i+1/2), c(OHLC[3,i], min(OHLC[1,i],
         OHLC[4,i])))
     }
     abline(h = OHLC[4, number_of_candles], col = "green",
       lty = "dashed")
   }
   OHLC <- OHLC[, 2:number_of_candles]
   OHLC <- cbind(OHLC, NA)
   OHLC[1,number_of_candles] <- OHLC[4,number_of_candles-1]
   }
}
```

可能需要一些时间和编程经验才能完全理解这个代码。下文总结了这个算法：在一个有限的循环中，读取价格数据，并把它作为 OHLC 存储在一个 4 行的矩阵中。每次矩阵的最后一列都重新计算，以保证在观测的时间区间内，H 是最高价格，L 是最低价格。当变量 time_frame_in_minutes 决定的时间到达时，矩阵列进行滚动，删掉最早的观测（第一列），每一列替换成下一列。考虑到最后一列是前一列的收盘价，最后一列中除了 O（开盘）价格之外都填上 NA，因此图形得以连续（译者著：原文第一列，疑有误）。其余的代码仅仅利用"多边形"方法画出 K 线（我们随后会看到，这也可以使用内置函数实现）。

调用这个函数来，看看发生了什么：

```
DrawChart(30,50)
```

更多关于数据操作的内容参见第 4 章。

10.2.4　内置的指标

R 有许多内置的指标，如简单移动平均（SMA）、指数移动平均（EMA）、相对强弱指标（RSI）以及著名的 MACD。它们构成了技术分析的一个组成部分，主要目标是可视化一个相对的基准，使你能够了解自己的资产是否超买，表现是否相对良好，或者与某些参考时期在战略层次相比较。关于这些指标每一个能做什么，以及如何把它们绘在你的图形上，在这里，你都能找到一个简要的解释。

SMA 和 EMA

移动平均是所有指标中最简单的：在滚动的基础上，它们显示了平均价格水平。例如，如果追踪 15 根 K 线的 SMA，它会给你之前 15 根 K 线的平均价格水平。显而易见，如果当前 K 线的时间到了而新的 K 线开始，SMA 会把之前的第一根 K 线移走而加入最新的一根，由此计算一个新的移动平均。SMA 和 EMA 的差别在于，SMA 对所有的 K 线赋予相等的权重，而 EMA 给出了指数型权重——并因此而得名，它对当前的 K 线给出比前一根赋予更高的权重。如果你希望基准既能更加切合当前价格水平，当价格水平变化时，它又能反应更迅速，这是一种好方法。它们是叠加的指标，可以直接画在图形上。

RSI

相对强弱指数是一个带状指标：它的值可以在 0 和 100 之间变化，伴随这个范围内的 3 条带。RSI 在 0~30 之间，意味着资产超卖，在 70~100 之间意味超买。RSI 通过相对强度比，判断价格变化的强度：上涨的收盘价均值除以下跌的收盘价均值（又叫作，绿色 K 线收盘价均值与红色 K 线收盘价均值的比值）。平均值的求和周期可以变化，70 最常用：

$$RSI = 100 - \frac{100}{(1+RS)}$$

其中，*RS*=（上涨收盘价的平均值）/（下跌收盘价的平均值）。

公式表明，这个指标常常给出信号，在强趋势中尤为频繁。因为价格可能会保持在超买或超卖的水平，使用这个指标需要很小心。需要结合一些其他类型的指标一起使用，或者类似趋势破坏者这样的图形模式，也称为失败震荡（failure swing）。比如，如果它显示你持有的资产在长期中超买，你可以考虑减小你的头寸规模，或者寻找警告信号。

在图 10-2 中，你可以看到如何追踪这个指标和移动平均：

```
library(quantmod)
bitcoin <- read.table("Bitcoin.csv", header = T, sep = ";", row.names = 1)
bitcoin <- tail(bitcoin, 150)
bitcoin <- as.xts(bitcoin)
dev.new(width = 20, height = 10)
chartSeries(bitcoin, dn.col = "red", TA="addRSI(10);addEMA(10)")
```

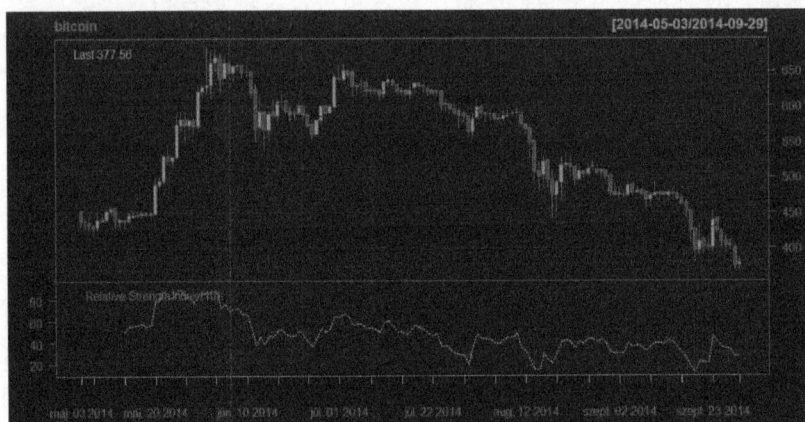

图 10-2　RSI 和移动平均

通过这张图，我们判断在这个时期，市场显得更加超卖。原因是，RSI 趋于保持在低区域，而且它已经数次触到了极端水平。

MACD

MACD（Mac Dee）表示移动平均额收敛-发散（Moving Average Convergence-Divergence）。它是一个慢的（26 天）和一个快的（12 天）指数移动平均的组合，是一种趋势跟踪指标：它给出的信号不多，但更精确。当快的 EMA 穿过慢的 EMA，MACD 给出信号。如果快线从下方上穿，信号表示买入；而从上方下穿是卖出信号（12 根 K 线的平均价格低于 26 根 K 线的长期平均）。EMA（12）的位置标记了趋势的一般方向，如它高于 EMA（26），市场是牛市。这个指标的重要局限是：在震荡中，MACD 会给出错误的警告，因此只在强趋势中使用。有些人也使用两条线之间距离变化的方向作为指标，绘成红色或绿色的直方图。如果出现 4 条同色的条形，趋势的强度得到确认。

可以使用不同的 R 包做技术分析：quantmod、ftrading、TTR，等等。我们主要依靠 quantmod。在这里，你能看到在一个之前保存过的数据集上，名为 Bitcoin.csv，如何追踪 MACD：

```
library(quantmod)
bitcoin <- read.table("Bitcoin.csv", header = T, sep = ";", row.names = 1)
bitcoin <- tail(bitcoin, 150)
bitcoin <- as.xts(bitcoin)
dev.new(width = 20, height = 10)
chartSeries(bitcoin, dn.col = "red", TA="addMACD();addSMA(10)")
```

可以在图 10-3 的下方看到 MACD，它有强烈的向下趋势，这给出有效的信号。

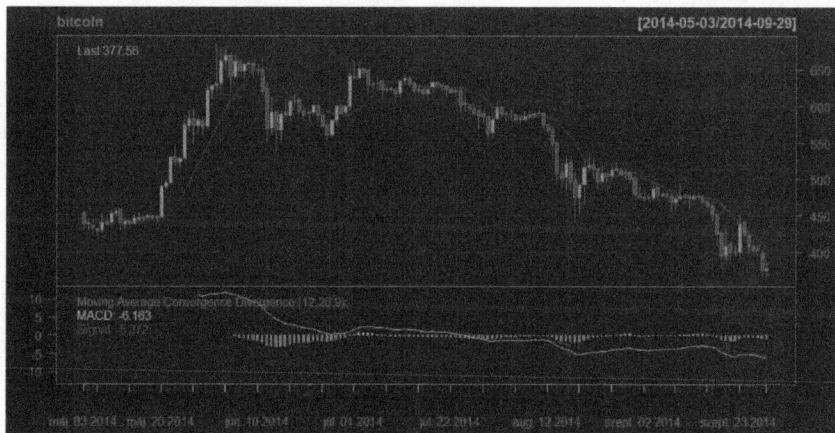

图 10-3　MACD

10.2.5　K 线模式：关键反转

现在你已经对 R 的技术分析特征有了总体认识。我们来编写一个非常简单的策略程序。下面的脚本识别了关键反转，一种处于策略价格水平的 K 线图模式。

为了实现它，我们应用下面的对偶原理来做阐释：首先，我们给出什么是战略价格水平的自由定义。比如，对价格底部（底部可以是 K 线实体的最低点）单调增长的价格变动，并且它的 MA（25）水平高于前 25 个 K 线测量的 MA（25），我们识别为成熟增长的趋势。我们在此强调，这并非标准的技术分析工具，而且我们需要恰当选择它的参数，使模型最能拟合我们所处理的比特币的真实图形。如果你打算把这些模型应用于其他资产，一定要把它的参数调整到拟合性最好的水平。这不是它自己的趋势识别算法，仅仅是我们信号系统的一部分。

如果这种算法在成熟趋势中识别了一种战略价格水平，如果有某种 K 线模式出现，这种趋势就会被破坏，我们就开始寻找关键反转。关键反转是一种趋势破坏的 K 线模式。当前一个趋势的最后一根 K 线指向趋势本身的相同方向时（绿色代表上升趋势，红色代表下降趋势），价格突然转向，下一根 K 线的实体更大，并指向与趋势不同的方向。这时，关键反转就发生了。趋势破坏的 K 线开始时应该至少和前一根 K 线一样高，否则报价会不连续，在上升趋势中会高于收盘价，在下降趋势中会低于收盘价。图 10-4 中，可以看到上升趋势中的关键反转。

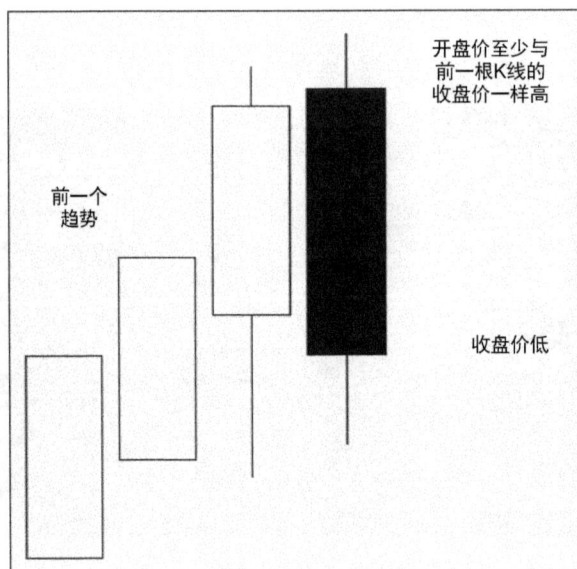

图 10-4　上升趋势的关键反转

这里是识别这个模式的函数的代码。

在之前比特币的部分，我们使用了多边形方法自己创建 K 线图。在这里，我们使用 quantmod 包和 chartSeries 函数把这项工作打包在 OHLC 函数中，这样使这项工作更灵活、更轻松。

```
library(quantmod)
OHLC <- function(d) {
  windows(20,10)
  chartSeries(d, dn.col = "red")
}
```

下面的函数取时间序列和两个指标（i 和 j）作为参数，并且决定从 i 到 j 是否存在上升的趋势：

```
is.trend <- function(ohlc,i,j){
```

首先，如果 MA（25）没有上升，那么这也不会是上升的趋势，因此我们返回 FALSE。

```
avg1 = mean(ohlc[(i-25):i,4])
avg2 = mean(ohlc[(j-25):j,4])
if(avg1 >= avg2) return(FALSE)
```

在这个简单算法中，如果 K 线实体的底部低于前一根 K 线和后一根 K 线的底部，称它为山谷（valley）。如果这些山谷作成了单调不降的序列，我们就得到了上升的趋势。

```
ohlc <- ohlc[i:j, ]
  n <- nrow(ohlc)
  candle_l <- pmin(ohlc[, 1], ohlc[, 4])
  valley <- rep(FALSE, n)
  for (k in 2:(n - 1))
    valley[k] <- ((candle_l[k-1] >= candle_l[k]) &
        (candle_l[k+1] >= candle_l[k]))
  z <- candle_l[valley]
  if (all(z == cummax(z))) return(TRUE)
  FALSE
}
```

这就是趋势识别。我们来看看趋势反转。首先，我们通过前面的函数，检查上升趋势的条件。然后，我们检查最后两根 K 线，寻找反转模式。就是这样。

```
is.trend.rev <- function(ohlc, i, j) {
  if (is.trend(ohlc, i, j) == FALSE) return(FALSE)
  last_candle <- ohlc[j + 1, ]

  reverse_candle <- ohlc[j + 2, ]
```

```
    ohlc <- ohlc[i:j, ]
    if (last_candle[4] < last_candle[1]) return(FALSE)
    if (last_candle[4] < max(ohlc[,c(1,4)])) return(FALSE)
    if (reverse_candle[1] < last_candle[4] |
        reverse_candle[4] >= last_candle[1]) return(FALSE)
    TRUE
}
```

我们已经脱离困境。现在，我们可以在真实数据上应用。我们只需要读入比特币数据并对它运行趋势反转识别程序。如果有一个至少 10 根 K 线的反转趋势，我们就把它画出来。

```
bitcoin <- read.table("Bitcoin.csv", header = T, sep = ";", row.names =
1)
n <- nrow(bitcoin)
result <- c(0,0)
  for (a in 26:726) {
    for (b in (a + 3):min(n - 3, a + 100)) {
      if (is.trend.rev(bitcoin, a,b) & b - a > 10 )
        result <- rbind(result, c(a,b))
      if (b == n)
        break
    }
}

z <- aggregate(result, by = list(result[, 2]), FUN = min)[-1, 2:3]
for (h in 1:nrow(z)) {
  OHLC(bitcoin[z[h, 1]:z[h, 2] + 2,])
  title(main = z[h, ])
}
```

10.2.6   评估信号和管理头寸

我们的代码成功地识别了 4 个关键反转，包括比特币价格中的历史转变点，给出了良好的短期做空信号。我们可以下结论，信号是成功的，唯一待做的事是明智的使用。

了解到比特币的基本面（它作为一种地下货币被接受，从之前的核心市场驱逐出，如中国），投资者可能已经获取丰厚的利润，同时跟从如图 10-5 所示中的信号（图 10-5 中的最后一根 K 线）。

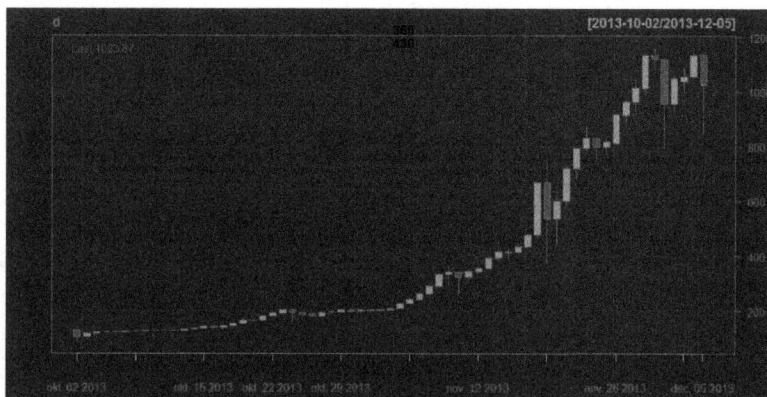

图 10-5 比特币

当设置止盈和止损的时候，技术分析是有用的，换句话说，就是管理你的头寸。如果你选择在出现这个信号时卖出，可以进行如下的设置。

你想要卖出的系统信号在 2013 年 12 月 5 日，价格为 1023.9 美元（原文 10239 美元，疑有误），是图 10-5 的最后一根 K 线，在接下来的图 10-6 中使用一个箭头强调。你决定开始建立一个头寸。因为比特币的价格涨落非常厉害，特别是在之前的一个指数型趋势之后，你决定把止损设置在历史高点 1163，因为你不想由于错误的冲高回落来关闭头寸。

在图 10-6 中，你能看到这个方法是合理的。在价格下跌之后，波动率显著增加而阴影增长。

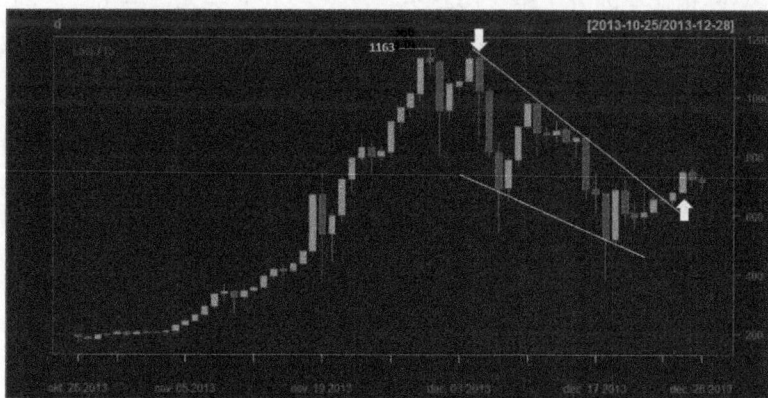

图 10-6 比特币上的头寸

到 2013 年底，如果你连接 K 线实体的顶部，可以追踪出一条假定的趋势线（白色，手工画出）。看起来，在底部存在一条更低的趋势线形式，有更低的斜率，给出了一个三角形。我们说，如果价格在三角形达到总长度的 3/4 时就突破它，这个三角形在图形上是有效的。

发生的事情是这样的：在 2013 年 12 月 26 日，日 K 线图用一个大的绿色 K 线（由箭头标出）向上突破了趋势线。MACD 交叉，给出了强烈的牛市信号。如果不是之前的状况，我们就在这个 K 线实体的顶部 747 元关闭头寸。因此，我们在这次交易中，赚了 276.9 美元，或者 27%。

10.2.7   关于资金管理的一句话

来看一下这个交易的风险的一面，以此说明，技术分析可用来管理你的风险暴露。因此最好的方法是计算你的风险-回报比率，由下面的公式给出：

风险-回报比率=预期收益/单位风险

这个分母容易定义，就是头寸的可能损失，（1163.0-1023.9）=139.1 美元，就激活止损的情况来说。分子，可以通过斐波那契回撤来近似的潜在收益，一种使用黄金分割来预测可能的价格回复的工具，在这种指数型趋势中特别有用。你可以在来自 https://bitcoinwisdom.com/的图 10-7 中看到。

如果把趋势的高度取为 100%，当趋势突变时，你可以期望价格会触到斐波那契水平线。既然关键反转是一个强烈的信号，我们取 38.2%，等于 747.13 美元，期望价格可以下降到这里。所以风险-回报比率的分子是（1023.9-747.1）=276.8 美元，给出最终的结果是 276.8/139.1=1.99，意味着每一美元风险的事前利润很可能为 1.99 美元。这是一种很好的潜力，这笔交易应该认可。

无论何时你考虑进入一个头寸，计算你期望得到多少收益，并与你的风险有多大相比较。如果它低于 3/2，这个头寸并不好；如果低于 1，你应该完全忘掉这笔交易。提高风险收益比率的可能方法是，设置一个更紧密的止损，或选择一个更强烈的信号。如果你想在交易中成功，不要忘记技术分析，它们可以提供有用的风险管理策略。

图 10-7　比特币价格的斐波那契回撤

10.2.8　小结

技术分析，特别是目前的图形学家方法，是高度直觉化的，分析金融资产的图形方法。它使用支撑-阻力水平，图形和 K 线模式以及指标，来预测未来的价格运动。R 使我们免费取得实时数据，并把它们画成 OHLC 图形，在图形上画出指标，并接收关键性反转——一种 K 线图模式的自动信号。我们使用了其中一种方法，来说明真实的头寸如何手动管理，并说明技术分析的吸引力不仅在于告诉你何时开始一个头寸，也在于告诉你何时结束一个头寸，并通过使用风险管理实践计算了信号强度。

10.3　神经网络

神经网络（neural networks，NN）由于自身前沿的数学背景，很长时间停留在学术圈，而后随着运用的形式更加实用——就像 R 的内置函数，迅速增长广为流行。神经网络是人工智能适应性软件，可以在数据中识别复杂模式：它就像是一个老交易者，市场直觉非常好，但并不能总给你解释为什么要说服你应该做空道琼斯平均工业指数（DIJA）。

网络架构包括一组通过链接联系在一起的节点。网络常常有 3 或 4 层：输入层、隐藏层和输出层，而且在每一层可以发现数个神经元。第一层的节点个数对应模型解释变量的个数，而最后一层的节点个数等于响应变量的个数（通常，二元目标变量有两个神经元，或者连续目标变量有一个神经元）。模型的复杂性和预测能力由隐藏层的节点个数决定。通常，一层的每个节点会连接到下一层的所有其他节点，而且边代表权重（见图 10-8）。每个神经元从前一层接收输入，而且通过使用非线性函数，转化为下一层的输入。

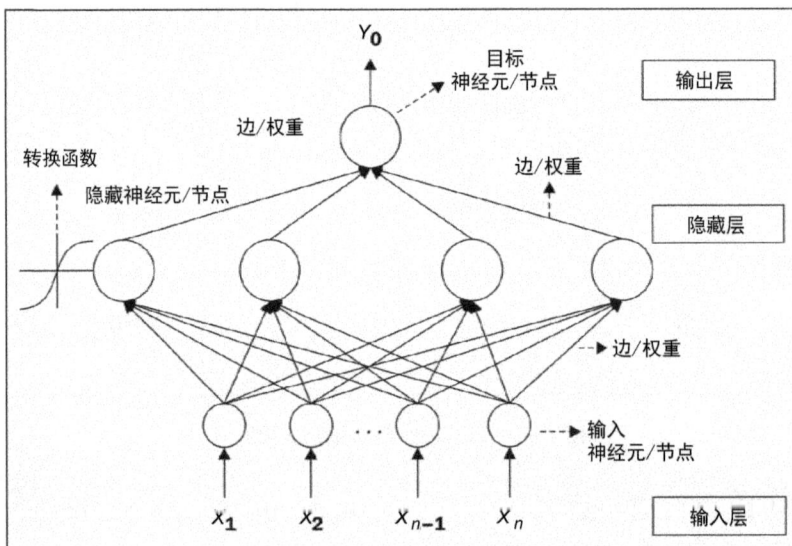

图 10-8　多层感知神经网络

包含一个隐藏层的前馈神经网络，几乎在任何类型的复杂问题中都可以发挥作用（Chauvin-Rumelhart，1995），这是为什么研究者常常使用的原因。（Sermpinis et al., 2012；Dai et al, 2012）Atsalakis-Valavanis（2009）指出，属于前馈神经网络家族的多层感知模型（multi-layer precepton，MLP）对预测金融时间序列最为有效。根据（Dai et al, 2012），图 10-8 描述了一个 3 层的 MLP 神经网络。

首先，要对连接权重（边的值）赋初始值。再将预测值和真实输出值之间的误差通过网络反向传播，使权重更新。然后，有监督的学习过程试图最小化想要得到的和预测得到的输出之间的误差（通常是 MSE、RMSE 或 MAPE）。因为在隐藏层中包含特定数目的神经元的网络在要学习的数据中学习到任何联系（甚至是离群点和噪声），通过尽早停止学习算法可以阻止过度学习。当测试片段达到它的最小值时，网络的学习过程停止。然后，使用给定的参数，网络需要在有效的片段上运行，见（Wang et al., 2012）。

当创建并运行自己的神经网络时，你会面临许多应用问题。比如，选择合适的网络拓扑、选择和变换输入变量、输出变量方差的减少以及最重要的过拟合减少。过拟合指这样一种状况，在训练集上的误差很小，而在新数据上拟合网络时误差非常大。它意味着网络仅仅记住了训练的例子，但没有成功地理解联系的一般结构。为了避免过拟合，我们需要把数据分割为 3 个子集：训练集、评估集和测试集。训练集通常占到全部数据的 60%～70% 的比例，用来学习和训练网络参数。评估集（10%～20%）用来做过拟合效应最小化以及调整参数，例如，选择神经网络中隐藏节点的个数。测试集（10%～20%）仅仅用于检验最后的方案，目的是确认网络的预测能力。

10.3.1 预测比特币价格

来看看神经网络如何在实践中发挥作用。这个例子应用了基于比特币收盘价预测的交易策略。分析时段选为 2013 年 8 月 3 日到 2014 年 5 月 8 日。数据集中共有 270 个数据点，前 240 个数据点我们用作训练样本，而剩余的 30 个点用作测试样本（9 个月时长的预测模型在最后一个月上测试）。

首先，我们从 Bitcoin.csv 下载数据集，可以从本书的网站上找到。

```
data <- read.csv("Bitcoin.csv", header = TRUE, sep = ",")
data2 <- data[order(as.Date(data$Date, format = "%Y-%m-%d")), ]
price <- data2$Close
HLC <- matrix(c(data2$High, data2$Low, data2$Close),
  nrow = length(data2$High))
```

第二，我们计算对数日收益率，并安装 TTR 包，生成技术分析指标。

```
bitcoin.lr <- diff(log(price))
install.packages("TTR")
library(TTR)
```

这 6 个技术指标为建模而选择，受到研究者以及专业投资者广泛和成功的运用。

```
rsi      <- RSI(price)
MACD     <- MACD(price)
macd     <- MACD[, 1]
will     <- williamsAD(HLC)
cci      <- CCI(HLC)
```

```
STOCH    <- stoch(HLC)
stochK   <- STOCH[, 1]
stochD   <- STOCH[, 1]
```

对训练和评估数据集，我们创建输入和目标矩阵。训练和评估数据集包括 2013 年 8 月 3 日（700）到 2014 年 4 月 8 日（940）间的收盘价和技术指标。

```
Input <- matrix(c(rsi[700:939], cci[700:939], macd[700:939],
   will[700:939], stochK[700:939], stochD[700:939]), nrow = 240)
Target <- matrix(c(bitcoin.lr[701:940]), nrow = 240)
trainingdata <- cbind(Input, Target)
colnames(trainingdata) <- c("RSI", "CCI", "MACD", "WILL",
   "STOCHK", "STOCHD", "Return")
```

现在，为了划分学习的数据集，我们安装并载入 caret 包。

```
install.packages("caret")
library(caret)
```

按 90%～10%（训练-评估）的比例划分学习数据集。

```
trainIndex <- createDataPartition(bitcoin.lr[701:940],
   p = .9, list = FALSE)
bitcoin.train <- trainingdata[trainIndex, ]
bitcoin.test <- trainingdata[-trainIndex, ]
```

安装并载入 nnet 包。

```
install.packages("nnet")
library(nnet)
```

通过格点搜索的方法选择合适的参数（隐藏层的神经元个数、学习率）。网络输入层包含 6 个神经元（根据解释变量的个数），同时在隐藏层中测试 5，12，…，15 个神经元的网络。网络产生一个输出：比特币的日收益。模型在学习过程中以低学习率被测试。所用的收敛准则是这样一个规则，如果达到 1000 次迭代，就中断学习过程。在测试集中，最优结果最后选择了 RMSE 最低的网络拓扑结构。

```
best.network <- matrix(c(5, 0.5))
best.rmse <- 1
for (i in 5:15)
   for (j in 1:3) {
```

```
bitcoin.fit <- nnet(Return ~ RSI + CCI + MACD + WILL + STOCHK +
    STOCHD, data = bitcoin.train, maxit = 1000, size = i,
      decay = 0.01 * j, linout = 1)
bitcoin.predict <- predict(bitcoin.fit, newdata = bitcoin.test)
bitcoin.rmse <- sqrt(mean
    ((bitcoin.predict-bitcoin.lr[917:940])^2))
if (bitcoin.rmse<best.rmse) {
  best.network[1, 1] <- i
  best.network[2, 1] <- j
  best.rmse <- bitcoin.rmse
 }
}
```

在这步，我们为测试集创建了输入和目标矩阵。测试数据集包括 2013 年 4 月 8 日（940）到 2014 年 5 月 8 日（969）之间的收盘价和技术指标。

```
InputTest <- matrix(c(rsi[940:969], cci[940:969],
  macd[940:969], will[940:969], stochK[940:969],
    stochD[940:969]), nrow = 30)
TargetTest <- matrix(c(bitcoin.lr[941:970]), nrow = 30)
  Testdata <- cbind(InputTest,TargetTest)
colnames(Testdata) <- c("RSI", "CCI", "MACD", "WILL",
  "STOCHK", "STOCHD", "Return")
```

最后，我们在测试数据上拟合最好的神经网络。

```
bitcoin.fit <- nnet(Return ~ RSI + CCI + MACD + WILL +
  STOCHK + STOCHD, data = trainingdata, maxit = 1000,
    size = best.network[1, 1], decay = 0.1 * best.network[2, 1],
      linout = 1)
bitcoin.predict1 <- predict(bitcoin.fit, newdata = Testdata)
```

为了消除离群的网络，我们对模型重复并求平均了 20 次。

```
for (i in 1:20) {
  bitcoin.fit <- nnet(Return ~ RSI + CCI + MACD + WILL + STOCHK +
  STOCHD, data = trainingdata, maxit = 1000,
    size = best.network[1, 1], decay = 0.1 * best.network[2, 1],
      linout = 1)
  bitcoin.predict <- predict(bitcoin.fit, newdata = Testdata)
  bitcoin.predict1 <- (bitcoin.predict1 + bitcoin.predict) / 2
}
```

在测试数据集上，我们计算了买入并持有的基准策略和神经网络策略的结果。

```
money <- money2 <- matrix(0,31)
money[1,1] <- money2[1,1] <- 100
for (i in 2:31) {
  direction1 <- ifelse(bitcoin.predict1[i - 1] < 0, -1, 1)
  direction2 <- ifelse(TargetTest[i - 1] < 0, -1, 1)
  money[i, 1] <- ifelse((direction1 - direction2) == 0,
    money[i-1,1]*(1+abs(TargetTest[i - 1])),
      money[i-1,1]*(1-abs(TargetTest[i - 1])))
  money2[i, 1] <- 100 * (price[940 + I - 1] / price[940])
}
```

根据基准以及测试数据集（一个月）上的神经网络策略，我们画出投资价值（见图 10-9）。

```
x <- 1:31
matplot(cbind(money, money2), type = "l", xaxt = "n",
  ylab = "", col = c("black", "grey"), lty = 1)
legend("topleft", legend = c("Neural network", "Benchmark"),
  pch = 19, col = c("black", "grey"))
axis(1, at = c(1, 10, 20, 30),
  lab = c("2014-04-08", "2014-04-17", "2014-04-27", "2014-05-07"))
box()
mtext(side = 1, "Test dataset", line = 2)
mtext(side = 2, "Investment value", line = 2)
```

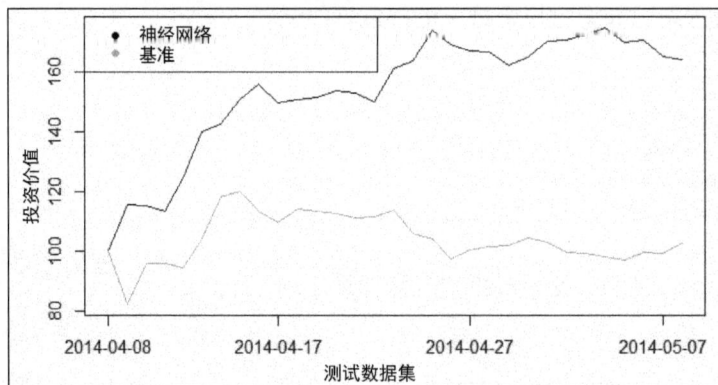

图 10-9　测试集上的投资收益与基准比较

10.3.2　策略评价

我们注意到，在这个示例中，从已实现回报的角度看，神经网络策略的表现优于"买入并持有"策略。通过神经网络，我们达到了 20%的月回报率，同时消极地买入并持有策略只有 3%。但是，我们没有考虑交易成本、买-卖报价差以及价格影响，这些因素会明显地减少神经网络的利润。

10.4　对数优化组合

与之前的观点相反，我们现在假定，在市场上存在着有限个风险资产。这些资产连续交易，不发生任何交易成本。投资者分析历史市场数据并且基于此，可以在每天结束时重置他的资产组合。她怎样才能在长期中使财富最大化？如果回报独立于时间，那么市场是弱式有效的，收益率的时间序列没有记忆性。比如，如果回报率也是独立同分布的（i.i.d），最优策略是，根据马可维茨模型（参见 Daróczi et al. 2013）设置组合权重，并且在整个时间区间上保持权重固定。在这种设置下，任何重新安排都会在长期中对组合值有负效应。

现在，我们暂停纵向独立的假设，因此允许资产回报率中有隐模式，那么市场是无效的，并且，分析历史价格运动是有意义的。我们保持的唯一假设是，资产回报率由平稳而且遍历的过程生成。可以表明，这种最佳选择就是所谓的对数最优组合（logoptimal portfolio），见 Algoet-Cover（1988）。更精确说，没有比对数最优化组合有预期回报渐进更高的其他投资组合。问题在于，为了决定对数最优组合，投资者需要了解收益率的生成过程。

但是，当我们对基础资产的随机过程一无所知时，在一个更现实的设定中，我们还能做什么？如果一种策略可以保证，平均增长率渐进近似于任何平稳和遍历的生成过程的对数最优化策略，那么这种策略称为普遍一致的（universally consistent）。这是令人吃惊的，但是，普遍一致的策略是存在的，参见 Algoet-Cover（1988）。于是，基本的想法就是，搜索过去的模式，寻找那些与最近观察到的模式很相似的。然后，基于这种模式预测未来的收益率，并且优化与这种预测相关的组合。相似性的概念可以按不同的方法定义，因此我们可以使用不同的方法，比如，分割估计量、基于估计量的核心函数及最近邻估计量。为了演示，在下一小节，我们给出一个简单的普遍一致性的策略，它来自于 Györfi et al.(2006)，是基于核心函数的方法。

10.4.1　普遍一致、非参数的投资策略

我们假定市场上有不同的股票可以交易。向量 b 包含组合权重，权重可以每天重新安排。我们假定，组合权重是非负的（不允许卖空），而且权重和总是 1（组合必须是自融资的）。向量 x 包含价格关系 $\left(\dfrac{P_{i+1}}{P_i}\right)$，这里 P 表示第 i 天的收盘价。投资者的初始财富是 S_0，

因此在第 n 期末，他的财富如下：

$$S_n = S_0 \prod_{j=1}^{d} b^{(j)} x^{(j)} = S_0 <b,x> = S_0 e^{nW_n(B)}$$

在这里，$<b,x>$ 表示两个向量的内积，n 是我们采取投资策略的天数，W_n 是这 n 天的对数回报率均值，并且 B 表示使用的所有 b 向量。因此，任务是决定一种重新配置的规则，要按照 W_n 可以在长期中实现最大化的方式。在这里，我们给出一种简单的普遍一致策略，能够处理这个有吸引力的问题。设 J_n 表示这些交易日的集合，按照欧式距离与最近交易日相似的交易日。它由下面公式决定：

$$J_n = \{i \leqslant n \mid \|X_{i-1} - X_{n-1}\| \leqslant r_l\}$$

其中，r_l 表示由第 1 个专家选择的最大容许距离（半径）。根据第 1 个专家在第 n 天的对数最优组合，可以按照下面的方法表达：

$$h^{(l)} = \arg\max_b \sum_{i \in J_n} ln <b,x>$$

为了获得一个均衡并稳健的策略，我们定义了使用不同半径的不同专家（组合管理者），而且根据权重向量 q 把财富配置给不同的专家。权重可以是相同的，也可以根据专家之前的表现或者其他的特征设定。根据我们组合几位专家意见的方法，在第 n 天的财富是：

$$S_n(B) = \sum_l q_l S_n(h^{(l)})$$

假设我们是一个专家，并且使用上述策略，考虑 4 只纽约证券交易所（NYSE）股票（aph, alcoa, amerb 和 coke），再加上一只美国国库券，时间样本选择 1997 年到 2006 年间，而且使用一个窗宽一年的移动窗口。为了这个例子，数据可以从 http://www.cs.bme.hu/~oti/portfolio/data.html 这里下载。

首先，读入数据：

```
all_files <- list.files("data")
d <- read.table(file.path("data", all_files[[1]]),
        sep = ",", header = FALSE)
colnames(d) = c("date", substr(all_files[[1]], 1,
    nchar(all_files[[1]]) - 4))
for (i in 2:length(all_files)) {
d2 <- read.table(file.path("data", all_files[[i]]),
```

```
    sep = ",", header = FALSE)
colnames(d2) = c("date", substr(all_files[[i]], 1,
    nchar(all_files[[i]])-4))
d <- merge(d, d2, sort = FALSE)
}
```

这个函数计算组合的预期值，与我们预先设置的半径（r）决定的组合权重相一致。

```
log_opt <- function(x, d, r = NA) {
  x <- c(x, 1 - sum(x))
  n <- ncol(d) - 1
  d["distance"] <- c(1, dist(d[2:ncol(d)])[1:(nrow(d) - 1)])
  if (is.na(r)) r <- quantile(d$distance, 0.05)
  d["similarity"] <- d$distance <= r
  d["similarity"] <- c(d[2:nrow(d), "similarity"], 0)
  d <- d[d["similarity"] == 1, ]
  log_return <- log(as.matrix(d[, 2:(n + 1)])) %*% x
  sum(log_return)
}
```

这个函数计算了某特定日的优化组合权重。

```
log_optimization <- function(d, r = NA) {
  today <- d[1, 1]
  m <- ncol(d)
  constr_mtx <- rbind(diag(m - 2), rep(-1, m - 2))
  b <- c(rep(0, m - 2), -1)
  opt <- constrOptim(rep(1 / (m - 1), m - 2),
    function(x) -1 * log_opt(x, d), NULL, constr_mtx, b)
  result <- rbind(opt$par)
  rownames(result) <- today
  result
}
```

现在，对所有找到的相似交易日进行组合权重的最优化。同时，计算每天的投资组合真实值。

```
simulation <- function(d) {
  a <- Position( function(x) substr(x, 1, 2) == "96", d[, 1])
  b <- Position( function(x) substr(x, 1, 2) == "97", d[, 1])
  result <- log_optimization(d[b:a,])
  result <- cbind(result, 1 - sum(result))
  result <- cbind(result, sum(result * d[b + 1, 2:6]),
```

```
            sum(rep(1 / 5, 5) * d[b + 1, 2:6]))
        colnames(result) = c("w1", "w2", "w3", "w4", "w5",
          "Total return", "Benchmark")
        for (i in 1:2490) {
          print(i)
          h <- log_optimization(d[b:a + i, ])
          h <- cbind(h, 1 - sum(h))
          h <- cbind(h, sum(h * d[b + 1 + i, 2:6]),
            sum(rep(1/5,5) * d[b + 1 + i, 2:6]))
          result <- rbind(result,h)
        }
        result
    }
    A <- simulation(d)
```

最后，我们及时绘出投资价值。

```
matplot(cbind(cumprod(A[, 6]), cumprod(A[, 7])), type = "l",
    xaxt = "n", ylab = "", col = c("black","grey"), lty = 1)
legend("topright", pch = 19, col = c("black", "grey"),
    legend = c("Logoptimal portfolio", "Benchmark"))
axis(1, at = c(0, 800, 1600, 2400),
    lab = c("1997-01-02", "2001-03-03", "2003-05-13", "2006-07-17"))
```

得到图 10-10 所示的结果。

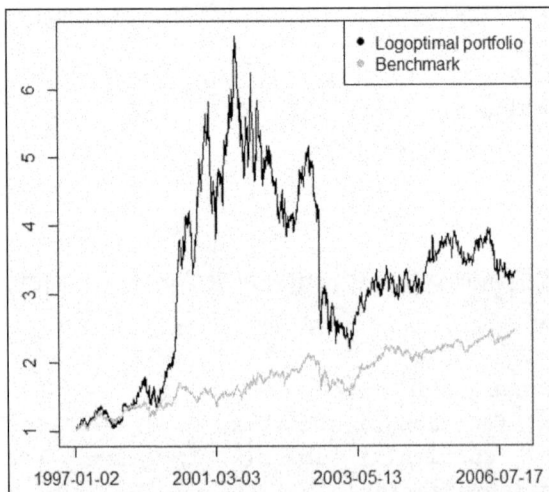

图 10-10　对数最优组合的投资收益与基准比较

10.4.2 策略的评价

在图 10-10 中，我们可以看到对数最优策略的表现，优于消极基准——等权重且权重固定不随时间变化的组合。但是，很明显地，不仅平均值而且投资价值的波动率，都比前者的情形下高很多。

可以从数学上证明，存在非参数的投资策略，可以有效揭示已实现收益率中的隐模式，并可以为了达到一种"几乎"最优的投资者财富增长率而进行扩展。为此，我们不需要知道基础资产的过程，唯一的假设是过程是平稳且遍历的。但是，我们不能保证这个假设能在现实中成立。同样重要的是，强调这些策略仅在渐进意义下最优，但我们对潜在路径的短期特征所知甚少。

10.5 小结

在本章中，我们不仅概述了技术分析，也介绍了一些对应的策略，如神经网络和对数优化组合。这些方法在以下情形下运用是相似的，我们隐含地假设过去的情况会在未来重现。因此，我们鼓起勇气挑战市场有效性的概念，并建立一个积极的投资策略。在这种设置下，我们讨论了单个资产（比特币）的价格预测问题，优化了交易的择时，并用动态的方式优化了几个风险资产（NYSE 股票）。我们说明了，相对于消极的买入并持有策略，某些基于 R 提供的工具箱的简单算法，可以产生显著的超额收益。但是，我们也注意到，一种综合的表现分析不仅关注平均回报，同时关注相应的风险。因此，我们建议，策略优化需要照顾到下跌、波动率和其他的风险测量。当然，你必须意识到所述方法的局限性。你无法确切了解收益率的生成过程。如果你频繁交易，需要付出许多交易成本，而且你收入越多，越容易受到不利价格的影响，等等。但是，我们非常希望你得到新的灵感和有用的提示，来开发你自己的复杂交易策略。

10.6 参考文献

- Algoet, P.; Cover, T. (1988) *Asymptotic optimality, asymptotic equipartition properties of logoptimal investments*, Annals of Probability, 16, pp. 876—898.

- Atsalakis, G. S. Valavanis, K. P. (2009) *Surveying stock market forecasting techniques-Part II*. Soft computing methods. Expert Systems with Applications, 36(3), pp. 5932—

5941.

- Bajgrowicz, P; Scaillet, O. (2012) *Technical trading revisited: False discoveries, persistence tests, and transaction costs*, Journal of Financial Economics, Vol. 106, pp. 473—491.

- Chauvin, Y.; Rumelhart, D. E. (1995) *Back propagation: Theory, architectures,and applications*. New Jersey: Lawrence Erlbaum associates.

- Dai, W.; Wu, J-Y.; Lu, C-J. (2012) *Combining nonlinear independent component analysis and neural network for the prediction of Asian stock market indexes*. Expert Systems with Application, 39(4), pp. 4444—4452.

- Daróczi, G. et al. (2013) *Introduction to R for Quantitative Finance*, Packt.

- Györfi, L.; Lugosy, G.; Udina, F. (2006) *Non-parametric Kernel-based sequential investment strategies*, International Journal of Theoretical and Applied Finance, 10, pp. 505—516.

- Sermpinis, G.; Dunis, C.; Laws, J.; Stasinakis, C. (2012) *Forecasting and trading the EUR/USD exchange rate with stochastic Neural Network combination and time-varying leverage*. Decision Support Systems, 54(1),pp. 316—329.

- Tajaddini, R.; Falcon Crack, T. (2012) *Do momentum-based trading strategies work in emerging currency markets?*, Journal of International Financial Markets, Institutions & Money, Vol. 22, pp. 521—537.

- Wang, J. J.; Wang, J. Z.; Zhang, Z. G.; Guo, S. P. (2012) *Stock index forecasting based on a hybrid model*. Omega, 40(6), pp. 758—766.

- Zapranis, A.; T. E. Prodromos (2012) *A novel, rule-based technical pattern identification mechanism: Identifying and evaluating saucers and resistant levels in the US stock market, Expert Systems with Applications*, Vol. 39,pp. 6301—6308.

- Zwart, G.; Markwat, T.; Swinkels, L.; van Dijk, D. (2009) *The economic value of fundamental and technical information in emerging currency markets,Journal of International Money and Finance*, Vol. 28. pp. 581—604.

第 11 章
资产和负债管理

本章介绍了如何对商业银行的资产和负债管理（asset and liability management，ALM）使用 R 语言。银行的 ALM 功能在传统上，与银行账面头寸的利率风险和流动性风险的管理相联在一起。利率头寸和流动性的风险管理都要求对银行产品建模。目前，专业的 ALM 单元使用了复杂的企业风险管理（Enterprise Risk Management，ERM）框架。这个框架可以包含所有类型的风险管理，并为 ALM 控制平衡表提供了足够的工具。我们总的目标是建立 ALM 的简化框架，以此阐明对特定的 ALM 任务如何使用 R 语言。这些任务基于利率、流动性风险管理和非到期账目的建模。

本章的结构如下。我们始于 ALM 分析的数据准备过程。过程的规划和度量都需要银行帐目、市场条件及商业策略的相关专门信息。这部分建立了一个数据管理工具，包含了主要的输入数据集，并把数据提取为本章剩余部分会使用到的格式。

接下来，我们将会处理利率的风险度量。在银行业，通常用两种方法定义银行账目中的利率风险。较简单的技术使用缺口重定价的表格分析，来管理利率风险暴露和为了预测管理净利率收入（net interest income，NII）计算并行的收益率曲线冲击，并计算权益市值（market value of equity，MVoE）。更高级的技术使用资产负债表的动态模拟和利率变化的随机模拟。选择哪一种工具取决于目标和资产负债表的结构。

例如，储蓄银行（负债方是客户的定期存款，资产方是固定债券投资）关注权益风险的市值，而企业银行（浮动利率头寸）则重视净利率的收入风险。我们阐明如何通过 R 有效地提供缺口重定价的表格和净利率收入的预测。

我们的第三个主题与流动性风险有关。我们定义了 3 种类型的流动性风险：结构化、资金和突发风险。资产和负债方合约期限的不同引起了结构化的流动性风险。商业银行通常收集短期的客户存款，并把所获资金配置到客户的长期贷款中。结果，因为不确定有多少到期的短期客户资金会展期，银行被暴露在负债方的展期风险之下，这会损害银行的偿付能力。展期中会发生资金的流动性风险，这指的是资金更新成本的不确定性。在日常业务中，银行虽然可以将到期的同业存单做展期，但处理成本高度依赖于市场中可获得的流动性。突发风险指意外情境下的客户行为。例如，定期存款突然被提取，或者客户突然对贷款提前还款，这些都是突发风险。当 ALM 通过管理银行头寸来处理结构化风险和资金的流动性风险时，偶突发风险只能通过缓冲流动性资产来对冲。我们展示了如何建立流动性缺口表格和预测净财务需求。

在本章的最后一节，我们将关注未到期产品的建模。客户产品可以根据它们的期限结构和利率行为分类。典型的未到期负债产品的例子是活期存款和没有任何提取通知时期的储蓄账户。客户可以随时提取自己的资金，而银行有权修正提供的利率。在资产方，透支额与信用卡表现出非常相似的特征。未到期产品的复杂模型使得 ALM 的工作很有挑战性。在实践中，未到期产品的建模意味着现金流分布的映射、需求的利率弹性估计和在内部转移资金定价（funds transfer pricing，FTP）系统中分析流动性相关分析。在这里，我们展示了如何度量未到期存款的利率敏感性。

11.1 数据准备

复杂的 ERM 软件在银行业是基本工具，用来确定净利率收入和收益市值风险的数值，并用来准备特别关于资产和负债组合、缺口重定价，以及流动性头寸的报告。我们建立一个简单的模拟，并使用 R 报告环境，它能够重复商用 ALM 软件解决方案的关键特征。

典型的 ALM 数据处理遵循所谓的提取、转换及载入（extract, transform and load，ETL）逻辑，如图 11-1 所示。

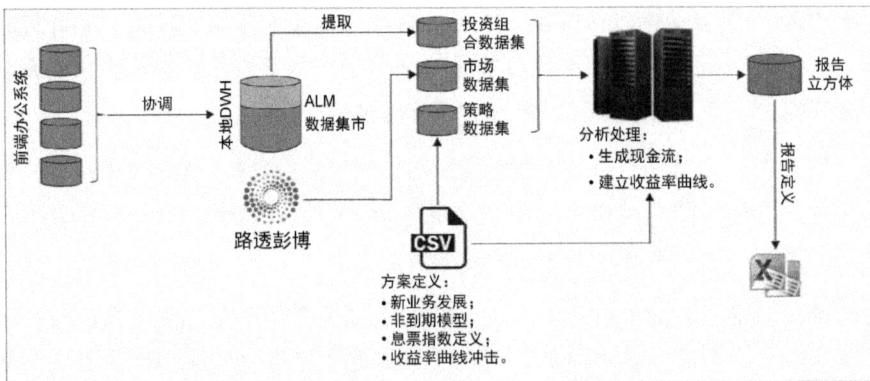

图 11-1 典型 ALM 数据处理的流程图

提取，是数据处理的第一个阶段，意味着银行已经从本地数据仓库（DWH）、中台、控制或者会计系统收集了交易级别和基于账户的源数据。为了节约计算时间、内存和存储空间，全部平衡表（这里叫作一个组合）的源数据也悉数提取。而且，按照给定的维度（例如，通过货币面额、利率行为、分期结构等）聚合单个交易级别的数据。市场数据（如收益率曲线、市场价格和波动率曲面）也在一个原始数据集中准备好。下一步是设置模拟参数（例如，收益率曲线冲击和更新业务的增量），我们称之为策略。为了简化，我们在这里将这个策略简化为保持既有组合，从而使负债表保持相同的预测周期。

在转换阶段，综合组合、市场和策略数据，并转换成新结构，用以进一步分析。用我们的术语来讲，这意味着现金流量表通过组合和市场描述符生成，并转换成了一种精细的数据格式。

在载入阶段，结果写入一张报告表。通常来讲，用户可以定义组合和风险测度值的哪些维度应该载入结果数据库。在接下来的一节，我们会讲述流动性风险和利率风险如何度量和记录。

11.1.1 数据源的初印象

我们把列在负债表项目中的数据源称为"组合"（portfolios）。市场数据（如收益率曲线、市场价格及波动率曲面）也准备在一个原始数据集中。接着把初始数据集导入 R。首先，我们需要从 Packt 出版社的链接下载会用到的数据集和函数。现在，从本地文件夹中导入以标准 csv 格式存储的样本组合和市场数据集，代码如下：

```
portfolio <- read.csv("portfolio.csv")
market <- read.csv("market.csv")
```

选择的数据集必须包含转化格式恰当的日期。我们通过 as.Date 函数转换数据格式：

```
portfolio$issue <- as.Date(portfolio$issue, format = "%m/%d/%Y")
portfolio$maturity <- as.Date(portfolio$maturity, format =
  "%m/%d/%Y")
market$date <- as.Date(market$date, format = "%m/%d/%Y")
```

通过 head(portfolio)命令打印导入的 portfolio 数据集的前几行。结果输入如下：

```
head(portfolio)
  id account                      account_name volume
1 1   cb_1 Cash and balances with central bank    930
2 2  mmp_1           Money market placements      1404
```

```
3 3  mmp_1              Money market placements       996
4 4  cl_1                    Corporate loans          515
5 5  cl_1                    Corporate loans          655
6 6  cl_1                    Corporate loans          560
  ir_binding reprice_freq spread      issue   maturity
1      FIX             NA      5 2014-09-30 2014-10-01
2      FIX             NA      7 2014-08-30 2014-11-30
3      FIX             NA     10 2014-06-15 2014-12-15
4    LIBOR              3    301 2014-05-15 2016-04-15
5    LIBOR              6    414 2014-04-15 2016-04-15
6    LIBOR              3    345 2014-03-15 2018-02-15
  repayment payment_freq yieldcurve
1    BULLET            1      EUR01
2    BULLET            1      EUR01
3    BULLET            1      EUR01
4    LINEAR            3      EUR01
5    LINEAR            6      EUR01
6    LINEAR            3      EUR01
```

这个数据框的列指标识号（行数），账户类型和产品特征。前 3 列表示产品标识符、账户标识符（或缩写名）以及账户的长名。通过 levels 函数，我们能容易地列出与典型商业银行产品或负债表相关的账户类型：

```
levels(portfolio$account_name)
 [1] "Available for sale portfolio"
 [2] "Cash and balances with central bank"
 [3] "Corporate loans"
 [4] "Corporate sight deposit"
 [5] "Corporate term deposit"
 [6] "Money market placements"
 [7] "Other non-interest bearing assets"
 [8] "Other non-interest bearing liabilities"
 [9] "Own issues"
[10] "Repurchase agreements"
[11] "Retail overdrafts"
[12] "Retail residential mortgage"
[13] "Retail sight deposit"
[14] "Retail term deposit"
[15] "Unsecured money market funding"
```

portfolio 数据集也包含了用欧元计价的名义成交量、捆绑利率的类型（FIX 或 LIBOR）、通过按月计数表示（如果捆绑利率的类型是 LIBOR）的重定价频率，以及用基点表示的利率价差部分。另外，其他各列描述了产品的现金流结构。这些列是发行日期（这是第一个重定价日），到期时期，本金偿还结构的类型（子弹、线性或者年金）和通过按月计数表示偿还的频率。最后一列存储利率曲线的识别符，用它计算未来浮动利率的支付。

真实利率存储在 market 数据集中。我们列出前几列检查内容：

```
head(market)
    type       date      rate comment
1 EUR01 2014-09-01  0.3000000      1M
2 EUR01 2014-12-01  0.3362558      3M
3 EUR01 2015-03-01 -2.3536463      6M
4 EUR01 2015-09-01 -5.6918763      1Y
5 EUR01 2016-09-01 -5.6541774      2Y
6 EUR01 2017-09-01  1.0159576      3Y
```

第一列表示收益率曲线的类型（例如，来自债券市场或银行间市场的收益率）。type 这一列必须和 portfolio 数据集中的一样，以便连接两个数据集。date 这一列显示了当前利率的期限，而且 rate 这一列显示了用基点表示的利率值。正如你所见，此时的收益曲线不常见，因为对特定的期限存在负的收益曲线点。最后一列存储收益曲线期限的标签。

这个数据集反映了银行组合的当前状态和当前市场环境。在我们的分析中，实际日期是 2014 年 9 月 30 日。我们将它声明为一个称 NOW 的日期变量：

```
NOW <- as.Date("09/30/2014", format = "%m/%d/%Y")
```

现在，我们结束了准备源数据。这是本书作者为了说明而创建的样本数据集，并演示了一个假设的商业银行负债表结构的简化版本。

11.1.2 现金流生成器函数

在导入负债表和当前收益曲线的静态数据之后，我们使用这些信息生成银行的全部现金流。首先，我们使用远期收益曲线计算浮动利率。然后，我们可以分别计算本金现金流和利率现金流。为此，我们预先定义了基于支付频率计算本金现金流的基本函数，并且对变化的利率产品提取浮动利率。这个脚本在 Packt 出版社提供的链接中可用。

把它拷贝到本地文件夹，并从工作目录运行这个预定义的函数脚本。

```
source("bankALM.R")
```

这个源文件载入 xts、zoo、YieldCurve、reshape 和 car 包。如果有必要，它会安装这些需要的包。来看一下这个脚本文件中用到的最重要函数。cf 函数生成一个预定义的现金流结构。例如，生成一个名义价值为 100 欧元的子弹型支付结构贷款，期限为 3 年，固定利率为 10%，如下：

```
cf(rate = 0.10, maturity = 3, volume = 100, type = "BULLET")
$cashflow
[1] 10 10  110
$interest
[1] 10 10   10
$capital
[1] 0 0    100
$remaining
[1] 100 100 0
```

函数提供了全部现金流、利率和资本偿付结构，以及每个时期的剩余资本值。get.yieldcurve.spot 函数在特定日期序列上提供了一个拟合的即期收益率曲线。这个函数使用 YieldCurve 包，在之前我们已经载入了。定义一个日期的检验变量，如下：

```
test.date <- seq(from = as.Date("09/30/2015", format = "%m/%d/%Y"),
  to = as.Date("09/30/2035", format = "%m/%d/%Y") , by = "1 year")
```

使用 market 数据，得到特定日期的拟合即期收益率并绘出：

```
get.yieldcurve.spot(market, test.date, type = "EUR01", now = NOW,
  showplot = TRUE)
```

上述命令的输出如图 11-2 所示。

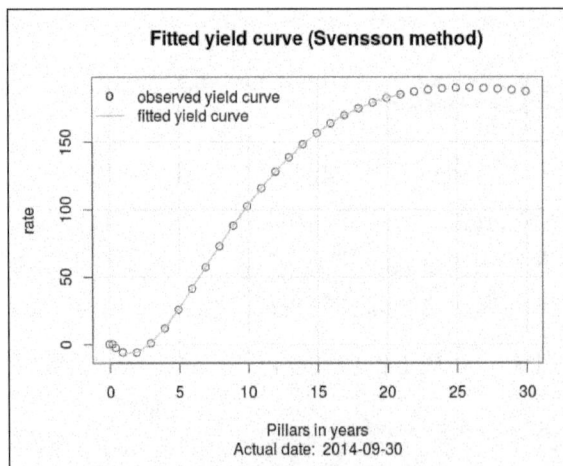

图 11-2　拟合的收益率曲线（Svensson 方法）

图 11-2 画出了观测的收益率曲线（点）和拟合的收益率曲线（线）。看看 get.yieldcurve.forward 和 get.floating 函数，我们看到它们都使用了负债表产品的重定价日期。下面的例子对一个 20 个时间点的时期生成了一个重定价的序列。

```
test.reprice.date <- test.date[seq(from = 1,to = 20, by = 2)]
```

使用 market 数据提取远期收益率曲线：

```
test.forward <- get.yieldcurve.forward(market, test.reprice.date,
  type = "EUR01", now = NOW)
```

现在，我们生成浮动利率，并说明远期曲线与通过设置 showplot 参数为 TRUE 得到的 test.floating 变量之间的差异。

```
test.floating<-get.floating(test.date, test.reprice.date, market,
  type = "EUR01", now = NOW, showlot = TRUE)
```

上述命令的输出如图 11-3 所示。

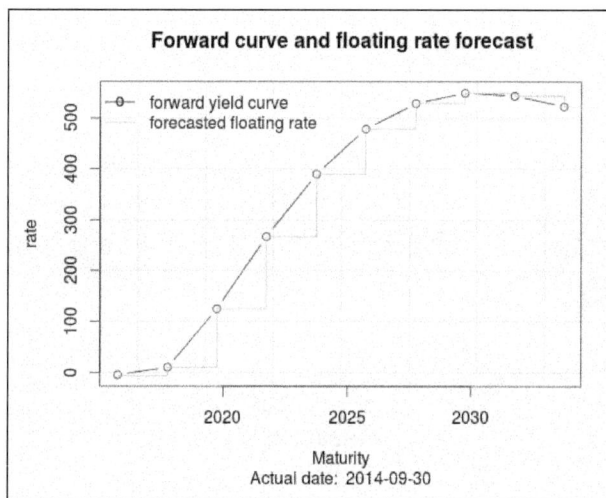

图 11-3 远期曲线和浮动利率预测

正如你所见，浮动利率预测包括一个阶梯函数。为了定价，实际远期利率替代了浮动利率。但是，浮动利率仅仅在重定价时更新。

11.1.3 准备现金流

接下来，我们会演示从 portfolio 和 market 数据集生成的现金流表。cf.table 函数调用之前详解过的函数，并且提供一个有 id 标识数的准确产品的现金流。在 portfolio 数据集中，标识数必须是整数，并以增序排列。实际上，其中每个都应该是给定行的行数。我们来生成所有产品的现金流：

```
cashflow.table <- do.call(rbind, lapply(1:NROW(portfolio),
  function(i) cf.table(portfolio, market, now = NOW, id = i)))
```

因为 portfolio 数据集包含 147 个产品，运行这个代码可能会花一些时间（10～60s）。准备好后，我们显示前几行来检查结果：

```
head(cashflow.table)
   id account     date        cf interest capital remaining
1 1   cb_1 2014-10-01  930.0388  0.03875     930         0
2 2  mmp_1 2014-10-30    0.0819  0.08190       0      1404
3 2  mmp_1 2014-11-30 1404.0819  0.08190    1404         0
4 3  mmp_1 2014-10-15    0.0830  0.08300       0       996
5 3  mmp_1 2014-11-15    0.0830  0.08300       0       996
6 3  mmp_1 2014-12-15  996.0830  0.08300     996         0
```

现在，我们已经创建好现金流量表。我们还可以计算产品的现值，以及银行权益的市值。接下来，在下列循环中运行 **pv.table** 函数：

```
presentvalue.table <- do.call(rbind, lapply(1:NROW(portfolio),
  function (i) pv.table(cashflow.table[cashflow.table$id ==
    portfolio$id[i],], market, now = NOW)))
```

打印表的前几行来检查结果：

```
head(presentvalue.table)
  id account         date presentvalue
1 1    cb_1   2014-09-30    930.0384
2 2   mmp_1   2014-09-30   1404.1830
3 3   mmp_1   2014-09-30    996.2754
4 4    cl_1   2014-09-30    530.7143
5 5    cl_1   2014-09-30    689.1311
6 6    cl_1   2014-09-30    596.3629
```

这个结果稍有不同，因为 Svensson 方法会产生不同的输出。为了得到股权的市值，我们需要加入现值：

```
sum(presentvalue.table$presentvalue)
```

```
[1] 14021.19
```

现金流量表将负债处理为负资产。因此，加总所有项会给我们提供合适的结果。

11.2　利率风险度量

利率风险管理是资产和负债管理最重要的部分之一。利率变动会影响利息收入和权益的市值。利率管理关心净利息收入的敏感性。净利息收入（*NII*）等于利息收入和利息支出的差：

$$NII=(SA+NSA)i_A-SL+NSL)i_L$$

在这里，*SA* 和 *SL* 表示利率敏感的资产和负债，而 *NSA* 和 *NSL* 指不敏感的资产和负债。资产和负债的利率记作 i_A 和 i_L。负债表的利率风险头寸的传统方法基于缺口模型。利率缺口指，在一段确定时期中，生息的资产和负债之间的净资产头寸之差，两者同时重定价。利率缺口（*G*）等于：

$$G = SA - SL$$

重定价缺口表描述了，负债表中的生息项目，根据重定价的时间和重定价的基础（即，3 个月还是 6 个月的 EURIBOR）来分组。利率收入的变化可以刻画为风险容忍项乘以利率的变动（Δi），显示如下：

$$\Delta NII = (SA - SL)\Delta i = G\Delta i$$

从利率风险的角度看，缺口的符号非常重要。缺口为正，说明利率升高时盈利增加，利率下降时盈利减少。通过加总基于参考利率（就是 3 个月或 6 个月 EURIBOR）的生息资产和负债，重定价缺口表也能捕捉基本风险。从收入的角度看，利率缺口表是足以决定风险暴露的工具。但是，缺口模型不能单独作为风险测度来量化全部负债表的净利息收入风险。利率缺口是管理工具，它提供了利率风险配置的指导。

在这里，我们讲述如何建立净利率收入和重定价的缺口表，以及如何创建关于净利率收入期限结构的图形。从 cashflow.table 数据建立利率缺口表。继续前一节，我们使用预定义的 nii.table 函数生成需要的数据格式：

```
nii <- nii.table(cashflow.table, now = NOW)
```

考虑未来 7 年的利率收入表，我们得到下面的表格：

```
round(nii[,1:7], 2)
```

	2014	2015	2016	2017	2018	2019	2020
afs_1	6.99	3.42	0.00	0.00	0.00	0.00	0.00
cb_1	0.04	0.00	0.00	0.00	0.00	0.00	0.00
cl_1	134.50	210.04	88.14	29.38	0.89	0.00	0.00
cor_sd_1	-3.20	-11.16	-8.56	-5.96	-3.36	-0.81	0.00
cor_td_1	-5.60	-1.99	0.00	0.00	0.00	0.00	0.00
is_1	-26.17	-80.54	-65.76	-48.61	-22.05	-1.98	0.00
mmp_1	0.41	0.00	0.00	0.00	0.00	0.00	0.00
mmt_1	-0.80	-1.60	0.00	0.00	0.00	0.00	0.00
oth_a_1	0.00	0.00	0.00	0.00	0.00	0.00	0.00
oth_l_1	0.00	0.00	0.00	0.00	0.00	0.00	0.00
rep_1	-0.05	0.00	0.00	0.00	0.00	0.00	0.00
ret_sd_1	-8.18	-30.66	-27.36	-24.06	-20.76	-17.46	-14.16
ret_td_1	-10.07	-13.27	0.00	0.00	0.00	0.00	0.00
rm_1	407.66	1532.32	1364.32	1213.17	1062.75	908.25	751.16
ro_1	137.50	187.50	0.00	0.00	0.00	0.00	0.00
total	633.04	1794.05	1350.78	1163.92	1017.46	888.00	736.99

容易读出，什么账户为银行带来了利率收入或者成本。净利率表也可以如下画出：

```
barplot(nii, density = 5*(1:(NROW(nii)-1)), xlab = "Maturity",
    cex.names = 0.8, Ylab = "EUR", cex.axis = 0.8,
        args.legend = list(x = "right"))
title(main = "Net interest income table", cex = 0.8,
    sub = paste("Actual date: ",as.character(as.Date(NOW))) )
        par(fig = c(0, 1, 0, 1), oma = c(0, 0, 0, 0),mar = c(0, 0, 0, 0),
            new = TRUE)
plot(0, 0, type = "n", bty = "n", xaxt = "n", yaxt = "n")
legend("right", legend = row.names(nii[1:(NROW(nii)-1),]),
    density = 5*(1:(NROW(nii)-1)), bty = "n", cex = 1)
```

结果显示在图 11-4 中。

现在，我们可以通过分解重定价缺口表来探索重定价缺口。使用预定义的 repricing.gap.table 函数，得到月缺口。然后用 barplot 画出缺口。

```
(repgap <- repricing.gap.table(portfolio, now = NOW))
          1M   2M   3M   4M   5M   6M   7M   8M   9M  10M  11M  12M
volume 6100 9283  725 1787 7115 6031 2450 5919 2009 8649 6855 2730
barplot(repgap, col = "gray", xlab = "Months", ylab = "EUR")
title(main = "Repricing gap table", cex = 0.8,
    sub = paste("Actual date: ",as.character(as.Date(NOW))))
```

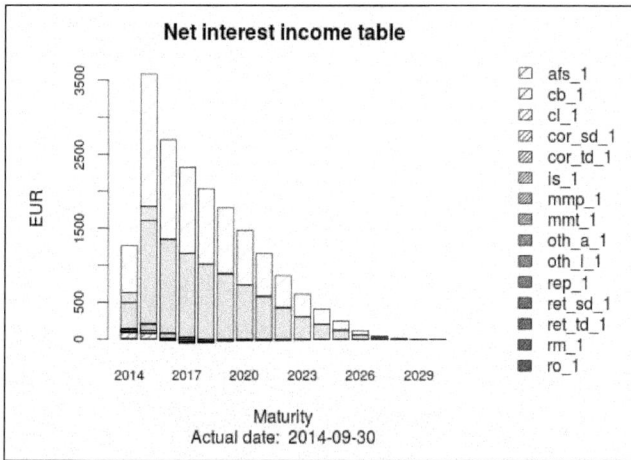

图 11-4 净利率收入表

利用前面的代码，我们能图示接下来 12 个月的边际缺口（图 11-5）。

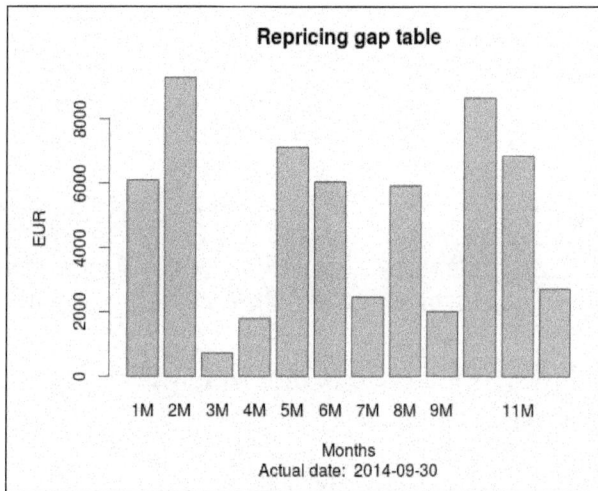

图 11-5 重新定价缺口表

必须强调，对利率风险管理，存在更复杂的工具。实践中为了风险管理会使用模拟模型。然而，银行账户风险并未明确纳入巴塞尔 II 协议支柱 1 的资本要求，而支柱 2 覆盖了银行账户的利率风险。监管者也相当重视关于权益市值的风险评估。风险限制基于特定的压力情境，这种压力来源可能是决定性的利率冲击，也可能是基于波动率的历史盈利，这种盈利是从风险概念的角度出发。因此，风险测度技术代表了情境分析法或者随机模拟方法，关注利息盈利或权益市值。净利息收入模拟是一种动态的、前瞻的方法，而权益市值的计算则提供了一个静态结果。权益久期广泛用于测度银行账户的利率风险。资产和负债的久期计算用来量化权益的久期。ALM 专家常常使用有效久期，在计算利率敏感性中包含嵌入期权（上限、下限等）。

11.3 流动性风险度量

传统的流动性风险度量工具是所谓的静态和动态流动性缺口表。流动性缺口表对负债表给出了一种现金流观点，根据合约到期的流入现金流和流出现金流组织负债表的各个项目。每个子期间的净现金流动缺口表现了银行的结构化流动性头寸。静态观点仅仅基于一张简要的平衡表出发，而动态观点增加考虑了展期和新业务的现金流。为了简化，我们在这里仅仅阐述流动性头寸的静态观点。

我们从准备日现金流头寸开始。有时会需要了解，如果给定了日期，当天的流动性头寸预测是什么。根据日期很容易聚合 cashflow.table 数据集，如下：

```
head(aggregate(. ~ date, FUN = sum,
data = subset(cashflow.table,select = -c(id, account))))
        date           cf       interest        capital      remaining
1 2014-10-01   930.0387500      0.0387500      930.0000           0.00
2 2014-10-14     0.6246667      0.6246667        0.0000        3748.00
3 2014-10-15  2604.2058990    127.5986646     2476.6072       13411.39
4 2014-10-28   390.7256834    124.6891519      266.0365       23444.96
5 2014-10-30 -3954.2638670     52.6149502    -4006.8788      -33058.12
6 2014-10-31    -0.1470690     -0.1470690        0.0000       -2322.00
```

接下来，准备一张流动性缺口表并创建一张图。我们还可以使用预定义的函数（lq.table），并检查结果表格：

```
lq <- lq.table(cashflow.table, now = NOW)
round(lq[,1:5],2)
              1M       2-3M          3-6M      6-12M        1-2Y
afs_1       2.48    3068.51      14939.42       0.00        0.00
cb_1      930.04       0.00          0.00       0.00        0.00
cl_1     3111.11       0.00        649.51    2219.41     2828.59
cor_sd_1 -217.75    -217.73       -653.09   -1305.69    -2609.42
cor_td_1   -1.90    -439.66      -6566.03       0.00        0.00
is_1       -8.69     -17.48      -2405.31    -319.80     -589.04
mmp_1       0.16    2400.25          0.00       0.00        0.00
mmt_1      -0.12      -0.54         -0.80   -1201.94        0.00
```

oth_a_1	0.00	0.00	0.00	0.00	0.00
oth_l_1	0.00	0.00	0.00	0.00	0.00
rep_1	-500.05	0.00	0.00	0.00	0.00
ret_sd_1	-186.08	-186.06	-558.04	-1115.47	-2228.46
ret_td_1	-4038.96	-5.34	-5358.13	-3382.91	0.00
rm_1	414.40	808.27	1243.86	2093.42	4970.14
ro_1	466.67	462.50	1362.50	2612.50	420.83
total	-28.69	5872.72	2653.89	-400.48	2792.63

为了画出流动性缺口的图，我们也能使用 barplot 函数，如下：

```
plot.new()
par.backup <- par()
par(oma = c(1, 1, 1, 6), new = TRUE)
barplot(nii, density=5*(1:(NROW(nii)-1)), xlab="Maturity",
  cex.names=0.8, ylab = "EUR", cex.axis = 0.8,
     args.legend = list(x = "right"))
title(main = "Net interest income table", cex = 0.8,
  sub = paste("Actual date: ",as.character(as.Date(NOW))) )
par(fig = c(0, 1, 0, 1), oma = c(0, 0, 0, 0),mar = c(0, 0, 0, 0),
  new = TRUE)
plot(0, 0, type = "n", bty = "n", xaxt = "n", yaxt = "n")
legend("right", legend = row.names(nii[1:(NROW(nii)-1),]),
  density = 5*(1:(NROW(nii)-1)), bty = "n", cex = 1)
par(par.backup)
```

barplot 函数的结果如图 11-6 所示。

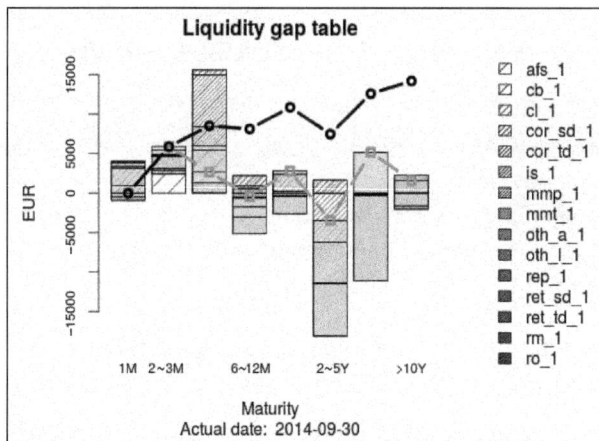

图 11-6 流动性缺口表

图 11-6 的条形图展示了每个时间段的流动性缺口。方块虚线表示净流动性头寸（财务需求），而实黑线表示累积流动性缺口。

11.4 无到期日存款的建模

无到期日存款（non-maturity deposits，NMD）在银行极其重要，因为在绝大部分商业银行的平衡表中，都包括了现金流特征为非合约的客户产品。

非到期存款是一种特殊的金融产品。银行随时可以改变存款账户的支付利率，而客户可以随时从账户取出任意金额，却没有提前告知的义务。这些产品的流动性风险和利率风险的管理是 ALM 分析的关键部分。于是，对无到期日存款建模时需要特别小心。不确定的到期和利率情形会对存款在对冲、内部转换定价和风险建模时产生高度复杂的问题。

11.4.1 贷款利率发展的模型

在下面的代码中，我们从 ECB（欧洲中央银行）统计数据库中查询奥地利的无到期日存款的时间序列数据，这是公开的数据。在我们的数据集中，有存款利息（cpn）、月末平衡表（bal）和一个月的 EURIBOR 固定利率（eur1m）。这些时间序列存储在本地文件夹的 csv 文件中。处理命令如下：

```
nmd <- read.csv("ecb_nmd_data.csv")
nmd$date <- as.Date(nmd$date, format = "%m/%d/%Y")
```

首先，我们使用下列命令，画出一个月的 EURIBOR 利率和存款利率的变动：

```
library(car)
plot(nmd$eur1m ~ nmd$date, type = "l", xlab="Time", ylab="Interest rate")
lines(nmd$cpn~ nmd$date, type = "l", lty = 2)
title(main = "Deposit coupon vs 1-month Euribor", cex = 0.8 )
legend("topright", legend = c("Coupon","EUR 1M"),
  bty = "n", cex = 1, lty = c(2, 1))
```

图 11-7 显示了存款利息与一个月的 EURIBOR 比较的图形。

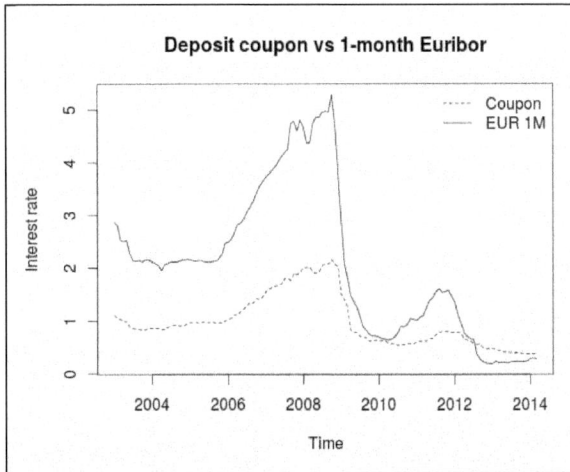

图 11-7 存款利息与一个月的 EURIBOR 比较

　　我们的首要目标是通过估计误差修正模型（ECM）描述一个月的 EURIBOR 对无到期日存款的长期解释力。近年来，度量从市场利率到存款利率的传导效应也受到监管的极大重视。ECB 要求欧元区银行在确定的压力测试情景下估计传导效应。我们使用 Engle-Granger两步法估计 ECM 模型。第一步，我们通过回归模型估计协整向量，并计算残差。第二步，使用误差修正机制估计 EURIBOR 对存款利率的长期效应和短期效应。在第一步之前，我们还必须检验这两个时间序列是否同阶单整。因此，我们对初始时间序列和差分后的时间序列，使用 urca 包中的 ADF 检验和 KPSS 检验。脚本如下：

```
library(urca)
attach(nmd)
#Unit root test (ADF)
cpn.ur <- ur.df(cpn, type = "none", lags = 2)
dcpn.ur <- ur.df(diff(cpn), type = "none", lags = 1)
eur1m.ur <- ur.df(eur1m, type = "none", lags = 2)
deur1m.ur <- ur.df(diff(eur1m), type = "none", lags = 1)
sumtbl <- matrix(cbind(cpn.ur@teststat, cpn.ur@cval,
                       dcpn.ur@teststat, dcpn.ur@cval,
                       eur1m.ur@teststat, eur1m.ur@cval,
                       deur1m.ur@teststat, deur1m.ur@cval), nrow=4)
colnames(sumtbl) <- c("cpn", "diff(cpn)", "eur1m", "diff(eur1m)")
rownames(sumtbl) <- c("Test stat", "1pct CV", "5pct CV", "10pct CV")
#Stationarty test (KPSS)
cpn.kpss <- ur.kpss(cpn, type = "mu")
eur1m.kpss <- ur.kpss(eur1m, type = "mu")
sumtbl <- matrix(cbind( cpn.kpss@teststat, cpn.kpss@cval,
```

```
    eur1m.kpss@teststat, eur1m.kpss@cval), nrow = 5)
colnames(sumtbl) <- c("cpn", "eur1m")
rownames(sumtbl) <- c("Test stat", "10pct CV", "5pct CV", "2.5pct
  CV", 1pct CV")
print(cpn.ur@test.name)
print(sumtbl)
print(cpn.kpss@test.name)
print(sumtbl)
```

结果，我们得到如下的总结表格：

```
Augmented Dickey-Fuller Test
```

	cpn	diff(cpn)	eur1m	diff(eur1m)
Test stat	-0.9001186	-5.304858	-1.045604	-5.08421
1pct CV	-2.5800000	-2.580000	-2.580000	-2.58000
5pct CV	-1.9500000	-1.950000	-1.950000	-1.95000
10pct CV	-1.6200000	-1.620000	-1.620000	-1.62000

```
KPSS
```

	Cpn	eur1m
Test stat	0.8982425	1.197022
10pct CV	0.3470000	0.347000
5pct CV	0.4630000	0.463000
2.5 pct CV	0.5740000	0.574000
1pct CV	0.7390000	0.739000

检验结果显示，初始的时间序列不能拒绝 ADF 检验的原假设，但存款利率和一个月的 EURIBOR 的一阶差分不包含单位根。这意味着这两个时间序列都是一阶单整的，它们都是 I(1)过程。KPSS 检验有相似的结果。接下来，再通过检验简单回归方程的残差，来检验两个 I(1)序列的协整，在回归方程中，将存款利率在一个月的 EURIBOR 上做回归。估计的协整方程是：

```
lr <- lm(cpn ~ eur1m)
res <- resid(lr)
lr$coefficients
(Intercept)        eur1m
  0.3016268 0.3346139
```

对残差做单位根检验，如下：

```
res.ur <- ur.df(res, type = "none", lags = 1)
summary(res.ur)
###############################################
# Augmented Dickey-Fuller Test Unit Root Test #
###############################################

Test regression none

Call:
lm(formula = z.diff ~ z.lag.1 - 1 + z.diff.lag)

Residuals:
      Min        1Q    Median        3Q       Max
-0.286780 -0.017483 -0.002932  0.019516  0.305720

Coefficients:
            Estimate   Std.  Error t value Pr(>|t|)
z.lag.1     -0.14598          0.04662  -3.131   0.00215 **
z.diff.lag  -0.06351          0.08637  -0.735   0.46344
---
Signif. codes: 0 '***' 0.001 '**' 0.01 '*' 0.05 '.' 0.1 ' ' 1
Residual standard error: 0.05952 on 131 degrees of freedom
Multiple R-squared: 0.08618, Adjusted R-squared: 0.07223
F-statistic: 6.177 on 2 and 131 DF, p-value: 0.002731

Value of test-statistic is: -3.1312

Critical values for test statistics:
     1pct 5pct 10pct
tau1 -2.58 -1.95 -1.62
```

ADF 检验的检验统计量数值低于 1%的临界值，因此我们可以认为残差平稳。这意味着存款利率与一个月的 EURIBOR 协整，因为这两个 I(1)时间序列的线性组合是平稳过程。协整关系的存在非常重要，因为这是估计误差修正模型的前提。ECM 方程的基本结构如下：

$$\Delta Y_t = \alpha + \beta_1 \Delta X_{t-1} + \beta_2 EC_{t-1} + \varepsilon_t$$

我们估计了 X 对 Y 的长期效应和短期效应。协整方程的滞后残差表示了误差修正机制。β_1 系数度量了短期修正部分，而 β_2 是长期均衡关系的系数，它捕捉了偏离 X 均衡的修正。现在，我们使用 dynlm 包估计 ECM 模型，它适用于估计滞后的动态线性模型：

```
install.packages('dynlm')
```

```
library(dynlm)
res <- resid(lr)[2:length(cpn)]
dy <- diff(cpn)
dx <- diff(eur1m)
detach(nmd)
ecmdata <- c(dy, dx, res)
ecm <- dynlm(dy ~ L(dx, 1) + L(res, 1), data = ecmdata)
summary(ecm)
Time series regression with "numeric" data:
Start = 1, End = 134

Call:
dynlm(formula = dy ~ L(dx, 1) + L(res, 1), data = ecmdata)

Residuals:
    Min      1Q  Median      3Q     Max
-0.36721 -0.01546 0.00227 0.02196 0.16999

Coefficients:
             Estimate  Std. Error  t value  Pr(>|t|)
(Intercept) -0.0005722  0.0051367   -0.111     0.911
L(dx, 1)     0.2570385  0.0337574    7.614  4.66e-12 ***
L(res, 1)    0.0715194  0.0534729    1.337     0.183
---

Signif. codes: 0 '***' 0.001 '**' 0.01 '*' 0.05 '.' 0.1 ' ' 1
Residual standard error: 0.05903 on 131 degrees of freedom
Multiple R-squared: 0.347,      Adjusted R-squared: 0.337
F-statistic: 34.8 on 2 and 131 DF, p-value: 7.564e-13
```

在短期，存款利率每变动一个单位，一个月的 EURIBOR 滞后变动相应地修正 25.7%（$\beta_1 = 0.2570385$）。我们不能因为 β_2 不显著并且还有一个正号，就认为没有修正长期均衡的偏离，那意味着没有修正误差但误差提升了 7%。这个结果的经济解释是，我们不能识别 NMD 利息与一个月的 EURIBOR 之间的长期联系，但反映在利息上的 EURIBOR 的短期偏差为 25.7%。

11.4.2　无到期日存款的静态复制

为了对冲无到期日存款的利率相关风险，一个可能的方法是构造零息产品的复制组合，来模仿无到期日存款的利息支付，并赚取高收益复制产品高于低利息存款账户的利润。

我们假定，复制组合包括 1 个月和 3 个月的欧元货币市场存款和 1 年、5 年、10 年的政府基准债券。我们在 ECB 统计数据库中查询收益率的历史时间序列，并把数据存储在本地文件夹的 csv 文件里。使用下列命令调用 csv 文件：

```
ecb.yc <- read.csv("ecb_yc_data.csv")
ecb.yc$date <- as.Date(ecb.yc$date, format = "%d/%m/%Y")
```

画出结果：

```
matplot(ecb.yc$date, ecb.yc[,2:6], type = "l", lty = (1:5), lwd = 2,
    col = 1, xlab = "Time", ylab = "Yield", ylim = c(0,6), xaxt = "n")
legend("topright", cex = 0.8, bty = "n", lty = c(1:5), lwd = 2,
    legend = colnames(ecb.yc[,2:6]))
title(main = "ECB yield curve", cex = 0.8)
axis.Date(1,ecb.yc$date)
```

图 11-8 展示了 ECB 收益率曲线。

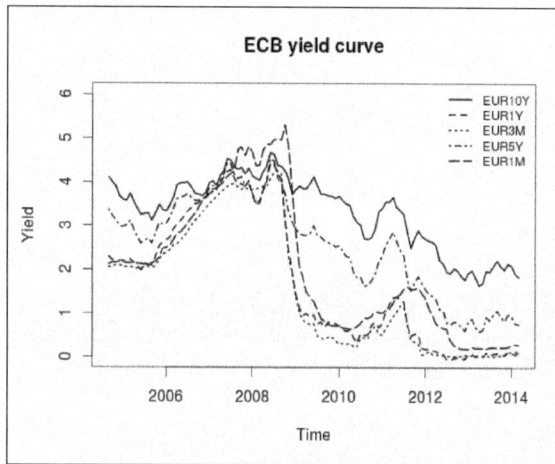

图 11-8　ECB 收益率曲线

我们的目标是，计算复制组合中 5 个对冲产品的组合权重，在给定时间区间内使它与存款利息利润差的波动率实现最小化。换句话说，我们希望最小化复制组合产生的利息收入的跟踪误差。这个问题可以用下面的最小二乘的最小化公式表示：

$$\min\|Ax-b\|^2$$

要满足：

$$\sum x = 1$$

$$x \geqslant 0$$

$$x'm = l$$

在这里，A 是历史利率的 $(t \times 5)$ 矩阵，b 是存款利息向量，x 是组合权重向量。最小化函数是矩阵 A 与 x 的乘积与向量 b 之差的平方。第一个条件是组合权重必须非负，并且总和为 1。我们对组合的平均到期引入一个额外的条件，它应该等于常数 l。向量 m 包含了 5 个产品的到期，按月为单位。这个约束背后的依据是，银行一般都会假定，无到期日存款的核心基础交易量会长期保持在银行。长期部分的期限一般通过交易量模型推导出来，这个模型可以是 ARIMA 模型，也可以是依赖于市场利率和存款利息的动态模型。

为了解决这个优化问题，我们使用 quadprog 包的 solve.QP 函数。这个函数适用于有等式约束和不等式约束的二次优化问题求解。为了求解出用于 solve.QP 函数的矩阵 $(A'A)$ 的恰当参数和参数向量 $b'A$，我们需要改变最小二乘的最小化问题的形式。

我们同时设置 $l = 60$，假定复制组合还有 5 年最终到期。通过下面的命令，它模拟了 NMD 组合核心部分的流动性特征：

```
library(quadprog)
b <- nmd$cpn[21:135]
A <- cbind(ecb.yc$EUR1M, ecb.yc$EUR3M,
   ecb.yc$EUR1Y, ecb.yc$EUR5Y, ecb.yc$EUR10Y)
m <- c(1, 3, 12, 60, 120)
l <- 60
stat.opt <- solve.QP( t(A) %*% A, t(b) %*% A,
             cbind( matrix(1, nr = 5, nc = 1),
                    matrix(m, nr = 5, nc = 1),
                    diag(5)),
             c(1, 1, 0,0,0,0,0),
             meq=2 )
sumtbl <- matrix(round(stat.opt$solution*100, digits = 1), nr = 1)
colnames(sumtbl) <- c("1M", "3M", "1Y", "5Y", "10Y")
cat("Portfolio weights in %")
Portfolio weights in % > print(sumtbl)
     1M   3M  1Y 5Y 10Y
[1,] 0 51.3   0  0 48.7
```

结果表明，基于历史校准，为了用最小的跟踪误差复制 NMD 的利息变动，我们应该在复制的组合中保持 51% 的 3 个月货币市场存款和 49% 的 10 年政府债券产品。使用这些组合权重，复制组合的收入和存款账户的支出都可以通过下面的代码计算：

```
mrg <- nmd$cpn[21:135] - stat.opt$solution[2]*ecb.yc$EUR3M +
  stat.opt$solution[5]*ecb.yc$EUR10Y
plot(mrg ~ ecb.yc$date, type = "l", col = "black", xlab="Time", ylab="%")
title(main = "Margin of static replication", cex = 0.8 )
```

图 11-9 展示了静态复制的收益。

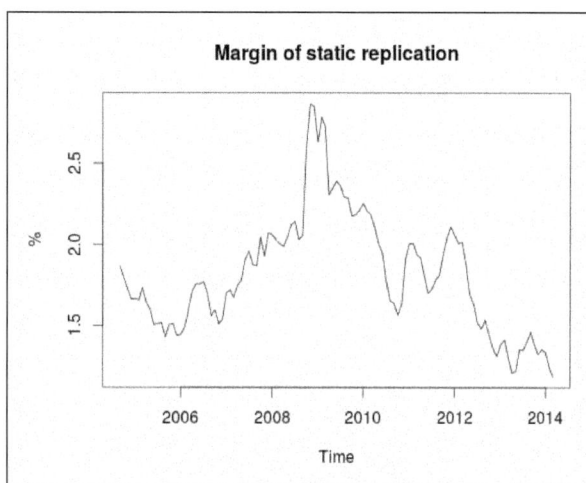

图 11-9　静态复制的收益

如你所见，根据这种静态策略的复制，银行能够在 2010 年前后赚取更多利润，当时短长期的利差高得非同寻常。

11.5　小结

在本章中，我们阐明了在一家商业银行 R 如何支持了资产和负债管理的过程。从数据准备到报告，R 编程语言能够在广泛的工作中帮助解决重复的问题。但是，我们仅仅简单介绍了如何解决利率和流动性度量的问题。我们还对无到期日存款的利率敏感性的统计估计给出了一些例子。关于下面的问题，你可以找到一些实践性的知识。

- 根据银行组合和市场数据生成现金流。

- 基本利率风险管理的度量和报告工具。

- 基本流动性风险管理的度量和报告工具。

- 无到期日存款的行为建模。

我们认为，这一章是本书银行管理主题的一个有机部分。资产和负债管理带来了银行管理的一类特殊问题。而 R 作为一种开源语言，库中包含了功能丰富多彩的包，可以有效地为实践者提供更多有价值的工具。

11.6　参考文献

- Bessis, Joel (2011): *Risk management in banking*, John Wiley & Sons.

- Choudhry, Moorad (2011): *Bank asset and liability management: strategy,trading, analysis*, John Wiley & Sons.

- Matz, Leonard and Neu, Peter (2006): *Liquidity risk measurement and management: A practitioner's guide to global best practices*,John Wiley & Sons.

第 12 章
资本充足率

正如我们在前一章所学，银行业是一个特殊的风险行业，客户的资金安全是头等大事。为了确保银行实现这个优先目标，银行业受到了严格监管。对于监管者来说，建立规则以避免银行崩溃并保护客户的财富安全始终非常重要。资本充足率或资本要求就是服务于这个目标的一个重要监管工具，尽管还不是最重要的。考虑到金融板块的高杠杆性，银行和其他金融机构都不允许自由使用自身所有的资产。这些公司需要保持足够资本以确保运作安全以及即使状况变坏时也有支付能力。

不同的国家有不同的银行业监管主体（金融监管机构、中央银行，等等）以及监管标准。但是，随着银行系统的全球化程度日益提高，有必要实施一种全球通用的监管标准。在 1974 年，G-10 国家的中央银行建立了"关于银行监管的巴塞尔委员会（Basel Committee on Banking Supervision，BCBS）"，提供了可以用于全球范围不同国家的银行业监管标准。

从那之后，经济学中的这个领域发展很快，越来越多的复杂数学方法用在风险管理和资本充足性的计算当中。R 是一种强大的工具，它拥有完美解决这些复杂数学问题和分析问题的能力。于是，许多银行很自然地采用它作为风险管理的重要工具。

12.1 巴塞尔协议的原则

在 1988 年，BCBS 在瑞士的巴塞尔发布了一个监管框架，设置了一家银行为了最小化无偿付能力的风险而需要持有的资本最小值。这就是所谓的第一次巴塞尔协议，现在它被称为巴塞尔 I（Basel I）。到 1992 年，所有的 G-10 国家都通过法律强制执行。到了 2009 年，27 个辖区包括进巴塞尔框架（巴塞尔委员会的历史可以在下面的链接阅读 http://www.bis.org/bcbs/history.htm）。

12.1.1　巴塞尔 I

第一次巴塞尔协议主要关注信用风险，并就不同的资产类别规范了恰当的风险权重。根据这个协议，银行资产应该根据信用风险分类，而且每个类别的敞口应该用定义的度量（0%、20%、50%和100%）来加权。风险加权资产（risk-weighted assets，RWA）的结果值用来定义资本充足性。根据巴塞尔 I 的立法，参与国际市场的银行必须最少持有它们 RWA8% 的资本。这称为最小资本比率（参考 Basel Committee on Banking Supervision (Charter)，http://www.bis.org/bcbs/charter.htm）

所谓的表外项目，如衍生品、未使用承诺，以及信用证都囊括在 RWA 中，也需要报告。

为了处理信用风险以外的风险，该协议随时准备修订和完善。此外，经过修订它对特定资产类给出了更恰当的定义，这些资产类囊括在资本充足性的计算中，以便识别随后确定的影响。

为了量化银行的资本充足率，巴塞尔 I 也定义了其资本比率。这些资本比率被认为是关于所有 RWA 的所谓确定性分级资本要素。分级资本要素包括了基于巴塞尔 I 定义的资本分组类型。但是，因为不同的国家法律框架不同，各国的银行监管可能会修订在资本计算中考虑的金融产品的定义。

一级资本包括核心资本，它由普通股、留存收益以及符合定义要求的特定优先股组成。二级资本考虑了补充资本，它包括补充债务、未公开储备金、重估价准备金、一般贷款损失准备金以及混合资本工具，而三级资本被视为短期额外资本（Committee on Banking Regulations and Supervisory Practices (1987): Proposals for international convergence of capital measurement and capital standards，Consultative paper, December 1987，http://www.bis.org/publ/bcbs03a.pdf）。

12.1.2　巴塞尔 II

巴塞尔 II 作为延续巴塞尔 I 的新资本充足率框架，发布于 1999 年，并出版于 2004 年，其目的是保证重新解决某些问题，这些问题在老巴塞尔协议仅仅稍有监管。

巴塞尔 II 的主要目标是如下：

- 提供风险敏感性更大的资本配置；

- 对信用风险、市场风险和操作风险，都实现了恰当的计算方法；

- 为了使市场参与者更容易理解市场充足性，提高了披露要求；

- 避免监管套利。

巴塞尔 II 的框架基于下面三大支柱：

- 委员会为了发展并扩展标准化的资本充足率计算而要求的最低资本；

- 基于金融机构的资本充足率和内部评估过程的监管角度；

- 加强市场纪律的信息有效披露。

最低资本要求

信用风险要求的资本可以根据标准化方法计算。根据这种方法，信用敞口应该主要依据外部信用评价机构（External Credit Assessment Institutions，ECAI）给出的相关评级测度进行加权求和。建议主权国家、企业，以及银行或者证券公司可以根据它们的评分赋予 0%、20%、50%、100%或 150%的权重。而建议对诸如 IMF、BIS 或 EC 这样的国际组织，风险权重应该统一设为 0%。

对于有担保的贷款、现金和其他资产，委员会定义了常数权重，并由兼顾风险缓释技术的本地监管实施。合格性则可以根据不同的资产类别在不同层次上考虑，并依据本地政策和国家法律监管。此外，根据标准方法，房地产没有作为保护对象考虑，而作为暴露考虑。因此，它也囊括进资产类别的监管当中。

考虑到表外项目存在换算因素，最小资本要求定义为 RWA 的 8%。这种方法决定的资本要求同时应该可以覆盖信用风险、市场风险和操作风险。

信用风险的其他计算方法是所谓的内部评级法 (IRB)方法，包括基础 IRB 和高级 IRB。IRB 方法仅仅允许当地监管认可的银行采用。

IRB 方法使用资本函数决定资本要求。影响资本函数的关键参数，如违约概率（probability of default，PD），违约损失率(LGD)，违约敞口 (EAD)以及期限（maturity M）。

违约概率是客户在一个特定时间范围内没能（完全）履行其债务义务的概率。通过 IRB 方法，银行允许估计它的客户的 PD （违约概率），使用它自己发展的方法，或者使用 ECAI 评分方法。

违约损失率是客户违约时的相关资产百分比。LGD 与 EAD 高度相关。违约敞口是发生违约事件时面对客户的未偿付债务的价值。通过基础 IRB 方法，本地监管决定了 EAD 的计算方法。但是，根据高级 IRB，银行允许发展自己的方法。

到期是一种久期类型参数，它表示信用期的平均剩余部分。

高级 IRB 提供了另一种资产和敞口的分类方法，它可以更多地考虑银行组合的特征。另外，也扩展了可用的信用风险缓释行动的范围。

尽管有多种方法可以通过使用基础 IRB 或高级 IRB 来决定 RWA，根据巴塞尔 II，在两种情况中最少资本要求都是 8%。

确定操作风险可以通过不同方法来执行。最简单的计算方法是所谓的巴塞尔指数方法（Basic Indicator Approach，BIA）。根据这种方法，资本要求定义为银行前 3 年的毛收入（gross incomes，GI）平均值乘以一个给定测度，Alpha，法律规定为 15%。

标准化方法（Standardized Approach，STA）稍有复杂。这种方法采用了确定的 BIA 方法。然而，使用 STA 要求决定关于业务部门（lines of business，LoB）的毛收入。每个业务部门的毛收入应该乘以一个固定测度，Beta（依赖于业务部门，分别为 12%、15% 或 18%）。资本要求是关于业务部门的毛收入与 Beta 的乘积之和。

替代标准法（Alternative Standard Approach，ASTA）的目的是避免由于信用风险产生的双重税收。ASTA 采用了 STA 的方法论，但是，计算两个业务部门（零售和商业银行）时，方法与标准化计算不一样。对这些业务部门，毛收入替换为贷款及预付款（loans and advances，LA）的值与一个固定因素（m 等于 0.035）的乘积。

确定操作风险的最复杂方法是高级测度方法（Advanced Measurement Approach，AMA）。这种方法同时具有定量和定性的要求，都应该满足。为了估计操作风险而发展出的内部模型，必须达到安全操作的标准，如一年期的风险测度至少要有 99.9% 的可能性。另外，运用 AMA 的银行必须提供过去 5 年中与它们的损失有关的数据。

实施风险缓释技术可以达到 20% 的资本要求，但只有那些使用了高级测度方法的银行可以使用。此外，为了允许采用风险缓解效应，这些银行还必须满足特定的严格要求。

标准化的方法基于监管定义的测度和技术，考虑了市场风险的资本要求计算。在更高级的方法中，一般认为在险价值（VaR）的测定是最具优先性。

监管审查

巴塞尔 II 定义了监管和本地监管者介入的责任。这使他们可以比支柱 I 规定更高的资本要求。此外，它允许监管并管理支柱 I 没有描述到的剩余风险，如流动性风险、集中度风险、战略风险以及系统风险。

国际资本充足率评估过程（International Capital Adequacy Assessment Process，ICAAP）意味着保证银行操作一种适当复杂的风险管理系统，它测度、量化、总结并监测所有的潜在发生风险。此外，它必须监督银行是否持有足够的内部模型决定的资本，能够覆盖所有提到的风险。

监管审查评估过程（Supervisory Review Evaluation Process，SREP）定义为一种检查机构的风险和资本充足性，并由本地监管者执行的过程。此外，考虑到支柱 II，监管者必须定期监测依据支柱 I 的资本充足性，并为了保证资本的可持续水平而进行干预。

透明性

巴塞尔 II 的支柱III关注银行披露的要求。它主要关心上市机构，它们被要求分享相关信息，关于支柱 I 和 II 的应用范围，风险评估过程，风险敞口以及资本充足性的相关信息（*Basel Committee on Banking Supervisions (1999): A New Capital Adequacy Framework; Consultative paper; June 1999*；http://www.bis.org/publ/bcbs50.pdf）。

12.1.3　巴塞尔 III

即使在金融危机之前，巴塞尔 II 框架对审查和基础加强的需要日益显著。在危机期间，很明显银行缺乏流动性头寸还有杠杆太多。风险管理过去强度不足，而信用风险和流动性风险常常定价错误。

巴塞尔协议的第三期开发于 2010 年，其目的是为金融部门提供更稳定和安全的操作框架。预计巴塞尔III和相关的资本要求政策（CRD IV）在 2019 年可以落实到各国的法规。

尽管这种落实需要几个步骤执行，在期限到来之前的几年中，金融机构已经开始被要求做好应用新资本标准的准备。

与巴塞尔 III 监管有关的领域如下：

- 要求资本的组成部分——实施资本留存缓冲和逆周期缓冲；
- 引入杠杆比率；
- 实施流动性指标；
- 测度交易对手风险；
- 信用机构和投资公司的资本要求；

- 全球审慎标准的实施。

为了提高资本质量，巴塞尔 III 管理着要求资本的各个部分。核心一级资本在一级资本中定义，而所谓的资本留存缓冲则按照常数测度 2.5% 来实施。同时也引入了一种相机抉择的反周期缓冲，可以认为它在高信用时期会追加 2.5% 的资本。

巴塞尔III也定义了一种杠杆比率，是不考虑风险权重时，所有资产和表外项目相比的最小损失吸收资本。

巴塞尔III最显著的条款是引入了两种流动性指标。第一种在短期范围内考虑，是流动性覆盖率（liquidity coverage ratio，LCR），它应该在 2015 年实施。LCR 是相对于 30 天周期内累积净现金流的流动资产价值。最初，LCR 的最小值应该是 60%。而到 2019 年，预计 LCR 会提升到 100%。LCR 的公式如下：

$$LCR = \frac{Liquid assets}{Total net cash - flow within 30 days}$$

净稳定资金比率（Net stable funding ratio，NSFR）将要在 2018 年实施。该指标的目的是避免到期时金融机构的资产和流动性之间出现缺口。目标是提供关于负债稳定性的长期资产融资。因此，NSFR 定义为稳定融资资产的稳定负债。NSFR 的测度在 2019 年的最小值也会是 100%。

$$NSFR = \frac{Stable funding}{Long - term assets}$$

为了避免系统性风险，实施资本要求还需要考虑交易对手风险。此外，交易对手的资本充足率和流动性头寸的预期也需要纳入巴塞尔 III 监管框架一起考虑。机构主要采用内部方法计算资本充足率，这种方法囊括进新监管之中。监管对系统重要性金融机构（SIFI）的敞口和潜在风险的发生考虑了更细致的检查。基于第三期巴塞尔协议，机构应该确定一种基于指标识别的 SIFI，而非应用监管者专门制定的要求（参见 History of the Basel Committee）。

巴塞尔III的主要测度和逐步实施计划如图 12-1 所示。

Phases		2013	2014	2015	2016	2017	2018	2019
	Leverage Ratio	Parallel run 1 Jan 2013 - 1 Jan 2017 Disclosure starts 1 Jan 2015					Migration to Pillar 1	
Capital	Minimum Common Equity Capital Ratio	3.5%	4.0%	4.5%				4.5%
	Capital Conservation Buffer				0.625%	1.25%	1.875%	2.5%
	Minimum common equity plus capital conservation buffer	3.5%	4.0%	4.5%	5.125%	5.75%	6.375%	7.0%
	Phase-in of deductions from CET1		20%	40%	60%	80%	100%	100%
	Minimum Tier 1 Capital	4.5%	5.5%	6.0%				6.0%
	Minimum Total Capital			8.0%				8.0%
	Minimum Total Capital plus conservation buffer		8.0%		8.625%	9.25%	9.875%	10.5%
	Capital that no longer qualify as a non-core Tier 1 or 2 capital	Phased out over 10-year horizon beginning 2013						
Liquidity	Liquidity coverage ratio - minimum requirement			60%	70%	80%	90%	100%
	Net stable funding ratio						Introduce minimum standard	

图 12-1   巴塞尔协议Ⅲ的主要测度和计划

12.2 风险度量

金融风险这个概念既具体又便于量化，即在某次金融投资中可能损失的价值。注意，我们在这里严格区分了不确定性和风险，后者可以使用数学-统计方法测度，对不同的结果计算精确概率。但是，金融风险有多种类型的测度方法。最常见的风险测度是某种金融产品收益率的标准差。尽管标准差应用广泛，使用方便，但还是有一些重要缺点。一个最重要的缺陷是它对待下降趋势风险的方式与对待潜在上升趋势的方式相同。换句话说，比起一个不怎么变化的资产，它也惩罚了一个正回报率可能很大并且负回报率很小的金融产品。

考虑下面的极端情况。假定在股票市场上我们持有两支股票，并且可以在 3 种不同的宏观经济事件中精确度量股票的收益。在下一年，对成熟股份公司的股票 A 来说，经济增长会带来 5%的收益，经济停滞会使收益为 0%，经济衰退时收益为−5%。股票 B 的发行者是一家高成长的创业公司，处于好的经济环境中它的价格猛涨（+50%），面临经济停滞时收益率为 30%，即使在经济紧缩中，年化收益率也有 20%。股票 A 和 B 的收益率的统计标准差分别是 4.1%和 12.5%。因此，如果我们根据标准差做出选择，选择 B 会比选择 A 更有风险。但是，基于我们的常识，很明显股票 B 在每种情况中都优于股票 A，它在所有不同的宏观经济情形中都能向投资者提供更棒的回报。

这个简短的例子完美阐述了标准差作为风险测度的最大缺陷。标准差并不满足一致风险测度的一个最简单条件：单调性。如果 σ 风险测度是标准化的，并满足下列准则，我们就称它是一致的。参考 Artzner 和 Delbaen 的工作，可以得到一致性风险的深入信息。

单调性：如果在所有的情况下，组合 X_1 都没有比组合 X_2 更低的值，那么 X_1 的风险应该比 X_2 低。换句话说，如果在每种情形下，某种产品的支付都比另一种产品多，它应该有更低的风险。

$$\text{如果 } X_1 \geqslant X_2, \text{ 那么 } \sigma(X_1) \leqslant \sigma(X_2), \quad X_1, X_2 \in R^n$$

次可加性：两个组合放在一起的风险应该比两个组合各自风险的和要小。这个准则体现了分散化的原则。

$$\sigma(X_1 + X_2) \leqslant \sigma(X_1) + \sigma(X_2), X_1, X_2 \in R^n$$

- **正齐性**：一个常数与组合乘积的风险等于这个常数与组合风险的乘积。

$$\sigma(\lambda X) = \lambda \sigma(X), X \in R^n, \lambda \in R$$

- **平移不变性**：组合上加上一个常数的风险等于组合的风险减去这个常数。

$$\sigma(X + \varepsilon) = \sigma(X) - \varepsilon, X \in R^n, \varepsilon \in R$$

如果标准差不是一种可靠的风险测度，那我们该选用什么样的测度？这个问题最早由摩根斯坦利的 CEO 丹尼斯·韦瑟斯通（Dennis Weatherstone）在 20 世纪 90 年代早期提出。他要求公司的相关部门给出著名的 4:15 报告，在报告里，他们整合了所谓的收市之前 15 分钟的在险价值。CEO 想要一种整合的测度，可以展示公司在下一个交易日可能发生损失的金额。但这无法充分确定地计算，特别是鉴于 1987 年的黑色星期一，因此分析师们加入了一个 95% 的概率。

显示一个头寸在一个特定时期以一个特定概率（显著性水平）发生可能损失的图形叫作在险价值 VaR（Value at Risk）。尽管 VaR 很新，但还是被风险部门和金融监管者广泛使用。有多种方式可以计算 VaR，可以主要归类为 3 种类型。解析 VaR 的解析计算假设了我们知道基础资产或者回报率的概率分布。如果不想做这样的假定，我们可以使用 VaR 的历史计算，它采用过去实现的回报率或者资产价值。这种情况隐含地假定了给定产品的过去发展，可以很好地估计未来分布。如果我们愿意使用很难分析处理的复杂分布函数，最好选择蒙特卡洛模拟计算 VaR。它的应用既可以假定一种分析的分布，也可以使用过去的值。后者称为历史模拟。

12.2.1 解析 VaR

当使用一种解析方法计算 VaR 时，我们需要假定金融产品的回报率服从一种特定的数学概率分布。正态分布最常用，因此我们通常把它称为 VaR 计算的 delta-正态方法。数学上，$X \sim N(\mu, \sigma)$，其中 μ 和 σ 是分布的均值和标准差参数。为了计算在险价值，我们需要找到一个阈值（T），它可以使所有数据大于它的概率是 α（α 是一个显著性水平，可以是 95%、99%、99.5% 等）。对函数 F 使用标准正态累积分布：

$$P\left(X \leqslant \frac{T-\mu}{\sigma}\right) = F(T) = 1-\alpha$$

这表明我们需要对 $1-\alpha$ 运用逆累积分布函数：

$$\frac{T-\mu}{\sigma} = F^{-1}(1-\alpha) \rightarrow T = \mu + \sigma \times F^{-1}(1-\alpha)$$

虽然我们还不知道正态分布的累积函数的闭式数学公式和逆函数，但仍可以用计算机来求解。

通过 delta-正态方法，基于一个两年的数据集，我们使用 R 来计算苹果股票 95%、1 天的 VaR。苹果股票收益率的均值和标准差估计分别是 0.13% 和 1.36%。

下面的代码计算了苹果股票的 VaR：

```
Apple <- read.table("Apple.csv", header = T, sep = ";")
r <- log(head(Apple$Price,-1)/tail(Apple$Price,-1))
m <- mean(r)
s <- sd(r)
VaR1 <- -qnorm(0.05, m, s)
print(VaR1)
[1] 0.02110003
```

如果我们把阈值运用到收益率上，可以在下面的公式中看到它等于 VaR。注意我们总是取结果的绝对值，因为 VaR 解释为一个正数：

$$VaR = T = \left|0.14 + 1.36 \cdot (-1.645)\right| = 2.11$$

这个 VaR（95%，1 天）是 2.11。这意味着有 95% 的概率苹果股票会在一天之内损失不超过 2.11%。我们还能用一种相对方法解释它。苹果股票仅会以 5%的概率在一天内损失超过 2.11%。

图 12-2 描绘了使用历史 VaR 的苹果回报率的精确分布。

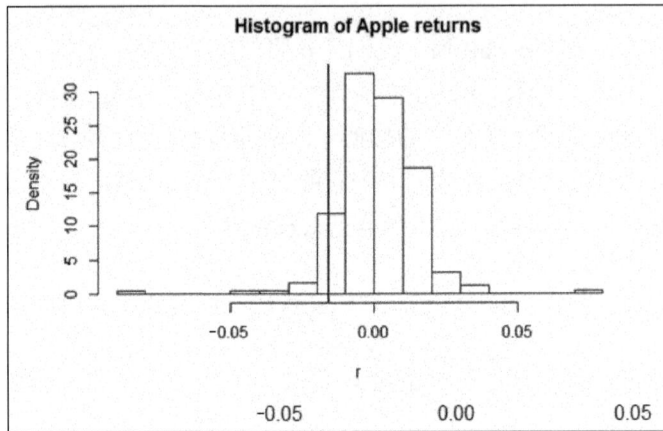

图 12-2 苹果回报率的直方图

12.2.2 历史 VaR

计算在险价值的最简单方式是使用历史方法。在这里，我们假定金融产品回报率的过去分布也代表着未来的分布。因此，我们需要一个阈值，可以找到分布值的 α 部分高于它。在统计中，这称为分位数。比如，如果我们使用一个有 95%显著性水平的 VaR，那它意味着数据集的下方第 5 个分位数。下面的代码显示如何在 R 中计算分位数：

```
VaR2 <- -quantile(r, 0.05)
print(VaR2)
        5%
0.01574694
```

把它运用到苹果的股份上，我们得到了下方第 5 个分位数为 1.57%。在险价值是这个分位数的绝对值。因此，我们可以说苹果在一天内损失超过 1.57%的概率仅为 5%，或者也可以说股票损失低于 1.57%的概率为 95%。

12.2.3 蒙特卡洛模拟

计算在险价值的最复杂方法是蒙特卡洛模拟。但是，只在其他方法不能使用时，才值得使用这种方法。原因可以是问题的复杂性或者是难于假定概率分布。无论如何，这是展示 R 支持风险管理的强大能力的最好方法。

蒙特卡洛模拟也可以用在金融和其他科学中的许多不同领域。基本方法是建立一个模型，并且假定外生变量的解析分布。下一步是根据假定的分布随机生成输入数据。然后，收集输出的结果，汇集成最终结果并得出结论。当准备好模拟数据后，我们会模仿历史方法使用相同的过程。

使用一个 10,000 步的蒙特卡洛模拟计算苹果股份的在线价值似乎没有必要，但可以用来演示。相关的 R 代码如下：

```
sim_norm_return <- rnorm(10000, m, s)
VaR3 <- -quantile(sim_norm_return, 0.05)
print(VaR3)
        5%
0.02128257
```

结果得到一个在险价值为 2.06%，是模拟回报率的下方第 5 个分位数。这很接近 delta-正态方法估计的 2.11%，这不是巧合。收益率服从正态分布的基本假定是相同的，因此，微小的差异仅仅是模拟随机性的一种结果。模拟步数越多，结果就越接近 delta-正态的估计。

当假定分布基于金融产品的过去数据时，蒙特卡洛模拟的一种修正方法是历史模拟。这里数据的生成并不是基于解析的数学函数，而是基于独立同分布方法随机地、更好地选择了的历史数值。

我们对苹果股票回报率使用了 10000 个分量的模拟。为了从过去数据中随机地选值，我们对这些值指定号码。在下一步，随机模拟一个在 1 到 251（历史数据的数量）之间的整数，然后再使用一个函数找到相关的收益率。R 代码可以在这里看到：

```
sim_return <- r[ceiling(runif(10000)*251)]
VaR4 <- -quantile(sim_return, 0.05)
print(VaR4)
        5%
0.01578806
```

VaR 的结果是 1.58%，毫不奇怪地接近原始历史方法的计算值。

现在，在险价值是一种在金融的许多领域中常见风险测度。但是一般来说，因为它不能满足次可加性，它依然不能完全满足一致性风险测度的准则。换句话说，它在某些情形中可能阻碍分散化。但是，如果对回报率假定一种椭圆形分布，VaR 则证明是一致性的风险测度。这在本质上意味着正态分布完美地符合 VaR 的估计。唯一的缺陷是现实世界的股票回报率与高斯曲线相比（见图 12-3），是非常尖峰（厚尾）的，这作为一种金融中的典型化事实人所共知。

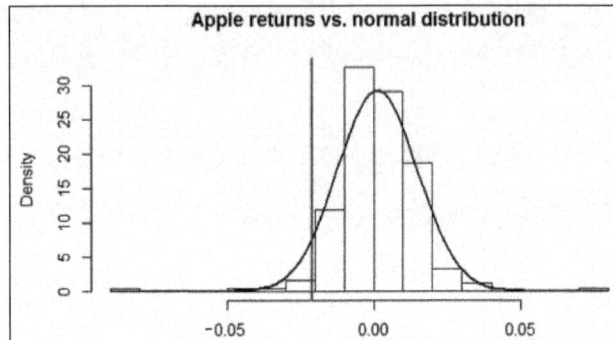

图 12-3 苹果的回报率和正态分布的比较

换句话说，与通过正态分布解释相比，真实股票更趋于表现出极端的损失和利润。因此，风险的先进分析假定了更复杂的分布来处理股票收益率的厚尾性、异方差和真实收益的其他不完美。

使用期望损失（Expected Shortfall，ES）也包含在风险的先进分析中，事实上它是一种一致性的风险测度，并且与我们假定的分布无关。期望损失关心分布的尾部。它测度了超过在险价值的分布的期望值。换句话说，在 α 显著性水平的期望损失是最坏的 $\alpha\%$ 情况的期望值。数学上，$ES_\alpha = \dfrac{1}{\alpha}\int_0^\alpha VaR_\gamma(X)\mathrm{d}\gamma$。在这里，$VaR_\gamma$ 是收益率分布的在险价值。

有时候，期望损失也称为条件在险价值（conditional value at risk，CVaR）。但这两个术语并不完全是一回事。如果连续分布用于风险分析，这两个术语可以当作同义词使用。尽管 R 可以处理期望损失这样的复杂问题，但这超出了本书目标，相关的进一步信息请参考 Acerbi, C.; Tasche, D.（2002）的工作。

12.3 风险分类

银行面对着多种类型的风险，如客户违约、市场环境改变、再融资问题，以及欺诈。这些风险的类型可以分为信用风险、市场风险和操作风险。

12.3.1 市场风险

由于市场价格变动产生的损失包括在市场风险中。它包括了银行或者金融机构的交易账户上头寸的损失。由于利率和货币产生的损失可能与银行的核心业务有关，也属于市场风险。市场风险可以包括多个子类，如权益风险、利率风险、货币风险，以及商品风险，流动性风险也包括在此。基于巴塞尔 II 指令的高级方法，主要基于计算在险价值来决定需要多少资本覆盖这些风险。

货币风险指汇率（例如，EUR/USD）或者它的衍生品变动产生的可能损失，而商品风险包括了商品（比如，黄金、原油、小麦、铜等）价格变动产生的损失。如果在融资和借贷的外汇敞口之间存在错配，货币风险也会影响银行的核心业务。外汇错配可能会引起银行产生严重的风险。因此，监管会在所谓的开放外汇头寸的最大数量上设置严格限制。这导致了银行的外汇敞口在负债和资产之间的错配。这可以通过某些对冲交易来解决（如交叉货币互换、货币期货、远期、外汇期权等）。

权益风险是股票、股票指数，或者证券衍生品的可能损失。我们看到过如何使用标准差或者在险价值测度权益风险的例子。现在，我们来讲述如何使用已经提过的技术来测度证券衍生品组合的风险。首先，我们看看单个看涨期权的在险价值。接着，我们来分析一个看涨期权和看跌期权的组合如何通过这种方法处理。

首先，我们假定 Black-Scholes 模型的所有条件构成了市场。Black-Scholes 模型与其条件的进一步信息请参考 John. C. Hull [9] 的书。股票现在的成交价是 $S = 100$ 美元，它不支付任何红利，并且服从参数 $\mu = 0.2$（漂移率）且 $\sigma = 0.3$（波动率）的几何布朗运动。

该股票的一个 ATM（平价）看涨期权离到期还有两年，我们需要决定这个头寸一年的 95% 在险价值。我们知道股票价格服从对数正态分布，而对数收益率服从参数 m 和 s 如下的正态分布：

如果

$$dS = \mu S dt + \sigma S dW(t)$$

那么

$$\ln(S) \sim N(m, s)$$

其中 $m = \mu - \dfrac{\sigma^2}{2} = 15.5$ 且 $s = \sigma = 30$。

现在，给定 Black-Scholes 条件成立，计算衍生品的当前价格。使用 Black-Scholes 公式，这个两年的期权在 25.98 美元交易：

$$c = S_0 N(d_1) - PV(X) N(d_2) = 25.98$$

注意到看涨期权的价格是基础资产的即期价格的单调增函数。

这个特性大大帮助了我们解决这个问题。我们需要的仅仅是期权价格的一个阈值，只有 5% 的概率低于它。但因为它是 S 的单调增函数，我们仅仅需要知道对股票价格来说这个阈值在哪里。给定参数 m 和 s，使用下面的公式可以很容易找到答案：

$$T = S_0 e^{\mu + \sigma F^{-1}(1-\alpha)} = 100 e^{0.155 + 0.3(-1.645)} = 71.29$$

于是，我们现在知道股票价格在一年内低于 71.29 美元（m 和 s 的时间期间是一年）的可能性仅有 5%。如果我们把 Black-Scholes 公式运用到这个不满一年就到期的期权价格上，得到看涨期权价格的阈值为：

$$c = S_T N(d_1) - PV(X) N(d_2) = 2.90$$

现在，我们知道期权价格在一年内超过 2.90 美元的可能性为 95%。所以我们损失的概率最多为 95% 的值是真实期权价格和阈值之间的差。因此一年期看涨期权的 95%VaR 如下：

$$VaR = 25.98 - 2.90 = 23.08$$

$$VaR = \frac{25.98 - 2.90}{25.98} = 88.82\%$$

因此，给定股票的这个看涨期权在一年内仅仅以 5% 的概率损失超过 23.08 美元或 88.02%。

计算过程在下面的 R 代码中看到。注意在运行代码之前，我们需要先安装 fOptions 包，命令如下：

```
install.packages("fOptions")
library(fOptions)

X <- 100
Time <- 2
r <- 0.1
sigma <- 0.3
mu <- 0.2
S <- seq(1,200, length = 1000)
call_price <- sapply(S, function(S) GBSOption("c", S, X, Time, r, r,
    sigma)@price)
plot(S, call_price, type = "l", ylab = "", main = "Call option price
    in function of stock prompt price")
```

图 12-4 是上述命令的结果。

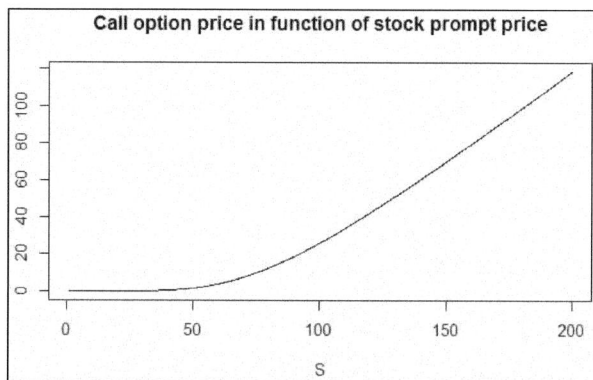

图 12-4　股票即时价格函数中的看涨期权价格

如果我们打算求解一个看涨和看跌期权的特定组合的 VaR，情况就不那么简单了。我们使用之前股票在 100 美元交易的例子。现在，除了平价看涨期权之外，我们在组合中增加了一个平价看跌期权，组成一种复杂的新头寸，在金融中称为"跨式"期权。在我们看来，这个组合的问题在于它是股票价格的非单调变换。正如在图 12-4 所见，这个组合的价值作为股票价格函数是一条抛物线，或者当期权即将到期时类似于"V"形。

因此，之前找到股票价格的阈值，恰好用来计算期权价格阈值的逻辑在这里不起作用。但是，我们可以使用蒙特卡洛模拟方法来计算需要的值。

首先，我们使用所谓的看跌-看涨平价与之前计算过的看涨期权价格，收集看跌期权的价格。看跌-看涨平价的计算如下：

$$c - p = S - PV(X) \rightarrow$$
$$\rightarrow p = c - S + PV(X) = 7.85$$

在这里，c 和 p 分别是看涨期权和看跌期权的价格，两者的执行价格都是 X，实际股票价格都是 S，如 Hull（2002）。结果，完整组合的价值是 33.82 美元。

现在，我们使用模拟方法从随机生成的输入数据集中，采集 10,000 个可能的组合价值的实现。我们保证股票价格服从几何布朗运动，并且对数收益率服从参数为 m 和 s 的正态分布（15.5% 和 30%）。对初始股票价格（100 美元）运用生成的对数回报率，我们可以得到一年的模拟股票价格。这个价格可以通过 Black-Scholes 公式重新计算看涨和看跌期权的价格。注意在这里，我们用模拟的股票价格替代了原来的股票价格，同时我们也使用到期不足一年的股票价格来计算。在最后一步，我们创建了模拟组合价值（$c+p$）的 10,000 个实现，接着找到下方第 5 个分位数。这就是阈值，期权组合的价值低于它的概率只有 5%。
这些步骤可以在下面的代码中看到：

```
X <- 100
Time <- 2
r <- 0.1
sigma <- 0.3
mu <- 0.2
S <- seq(1,200, length = 1000)
call_price <- sapply(S, function(S) GBSOption("c", S, X, Time, r, r,
    sigma)@price)
put_price <- sapply(S, function(S) GBSOption("p", S, X, Time, r, r,
    sigma)@price)
portfolio_price <- call_price + put_price
windows()
plot(S, portfolio_price, type = "l", ylab = "", main = "Portfolio
    price in function of stock prompt price")
# portfolio VaR simulation
p0 <- GBSOption("c", 100, X, Time, r, r, sigma)@price +
    GBSOption("p", 100, X, Time, r, r, sigma)@price
print(paste("price of portfolio:",p0))
[1] "price of portfolio: 33.8240537586255"
S1 <- 100*exp(rnorm(10000, mu - sigma^2 / 2 , sigma))
P1 <- sapply(S1, function(S) GxBSOption("c", S, X, 1, r, r,
    sigma)@price + GBSOption("p", S, X, 1, r, r, sigma)@price )
VaR <- quantile(P1, 0.05)
print(paste("95% VaR of portfolio: ", p0 - VaR))
```

上述代码生成图 12-5。

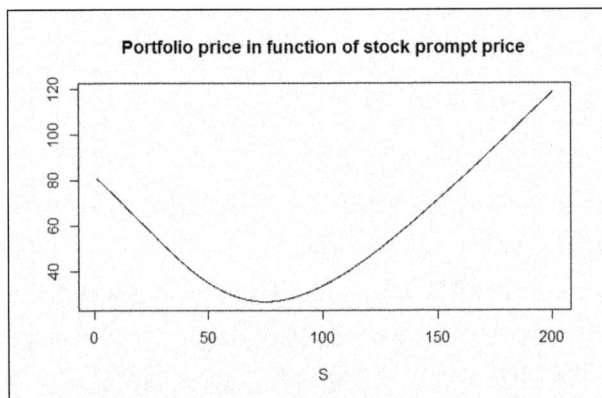

图 12-5　股票即时价格函数中的组合价格

需要的阈值出现在 21.45 美元。因此，组合的在险价值是 33.82－21.45＝12.37 美元。所以，组合损失超过 12.37 的概率仅为 5%。

利率风险源于核心业务，即银行的借贷和再融资活动。但是，由于利率的不利变动，它也包括债券或者固定收益衍生品的可能损失。对银行来说，因为它最常使用短期资金（客户存款、银行间贷款等）来为长期资产（如按揭贷款、政府债券等）实施再融资，所以利率风险是最重要的风险。

计算头寸或者整个组合的在险价值是测度银行或者金融机构的市场风险的有用工具。但是，还有其他多种工具可以用来测度和处理利率风险。比如，一个工具可以是资产和负债之间利率敏感性缺口的错配分析。这种方法是最早用来测度并处理利率风险的资产负债管理技术之一，但精度比不上现代的风险管理技术。在利率敏感性的缺口分析中，如果资产或负债是浮动的，那么资产和负债的成分则根据平均到期或者利率重置时间来分类。接着，在每个时间类中比较资产和负债的成分，以此提供利率敏感性错配的细节观点。

对银行或者金融机构来说，基于 VaR 的方法是一种更先进更精确的利率风险测度。这种方法同样基于利率敏感性，并通过固定收益组合的久期（以及凸度）表示，并没有通过资产和负债成分的到期错配来表示。

12.3.2 信用风险

银行面临的首要风险是借款人可能违约，无法偿还要求的借款。在这里，风险意味着贷款人会损失本金、利息以及所有相关偿还。损失是部分的或者全部的，这依赖于抵押或者其他的减轻因素。违约可以是许多不同事件的结果，如来自零售商借款人无力支付抵押、信用卡或者个人贷款上；公司、银行或者保险公司破产；到期发票支付失败；债券发行人支付失败，等等。

信用风险的预期损失可以表示为 3 种不同因素之积：PD、LGD 和 EAD：

$$期望的损失= PD \times LGD \times EAD$$

违约概率（PD）是发生支付失败事件的可能概率。这是所有信用风险模型的关键因素，有多种方法可以估计。违约损失率（LGD）表示了声称票面价值的损失百分比。恢复率（RR）是 LGD 的逆，表示了借款人违约时也能收到（恢复）的金额。它受到用于贷款的抵押品和其他缓解因素的影响。违约风险敞口（EAD）是暴露在特定信用风险下的声称价值。

银行和金融机构使用不同方法测度并处理信用风险。为了减小风险，可以关心所有 3 个因素的乘积。为了保持敞口可控，银行在向特定用户组（消费者、公司和主权国家）贷款时可以使用限制和约束。违约损失率可以通过使用诸如在房地产、证券和抵押品上的抵押权这样的附属担保品来降低。附属担保品对贷款人提供了安全，保证他们可以拿回他们的一部分资金。也有其他的工具可以减小信用风险，如信用衍生品和信用保险。

信用违约互换（credit default swap，CDS）是一种金融互换合约，对第三方违约起到了保险作用（见图 12-6）。CDS 的发行者或者卖方同意在债务持有者违约事件中补偿买方。买方向卖方定期支付债券或者其他债务工具面值的某个比例。如果发生信用事件，卖方向买方支付票面价值并收回债券。如果债务人没有违约，CDS 协议在到期时终止，卖方不支付任何费用。

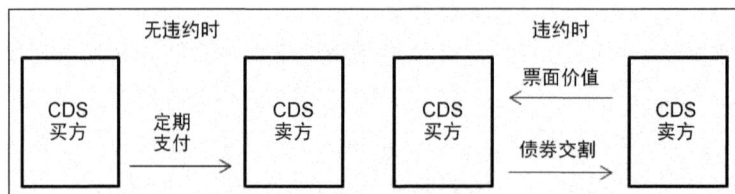

图 12-6　CDS 的违约支付示意图

违约概率也可以通过对商业伙伴和借款人的实施尽职调查，使用契约和严格政策来减少。银行采用广泛多样的尽职调查，范围从标准化评分过程到更复杂的客户深度研究。通过使用这些方法，银行可以筛选出那些违约概率特别高的客户，并会因此保护资本头寸的安全。也可以通过基于风险的定价来减少信用风险。特定客户的信用风险通过使用了利差来覆盖，相应地，更高的违约概率会导致更高的信用风险期望损失。银行需要在正常的业务流程中解决这个问题，而仅在出现未预期的资本损失时需要形成资本。因此，信用风险的预期损失应该是产品定价的一个基础部分。

对所有的银行和金融机构来说，估计违约概率都是非常重要的问题。有几种方法可用于这个问题，我们考察其中的 3 种不同方法。

- 从风险债券或者信用违约互换产品的市场定价中推出的隐含概率（例如，Hull-White方法）。

- 结构化模型（例如，KMV 模型）。

- 信用评级的当前变动和历史变动（例如，CreditMetrics）。

第一种方法假定了对这些有信用风险的金融工具，市场上存在着以这些金融工具为基础的交易产品。这种方法还假定了风险完美地显示在这些工具的市场定价上。比如，一家风险公司的债券在市场上交易，债券价格会低于无风险证券的价格。如果在市场上交易某个特定债券的信用违约互换产品，那么，它也会影响市场对那个证券的风险定价。如果市场上有足够的流动性，信用风险的期望损失应该等于风险的观察价格。如果我们知道这个价格，就能决定违约价格的隐含概率。

再来看一个简短的例子。假定有一个一年期的零息债券，票面价值 1000 美元，发行公司的评级为 BBB，交易的到期收益率（YTM）为 5%。一个特征相似但没有信用风险的国库券，评级为 AAA，按 3% 的到期收益率交易。我们知道，如果公司债券违约，可以收回 30% 的票面价值。那么如果市场定价合适，这个债券违约的概率是多少？

首先，我们需要计算公司债券和政府债券的当前市场价格。公司债券应该在 $P_c = \dfrac{CF}{(1+r)^t} = \dfrac{1000}{(1+0.05)^1} = 952.4$ 美元交易。类似地，政府债券应该在 $P_g = \dfrac{1000}{(1+0.03)^1} = 970.9$ 美元交易。

这两个债券的价差是 18.5 美元。一年债券的期望信用损失是 $PD \cdot LGD \cdot EAD$。如果我们想通过保险或 CDS 对冲信用风险，这个金额的现值是我们愿意支付的最大值。结果，两个债券的价差应该等于期望信用损失的现值。因为 30% 的票面价值在违约情况下可以收回，所以 LGD 是 70%。于是，$PV(PD \times LGD \times EAD) = \dfrac{PD \times 0.7 \times 1000}{1.03} = 18.5$ 或者 $PD = \dfrac{1.03 \times 18.5}{0.7 \times 1000} = 2.72\%$。

所以，如果市场恰当定价，隐含的违约概率在下一年是 2.72%。如果市场上存在与特定债券相关的信用衍生品交易，这个方法也可以使用。

结构化方法创建了数学模型，这个模型基于金融工具暴露于信用风险的特征。一个常用的例子是 KMV 模型，它由以下 3 位数学家联合建立的公司创建：Stephen Kealhofer，John McQuown 和 Oldřich Vašíček。这家公司自从 2002 年被穆迪评级机构收购之后，目前以穆迪分析的名义运营。

如图 12-7 所示，KMV 模型基于莫顿的信用模型（1974），后者把存在信用风险的公司的债务证券和权益证券都视为类似于期权的衍生品。其基本思想是如果一家公司有能力清偿债务，那么它的资产市值（或企业价值）应该超过它持有的债务票面价值。因此，他们在公司债券刚好到期之前，估计他们的票面价值和权益价值（公众公司的市场资本化）。但是，如果资产价值小于到期债务的票面价值，企业所有者会决定增资或者破产。如果出现后者的情形，公司债券的市场价值会等于资产价值，而权益持有者在清算期间什么也得不到。

选择破产或者增资称为破产期权，它具备与看跌期权相同的特征。由于权益持有者对公司的责任不会超过其投资价值（股份价格不能为负），所以这种期权存在。更特殊的是，公司债券的价值是无信用风险的债务和破产期权的组合，从债务持有者的角度来看，这是一个做空的看跌期权（做多债券+做空看跌期权）。

公司权益可以当作看涨期权（做多看涨）来处理。公司的资产价值是所有等式之和，如下面的公式所示：$V = PV(D) - p + c$，其中 D 是公司债券的票面价值，V 是资产价值，c 是权益市值（在这一点上是看涨期权），而 p 是破产期权的价值。

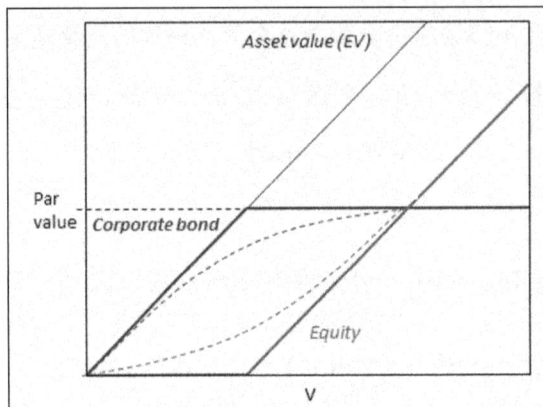

图 12-7　KMV 模型

在实践中，计算有风险的公司债券精确价值有必要计算资产价值和权益的波动率。一家公众公司的权益波动率可以从股票的价格变动中轻易估计出来。但无法得到资产波动率，因为实体经济的商品交易通常是非公开的。出于同样的理由，资产的市场价值同样很复杂。因此，KMV 模型有两个方程和两个未知变量。两个方程是 Black-Scholes 理论的条件，$E = VN(d_1) - PV(D)N(d_2)$，基于 Black-Scholes 方程；以及 $\sigma_E E = \dfrac{\partial E}{\partial V}\sigma_V V$，基于伊藤引理。其中 E 和 V 分别是权益和资产的市值，D 是债券的账面价值，σ_E 和 σ_V 分别是权益和资产的波动率。

现在，我们来看一个例子，其中公司权益的市值（市场资本化）是 3 亿美元，波动率是 80%。公司有一个单系列零息债券，票面价值为 10 亿美元，恰好一年到期。无风险的对数收益率为一年 5%。

在 R 中求解上述方程，结果如下：

```
install.packages("fOptions")
library(fOptions)
kmv_error <- function(V_and_vol_V, E=3,Time=1,D=10,vol_E=0.8,r=0.05){
  V <- V_and_vol_V[1]
  vol_V <- V_and_vol_V[2]
```

```
E_ <- GBSOption("c", V, D, Time, r, r, vol_V)@price
tmp <- vol_V*sqrt(Time)
d1 <- log(V/(D*exp(-r*Time)))/tmp + tmp/2
Nd1 <- pnorm(d1)
vol_E_ <- Nd1*V/E*vol_V
err <- c(E_ - E, vol_E_ - vol_E)
err[1]^2+err[2]^2
}
a <- optim(c(1,1), fn = kmv_error)
print(a)
```

公司债券的合计价值为 9.40 亿美元，对数到期收益率为 6.44%，资产价值为 12.40 亿美元，波动率为 21.2%。

第三种估计违约概率的方法基于评级。这种估计的方法始于不同的金融工具或者经济实体（公司、主权实体和机构）的信用评级。JP 摩根的风险管理部门最早在 1977 年开发出 CreditMetrics 分析。接着它不断得到了深入发展，现在它已经广泛地应用于各种风险管理工具。CreditMetrics 的基本思想是估计一个实体的评级如何随着时间变动的概率，以及如何影响同一实体发行的证券。它始于评级的历史分析，然后创建一个所谓的转移矩阵，矩阵包含了信用评级可能如何发展的概率。CreditMetrics 的深入信息请参见由 MSCI 出版的技术书（Committee on Banking Regulations and Supervisory Practices（1987））。

12.3.3　操作风险

第三种主要的风险类型是操作风险。它指银行、金融机构或其他公司操作时所有可能出现的损失。它包括了源于自然灾害、内部或者外部欺诈（例如，银行抢劫）、系统故障或者失效，以及不恰当的工作过程的种种损失。这些风险可以分为以下 4 类。

- 低概率低影响：如果风险小，操作的潜在影响也小，那么不值得花功夫处理。

- 高概率低影响：如果风险事件出现的频率太高，那么意味着应该重组公司的某些过程，或者应该把它包括到某个特定操作的定价中。

- 低概率高影响：如果一个大影响事件的概率低，缓释风险的最适合方法是对这种风险买保险。

- 高概率高影响：如果这种风险的影响和概率两者都高，最好关闭这种操作。在这里，重组和保险都没用。

风险管理部分与其说属于金融分析，不如说是精算科学。但是，R 提供的工具依然胜任处理这些问题。我们举一个例子，IT 系统失效可能导致操作损失。失效的次数服从参数 $\lambda = 20$ 的泊松分布，而每次损失的量级服从参数 $m = 5$ 及 $s = 2$ 的对数正态分布。基于泊松分布，平均一年的失效次数是 20 次，而损失量级的期望值是 $e^{(m+\frac{s^2}{2})} = 1097$。

但是，我们需要决定联合分布、期望值以及累积年度损失的 99.9% 的分位数。后者会用于决定由巴塞尔 II 的高级测度方法（AMA）设置的资本。我们使用一个 10,000 个元素的蒙特卡洛模拟。第一步是生成一个服从泊松分布的离散随机变量。然后，我们用对数正态分布生成独立变量，数量按照之前生成的整数数目。通过 10000 次重复这个过程，我们创建了累积损失的分布。累积损失的期望值是 21694 美元，99% 的分位数是 382247 美元。

因此，我们有 0.1% 的概率，会由于 IT 系统失效而在一年内损失超过 382000 美元。R 中的计算如下：

```
op <- function(){
n <- rpois(1, 20)
z <- rlnorm(n,5,2)
sum(z)
}
Loss <- replicate(10000, op())
hist(Loss[Loss<50000], main = "", breaks = 20, xlab = "", ylab = "")
print(paste("Expected loss = ", mean(Loss)))
print(paste("99.9% quantile of loss = ", quantile(Loss, 0.999)))
```

上述命令的输出结果是图 12-8。

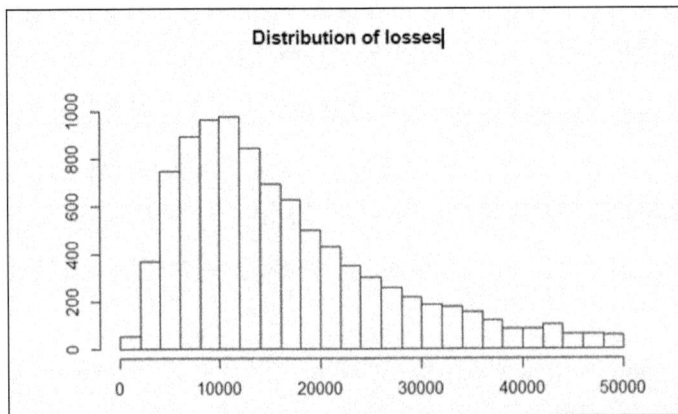

图 12-8 损失的分布

我们看到了图 12-8 显示的累积损失类似于对数正态分布，但并不必要一定是对数正态分布。

12.4 小结

在本章中，我们学习了巴塞尔协议的基本原则，银行监管的资本充足率要求，风险测度和不同的风险类型，以及最重要的是，强大工具 R 在风险管理中的应用。

我们看到，巴塞尔协议是一个在世界范围中协调银行监管的框架，同时，我们学习了银行监管不断进步的发展和更复杂的方法。此外，我们提供了风险测度的洞见，从最简单的收益率标准差到更复杂的也是最重要的在险价值（VaR）。不过我们看到 VaR 还不是一致性的风险测度，但是，无论在监管中还是在风险管理中，它依然是使用最广泛的计算之一。

接着我们转向银行或金融机构面对的最主要风险类型，即信用风险、市场风险和操作风险。你可以看到如何使用不同的风险管理方法计算不同风险类型的可能损失和相关的资本充足率。最后，我们给出几个例子展示 R 如何简化地解决了风险管理中的复杂问题。

12.5 参考文献

- History of the Basel Committee.

- Basel Committee on Banking Supervision (Charter).

- Committee on Banking Regulations and Supervisory Practices (1987): Proposals for international convergence of capital measurement and capital standards;Consultative paper; December 1987.

- Basel Committee on Banking Supervisions (1999): A New Capital Adequacy Framework; Consultative paper; June 1999.

- Artzner, P.; Delbaen, F.; Eber, J. M.; Heath, D. (1999). *Coherent Measures of Risk*.Mathematical Finance, 9 (3 ed.): p. 203.

- Wilmott, P. (2006). *Quantitative Finance* 1 (2 ed.): p. 342.

- Acerbi, C.; Tasche, D. (2002). *Expected Shortfall: a natural coherent alternative toValue at Risk*. Economic Notes 31: p. 379—388.

- Basel II Comprehensive Version.

- Hull, J. C. (2002). *Options, Futures and Other Derivatives* (5th ed.).

- *Principles for the Management of Credit Risk - final document.* Basel Committee onBanking Supervision. BIS. (2000).

- Crosbie, P., Bohn, J. (2003): *Modeling default risk. Technical Report, Moody's KMV.*

- Crouhy, M., Galai, D., Mark, R. (2000): *A comparative analysis of current credit risk models.* Journal of Banking & Finance, 24:59—117.

- MSCI CreditMetrics Technical Book.

第 13 章
系统风险

当前金融危机的主要教训之一是，由于规模或者特殊角色，某些金融机构为金融市场承担了巨大的风险。危机期间，这些机构通常会获得国家援助以阻止整个系统的崩溃，这意味着对国家和实体经济而言还有更高的成本。最好的例子之一是 AIG（美国国际集团）。鉴于它在 CDS 市场的活跃，美联储帮助这家保险公司避开破产，因为没人敢想象这家机构破产之后会有何种影响。

这些教训刺激了央行和其他监管机构更重视系统性的重要金融机构（systemically important financial institutions，SIFI）的检查和监管。为此，在金融文献中，识别 SIFI 的复杂方法越来越重要。通过扩展过往方法，中央银行和监管机构趋于利用金融市场的交易数据，使用基于网络理论的复杂方法。这些信息对投资者来说也很重要，因为有助于分散他们对金融板块的风险敞口。

这一章的目的是介绍两种基于网络理论的技术，它们超越了常用的中心性度量，可用于识别 SIFI。

13.1 果壳中的系统风险

全球金融危机突显出，某些金融机构的规模相对于实体经济太大，又或者与重要的交易对手有千丝万缕的联系。所以，任何影响这些机构的问题最终都会对整个金融市场乃至实体经济都造成毁灭性打击。因此，政府会尽一切努力挽救这些机构。全球已有好几例这样救助的例子，有好几个全球性的例子，政府或中央银行对他们最重要的金融机构提供担保、注入资本、借出资金或者直接收购（比如，北岩银行、AIG 或者贝尔斯登）。

没有这些步骤，崩溃的几率就似乎太高了，因为紧急救助很可能代价极其高昂。总之，识别系统性重要金融机构再次成为热门主题。危机的主要教训之一是，最大和关联最多的机构在平时也需要区别处理。根据新巴塞尔框架，系统性重要机构必须比那些相对不重要的伙伴机构受到更严格的监管。由于它们的中心地位和相互关联，这些机构的失败会在整个金融市场激发巨大冲击，逐渐破坏实体经济。个体机构的理性选择目标是最大化预期利润，但从整个系统水平的角度看则是次优的选择，因为没有考虑到在压力时期对整体社会可能的负效应。

在危机之前，主要在决定求助于最后借款人的支持中评估个体金融机构的系统角色。如果一家银行陷入困境，中央银行在决定是否借款给它时会考虑这家银行的系统性角色。一项关于不同国家使用技术的分析调查发现，在许多情况中，当局在评估系统重要性时都采用了相似的技术。但在实践中存在着丰富多彩的方法，从传统技术（例如，关于市场份额的基于指标的方法）到复杂的量化模型再到定性准则，包括市场智能（FSB（2009））。指标分析法会包括多种不同类型的比率。通常，检查重点是金融市场、金融基建和金融中介，但实际使用的指标集在国与国之间会有变化，这依赖于研究的银行业系统有怎样的特征。

指标分析法主要关心每家银行在银行业不同部分的市场份额（从资产到流动性，并从OTC 衍生品的名义价值到支付的清算和结算，可以涵盖多个领域 [BIS（2011）]。有时，这些指标分析法不包括关于在金融市场中机构的相互关联性的信息。Daróczi et al.（2013）就如何结合这些信息来识别系统性重要银行的问题，提供了一些建议。应用于每个银行的网络简单度量可以扩展传统的指标分析法。在金融文献中，有许多不同的度量方法用来评估网络稳定性或个体机构的作用。Iazetta 和 Manna（2009）使用了所谓的测地线频率 [geodesic frequency，也称为"中间性"（betweenness）] 和度（degree）来评估网络的弹性。

他们发现，这些比率的使用有助于识别系统中的大规模参与者。Berlinger et al.（2011）也使用了网络测度方法来检查个别机构的系统作用。

在本章中，我们不会面面俱到，因为 Daróczi et al.（2013）已经讲述过所有这些方法及其 R 的应用。我们的重点放在网络理论的两种不同方法。首先，我们会展示金融市场的核心-边缘分解。其次，我们会讲述一种模拟方法，这种方法可以帮助我们看到个别机构违约时的传染效应。

13.2 案例所用的数据集

在本章中，我们使用一个虚构的银行系统和它的银行间存款市场。因为这些交易没有抵押，因此通常会有最大的潜在损失，所以我们使用这个市场。

对于这个分析，我们需要一个连接的网络，所以我们构建了一个。这个网络应该包括银行相互之间的敞口信息。通常，我们会有类似表 13-1 的交易数据。因为银行间市场的平均期限很低，所以很可能使用这种数据。比如，我们可以通过使用每个银行对之间的月均交易规模来构造网络。这种类型的分析只和每个交易的对手方与合约规模有关。

表 13-1 交易的数据集

Lender	Borrower	Start of the transaction	End of the transaction	Size	Interest (%)
1	2	02-Jul-07	03-Jul-07	5,00	7,70
2	28	02-Jul-07	03-Jul-07	2,00	7,75
7	28	02-Jul-07	03-Jul-07	4,90	7,75
11	24	02-Jul-07	03-Jul-07	2,00	7,90
13	7	02-Jul-07	03-Jul-07	1,00	7,70
21	23	02-Jul-07	03-Jul-07	4,00	7,75
39	11	02-Jul-07	03-Jul-07	1,20	7,70
39	20	02-Jul-07	03-Jul-07	1,20	7,60

使用所有这些信息，我们可以集中建立一个一个金融市场矩阵（如图 13-1 所示，它可以可视化为一个网络）。

1	2	3	4	5	6	7 ....
	11,1	1		11,6		5,5
						8,4
				7		23,4
		1		87		12,3
		9,9			3	26
	11,3	7,1		9		21,5
	1,5	8,4			1,5	
				2,5	2	6,5

图 13-1 所用的矩阵

第一步是矩阵的核心-边缘分解。在这种情况下，我们仅仅需要所谓的邻接矩阵 A，其中：

$$A_{i,j} = \begin{cases} 1, & \text{银行 } i \text{ 向 } j \text{ 发放贷款} \\ 0, & \text{其他} \end{cases}$$

这个模拟方法比较复杂，因为我们会需要更多的信息，同时关于银行和交易的信息。我们需要使用一个加权矩阵 W 代替邻接矩阵，其中的权重是交易规模：

$$W_{i,j} = \begin{cases} w, & \text{银行 } i \text{ 向 } j \text{ 发放的贷款总和} \\ 0, & \text{其他} \end{cases}$$

图 13-2 展示了所考察的市场在采样周期中的加权网络。

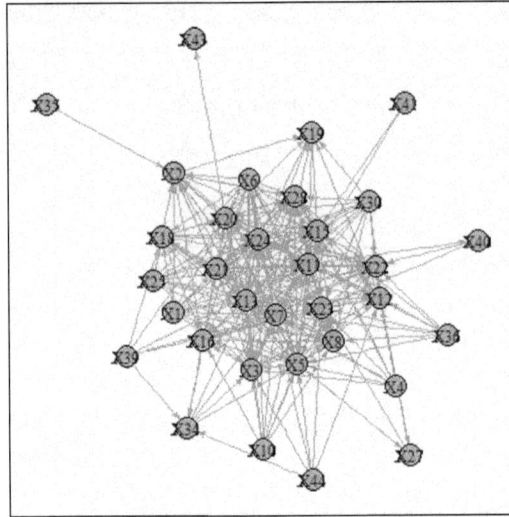

图 13-2 银行间存款市场的网络

我们也需要一些特定银行的信息。向量 C 会包含银行资本头寸的信息。C_i 表示以给定货币表示的，超过监管最小值的资本缓冲。当然，在整个练习期间需要决定是资本缓冲还是整个监管资本。我们认为，使用资本缓冲更好一些，因为如果一家银行损失了全部缓冲，监管机构会相应有所行动。向量 S 会包含每家银行的规模，S_i 是整个银行 i 的平衡表（图 13-3）。

	资产负债表合计	超过最小监管值的资本缓冲
1	693	9
2	2 018	17
3	2 189	29
4	149	47
5	1 921	25
6	641	32
7	1 313	7
⋮	⋮	⋮

图 13-3 资本头寸和规模的向量

13.3 核心-边缘分解

银行间市场是多层次的市场结构，并按照层次化的方式运作。这些市场的一个著名特征是，许多银行仅仅和一小部分大机构做交易，而这些大机构的运作很像中介或者货币中心银行。可以认为这些大机构是网络核心，而其他银行是边缘。

许多文献关心这些真实世界网络的特征。例如，Borgatti 和 Everett（1999）基于引用数据的网络检验了这种现象，发现 3 个刊物是核心成员。Craig 和 von Peter（2010）使用这种核心-边缘结构分析德国的银行间市场。他们发现，特定银行的特征有助于解释银行在同业市场中如何定位。网络中的规模和位置之间存在一种强相关。因为分层是一种行为而不是随机的，因此有经济原因（如，固定成本）解释为什么银行系统会围绕着一个货币中心银行的核心自组织。这种发现也意味着，核心性能可以很好地度量系统重要性。

网络的完美核心-边缘结构可以表示为图 13-4 这样的矩阵。核心银行位于矩阵的左上角。所有的核心银行都相互连接，可以视为中介机构，它们有责任维持市场的稳定性。而其他银行通过核心银行彼此连接，位于右下角，是较为边缘的银行，和其他的边缘机构没有连接，仅仅连接到核心，如图 13-4 所示。

Bank codes	1	14	3	4	38	32	6	33	36	26	24	15
1	0	1	1	1	1	0	0	0	0	0	0	0
14	1	0	1	1	0	0	0	1	0	0	0	0
3	1	1	0	1	0	0	1	0	0	0	0	0
4	1	1	1	0	0	0	0	0	0	0	0	1
38	0	0	0	0	0	0	0	0	0	0	0	0
32	1	0	0	0	0	0	0	0	0	0	0	0
6	0	1	0	0	0	0	0	0	0	0	0	0
33	0	0	0	1	0	0	0	0	0	0	0	0
36	0	0	0	0	0	0	0	0	0	0	0	0
26	0	0	1	0	0	0	0	0	0	0	0	0
24	0	0	0	0	0	0	0	0	0	0	0	0
15	0	0	0	0	0	0	0	0	0	0	0	0

图 13-4　核心边缘结构的邻接矩阵

Craig 和 von Peter（2010）建议，矩阵的核心-核心和边缘-边缘部分都非常重要，核心-边缘部分也很重要（右上和左下的部分）。他们强调，所有核心银行必须至少与一个边缘机构连接。这个特征表明，边缘银行除非通过一家核心银行，否则不能存在于这个市场。我们认为，尽管这个问题很重要，但因为可能出现的传染效应，核心银行本身会导致系统重要性。

在许多情形下，真实世界的网络不可能得到纯粹的核心/边缘分解。尤其当我们对矩阵的核心-边缘部分有要求时更是如此。因此，在第一步，我们尝试解决最大环问题（例如，使用 Bron-Kerbosch 算法）。接着在第二步，我们选择边缘-边缘部分平均度最小的结果。还有许多不同方法可以分解核心-边缘。为了简便，我们选择了这里的方法。

13.3.1 R 中的实现

本小节讲述如何编程实现核心-边缘分解。从下载需要的 R 包到载入数据集，从分解到结果可视化，我们会讲述所有相关信息。用小部分显示代码，并详细解释每段代码。

我们设置了整个模拟期会用到的库。代码会在这个库中搜寻输入数据文件。我们下载了 R 包 igraph，这是金融网络可视化的重要工具。当然，因为安装过程不会再重复，首次运行代码之后，这一行会删除。最后在安装之后，R 包应该首先载入到当前的 R 会话中。

```
install.packages("igraph")
library(igraph)
```

在第二步，我们载入数据集，在这里它只能是矩阵。导入的数据是一个数据框，它必须转化成矩阵形式。如我们之前所见（图 13-1），当两个银行之间没有交易时，矩阵中没有数据。第三行的这些单元用 0 填充。然后，因为我们只需要邻接矩阵，因此把所有的非 0 单元都改为 1。最后，我们从邻接矩阵的一个对象中创建一个图。

```
adj_mtx <- read.table("mtx.csv", header = T, sep = ";")
adj_mtx <- as.matrix(adj_mtx)
adj_mtx[is.na(adj_mtx)] <- 0
adj_mtx[adj_mtx != 0] <- 1
G <- graph.adjacency(adj_mtx, mode = "undirected")
```

igraph 包有一个叫作 largest.clique 的函数，它求解最大环问题并生成结果列表。对象 CORE 包含最大环的所有设置，命令如下：

```
CORE <- largest.cliques(G)
```

最大环是图的核心，而它的补集是边缘。我们对生成的每个最大环创建边缘，然后对核心节点和边缘节点设置不同的颜色。这有助于图形识别。

```
for (i in 1:length(CORE)){
core <- CORE[[i]]
periphery <- setdiff(1:33, core)
V(G)$color[periphery] <- rgb(0,1,0)
V(G)$color[core] <- rgb(1,0,0)
print(i)
print(core)
print(periphery)
```

然后，我们计算边缘-边缘矩阵的平均度。识别金融机构的系统重要性时，最优解是最低平均度。

```
H <- induced.subgraph(G, periphery)
d <- mean(degree(H))
```

最后，我们在新窗口中画图。图形也包含边缘矩阵的平均度。

```
windows()
plot(G, vertex.color = V(G)$color, main = paste("Avg periphery
  degree:", round(d,2) ) )}
```

13.3.2 结果

通过运行代码，我们得到了核心-边缘分解的所有的解。每种情形的边缘平均度都画在这些图上。我们选择边缘平均度最小的解。这意味着在这个解中，边缘银行彼此连接非常有限。核心发生问题会使得它们无法联系到市场。另外，因为核心完全连接，传染过程会极快传染到每家银行。总之，任何核心银行的违约都会危害边缘银行联系到市场，因而成为传染过程的来源。图 13-5 给出了通过这种简单方法分解核心-边缘的最优解。

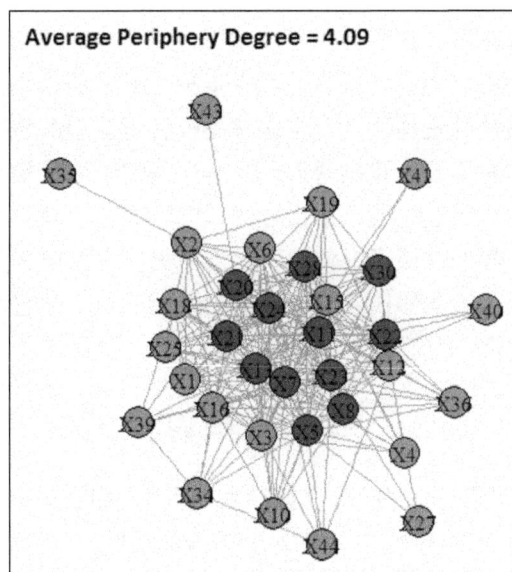

图 13-5　边缘度最小的核心-边缘分解

根据这个结果，可以认为 12 家银行是系统重要性的机构，名称是 5、7、8、11、13、

20、21、22、23、24 和 30。

13.4　模拟方法

从系统角度理解银行角色的最佳方法，是模拟它的违约效应。通过这种方法，我们可以得到关于银行系统重要性的最精细结果。这些方法的主要问题常常是它的数据需求。个体机构的主要特征（例如，资本缓冲或者规模）不足以应对这种类型的练习。我们还必须精确了解它在金融市场中对其他银行的敞口，因为最重要的传染渠道就是金融市场。

在本节中，我们讲述一种简单的方法来识别金融机构的系统重要性。为了尽可能简化，我们做出如下一些假设。

- 我们会研究个体违约的效应。在违约之后，所有的传染效应都会突然穿过网络。

- 因为所有的效应都是突然穿过，因而银行不会有任何调整。

- LGD 对所有银行都是常数。有的模型考虑了事实上 LGD 会在银行之间不同，但这会使模型过度复杂。

- 我们不考虑违约之后法律处理的时长。在实践中，这应该置于 LGD 中考虑。

正如我们在数据部分所讲，我们需要 3 个数据集。首先，我们需要包含了存款市场上银行间彼此敞口数据的矩阵。因为这些交易没有抵押，潜在的损失在市场上最大。其次，我们需要每家银行资本缓冲的规模。高资本缓冲率很有可能缓解传染效应。因此，检查资本缓冲可以是什么始终非常重要。我们认为，只有那些超过监管最小值的资本才在这个练习中需要谨慎对待。第三，我们需要每家银行的规模。为了评估一家银行的违约效应，我们需要传染银行的规模。我们在例子中使用了全部的平衡表，但其实也可以使用其他的度量方法。选择的度量方法必须能够代表真实经济的效应（例如，它可以是公司贷款组合的规模或者是存款存量的规模，等等）。

13.4.1　模拟

在第一步，我们随机选择一家银行（任何一家，因为我们会对每家银行重复这个过程），并假定在一次个别冲击之后它违约了。矩阵包含了给这家银行借钱的其他银行的所有信息。W_{ij} 是银行 j 从银行 i 借入贷款的规模。L 是 LGD，即敞口的损失规模。当下列不等式成立时，即银行 i 因为银行 j 的违约造成的损失超过了银行 i 自身的资本缓冲时，银行 i 就认定为违约：

$$E_{ij}L > C_i$$

结果，我们得到了银行 j 的所有伙伴银行，它们在银行 j 崩溃后违约。我们对刚刚违约银行的伙伴银行重复第一步过程，并继续这种模拟直到我们达到均衡状态，再也没有新违约。

我们对每家银行都做这种模拟，即我们试图找出，传染效应使得这家银行崩溃之后，哪家银行会违约。最后，我们整合所有违约银行的全部平衡表。最终结果是一个列表，包含了每家银行基于受影响银行的市场份额违约的潜在效应。

13.4.2　在 R 中实现

在本小节中，我们会展示如何在 R 中实现这种模拟技术。与之前一样，我们会给出全部代码。代码的某些部分也曾用于区分核心-边缘，因此我们不会给出解释细节。

在前几行，我们设置了基本信息，需要解释的地方有两行。第一，我们设置了 LGD 的值。在后面我们会看到，设定不同的 LGD 值进行检验非常重要，因为我们的模拟对 LGD 的水平敏感。这个值可以在从 0 到 1 之间任意选择。Set.seed 命令设置随机数生成器的初始值，以确保得到的图内容相同。

```
LGD = 0.65
set.seed(3052343)
library(igraph)
```

在代码的下一个部分，我们载入用于这个模型中的数据，也就是网络的矩阵（mtx.csv），资本缓冲的向量（puf.csv）以及银行规模的向量（sizes.csv）。

```
adj_mtx <- read.table("mtx.csv", header = T, sep = ";")
node_w <- read.table("puf.csv", header = T, sep = ";")
node_s <- read.table("sizes.csv", header = T, sep = ";")
adj_mtx <- as.matrix(adj_mtx)
adj_mtx[is.na(adj_mtx)] <- 0
```

在模拟期间，与核心-边缘不同，邻接矩阵不足以进行区分，我们还需要权重矩阵 G：

```
G <- graph.adjacency((adj_mtx ), weighted = TRUE)
```

下一步是技术的而非本质的，但有助于避免之后的任何错误。V 是图中节点的集合。我们把每个节点的相关信息放在一起，即在哪一步它发生违约（没有违约的银行得到 0）、资本缓冲以及规模。

```
V(G)$default <- 0
V(G)$capital <- as.numeric(as.character(node_w[,2]))
V(G)$size <- as.numeric(as.character(node_s[,2]))
```

然后，我们可以轻易画出网络。我们已经使用这个命令创建图 13-2。当然，它也不是模拟的本质：

```
plot(G, layout = layout.kamada.kawai(G), edge.arrow.size=0.3,
    vertex.size = 10, vertex.label.cex = .75)
```

正如我们所说，我们的目标是得到一个银行列表，以及它们的崩溃对银行系统的影响。但是，看到每种情形中传染的过程也很值得。因此，我们使用一个可以生成相关图形的函数。sim 函数有 4 个属性：G 是加权图，开始的节点是第一家违约银行，LGD，最后一个是用来转换开启或转换绘图过程的变量。后两个属性有默认值。但是，在每次运行中我们都可以赋予它一个不同的值。我们还可以根据违约发生在哪一步而对每个节点设置不同的颜色。

```
sim <- function(G, starting_node, l = 0.85, drawimage = TRUE){
node_color <- function(n,m)  c(rgb(0,0.7,0),rainbow(m))[n+1]
```

创建一个变量帮助我们了解传染是否停止。再创建一个包含违约银行的列表。列表的第 j 个成分包含了所有在第 j 步崩溃的银行。

```
stop_ <- FALSE
j <- 1
default <- list(starting_node)
```

接下来的部分是整段代码的精华所在。我们始于 loop 循环并检查传染是否继续。最初，它必然能运行下去。我们将在第 j 步传染的银行的缺省值设定为 j。然后，在一个 for 循环中，我们取所有连接到银行 i 的银行，并从它们的资本中扣除 exposure×LGD。此后违约的银行会记录在违约名单上。然后，我们通过刚刚违约的银行的敞口重新计算，直到不再有新的违约才停止。

```
while(!stop_){
V(G)$default[default[[j]]] <- j
j <- j + 1; stop_ <- TRUE
for( i in default[[j-1]]){V(G)$capital <- V(G)$capital - l*G[,i]}
default[[j]] = setdiff((1:33)[V(G)$capital < 0], unlist(default));
if( length( default[[j]] ) > 0) stop_ <- FALSE
```

```
}
```

当 sim 函数中的 drawimage 等于 T 时，代码会画出网络。正如我们之前所说，每个节点的颜色取决于违约时间。后违约的银行使用更浅的颜色，而没有违约的银行使用绿色。

```
if(drawimage) plot(G, layout = layout.kamada.kawai(G),
  edge.arrow.size=0.3, vertex.size = 12.5,
    vertex.color = node_color(V(G)$default, 4*length(default)),
      vertex.label.cex = .75)
```

接着，我们计算违约列表中崩溃银行的比例。

```
sum(V(G)$size[unlist(default)])/sum(V(G)$size)}
```

使用函数 sapply，我们可以对向量的每个成分运行同样的函数，并把结果集中到列表中。

```
result <- sapply(1:33, function(j) sim(G,j,LGD, FALSE))
```

最后，我们做一张条形图。这张图包含系统中每个银行的结果，使得我们可以判断系统重要性。

```
dev.new(width=15,height=10)
v <- barplot(result, names.arg = V(G)$name, cex.names = 0.5,
  ylim = c(0,1.1))
text(v, result, labels = paste(100*round(result, 2), "%", sep = ""),
  pos = 3, cex = 0.65)
```

13.4.3 结果

这个练习中的主要问题是：哪家银行是系统性重要的金融机构。运行完上一个小节讲的代码之后，我们得到了问题的精确答案。程序的运行总结了模拟的主要结果，随后图形出现。横轴是银行代号，而纵轴是银行系统受到个别风险冲击影响的比例。比如，在图 13-6 中，X3 处的 76%意味着，如果第 3 号银行由于个别冲击违约，作为传染的结果，整个系统的 76%会违约。有必要设定一个水平，高于该水平的银行可认为是系统性重要的。在这个例子里，很容易区分那些必须视为 SIFI 的机构和那些对系统影响微弱的机构。根据图 13-6 所示，10 家银行（代号为 3、7、12、13、15、18、19、21、24 和 28）可以视为是系统性重要的。

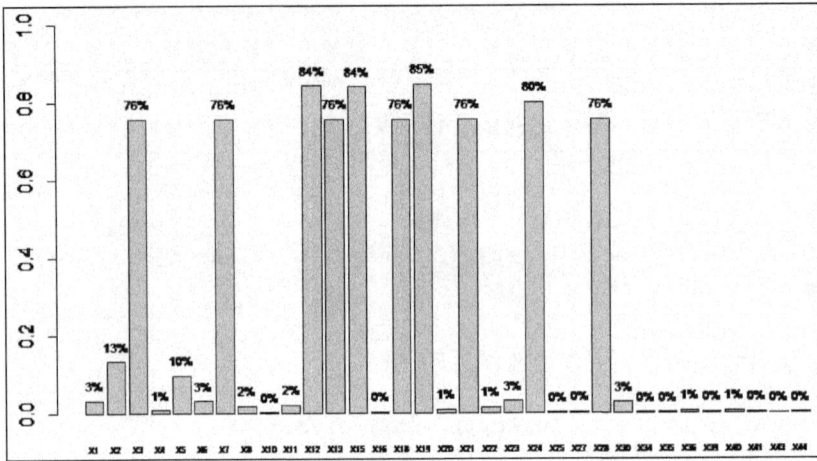

图 13-6 基于全部平衡表遭受个别冲击 *LGD*=0.65 影响的银行系统的比例

重要的是要注意到这个结果依赖于 LGD 参数，它可以在代码中设置。在第一次运行时，LGD 设置为 65%，但可以随着情形变化而有所不同。例如，如果 LGD 是 90%，结果会更坏。5 家银行（它们的代号是 2、8、11、16 和 20）在个别冲击的情形下，还会对银行系统产生显著的负效应。但是，使用更低的 LGD，结果会更温和些。例如，如果 LGD 水平设置为 30%，第 13 号银行会对银行系统产生最大影响。但是，如果把它与之前的例子相比较，这种效应则非常有限。在这种情形下，36% 的银行系统会违约。使用 30% 的 LGD 水平，仅有 4 家银行会对系统产生高于 10% 的影响（见图 13-7）。

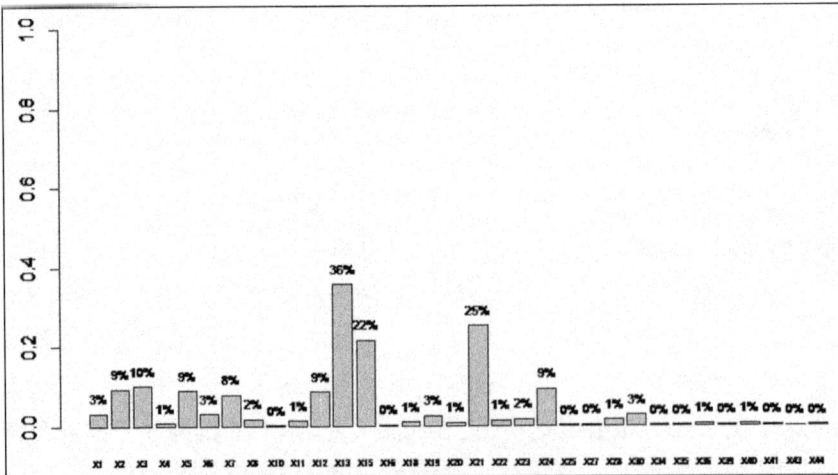

图 13-7 基于全部平衡表遭受个别冲击 *LGD*=0.3 影响的银行系统的比例

这个 R 代码还能向我们展示传染过程。运行 sim 函数，可以找出哪家银行会受到一家已检查的银行违约的直接影响，和哪些银行会在模拟的第二步、第三步以及随后步骤中受影响。例如，我们想知道如果 15 号银行违约接着会发生什么，在 R 的控制台写下如下命令：sim(*G*, 13, 0.65)，其中 *G* 是矩阵，13 是银行 15 的序数，65%是 LGD。结果，我们得到了图 13-8。引发传染的银行我们标记为红色，桔色是那些受到 15 号银行个体冲击的直接影响的机构。颜色越浅，银行受到影响越晚。最后，绿色节点的银行表示幸存者。在这个例子里，LGD 设为 65%。能看到 15 号银行的崩溃会直接导致 5 家银行的违约（代号为 8、18、20、21 和 36）。然后，随着这些银行的违约，更多的银行会损失它们的资本。最后，银行系统中超过 80%的部分会违约。

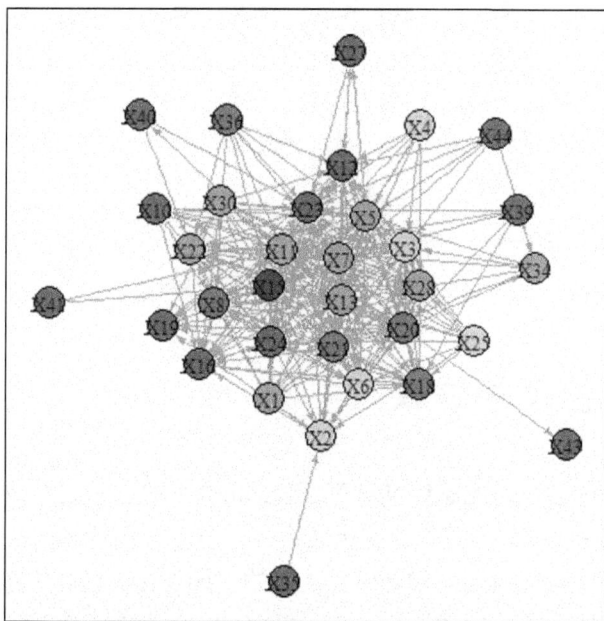

图 13-8　15 号银行违约之后的传染过程

必须强调，这种模拟方法的使用不仅需要考虑银行间的敞口，还需要考虑主要伙伴的规模以及它们的资本缓冲。因此，系统重要性也可以是伙伴资本不足的结果。或者相反，一家伙伴众多并借入资金的银行可能会对市场没有任何负面影响，因为它的直接伙伴拥有充足的资本缓冲。20 号银行是这方面的一个好例子。在核心-边缘分解中，它定义为核心。但是，当我们用 65%的 LGD 运行 sim 函数时，结果则相当不同。图 13-9 给出了在它发生个体冲击后，没有其他任何银行发生违约。

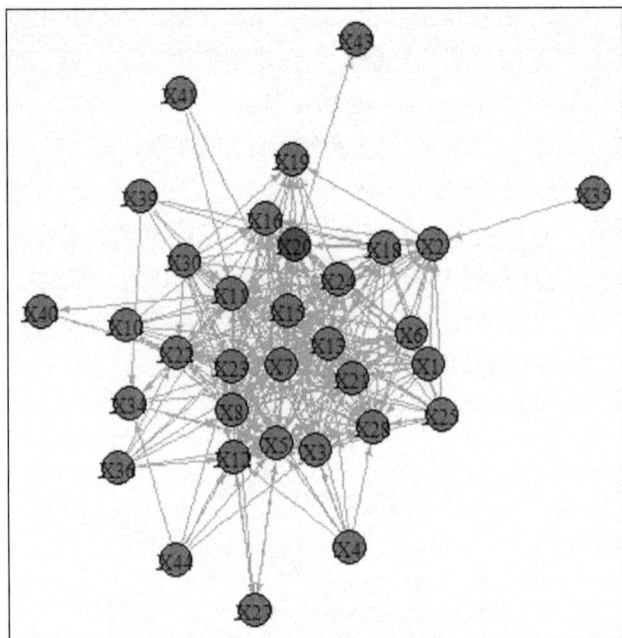

图 13-9　20 号银行违约之后的传染过程

13.5　可能的解释和建议

检查系统重要性的主要困难始终是需要处理的海量数据。从这个角度看，核心-边缘分解是一种相对容易的方法，因为我们仅仅需要银行间市场的银行敞口。尽管在许多情况下，这样也会产生一些困难，因为尚不知晓银行之间的直接连接。但在文献中，我们发现了填补这一缺陷的优秀解决方案，比如，Anand et al.（2014）的最小密度法。再或者，关于如何基于市场数据创建网络还有一些其他建议（例如，Billio et al., 2013）。

由于这两种方法之间存在差异，运算结果可能相互矛盾。我们向你提供一些如何解释结果的思路。核心-边缘分解仅仅关心一个市场。它默认，一家银行作为核心就意味着该银行在这个市场很重要。整体银行系统的重要性取决于这个市场的重要性。没有这个信息，我们只能说核心银行对这个市场的运作非常重要。

相反，模拟的方法直接关注银行系统的稳定性。结果，我们得到了那些可能触发严重危机的银行。但是，这并不意味着其他银行不会在银行间市场的运作时产生决定性影响。如果银行的伙伴资本化程度良好，那么该银行也许会冻结市场但不危及整个银行系统的稳定性。将眼光放得更长远，如果市场缺乏良好的功能，那么会导致无效的流动性管理。

13.6 小结

金融机构的系统重要性对监管当局和中央银行都是关键信息，因为维持金融系统的稳定是它们责无旁贷的义务。并且，这个信息对投资者也很重要，因为它有助于分散他们配置在金融板块的敞口。

在本章中，我们讲述了若干不同方法中的两种。这两种方法可以帮助识别金融机构的系统重要性，并且都是基于网络理论的工具。第一种方法仅仅关心每个机构在金融网络中的位置。第二种方法是一种模拟方法，考虑了银行资本头寸上的某些重要数据。接下来应该继续考虑这两种方法的结果，可以得到清晰的图景。

13.7 参考文献

- Anand, Kartik, Ben Craig and Goetz von Peter (2014): *Filling in the blanks:network structure and interbank contagion*, Discussion Paper Deutsche Bundesbank, No. 02/2014.

- Berlinger, E., M. Michaletzky and M. Szenes (2011): *A fedezetlen bankközi forintpiac hálózati dinamikájának vizsgálata a likviditási válság előtt és után(Network dynamics of unsecured interbank HUF markets before and after the liquidity crisis)*. Közgazdasági Szemle, Vol LVIII. No. 3.

- Billio, Monica, Mila Getmansky, Dale Gray, Andrew W. Lo, Robert C.Merton and Loriana Pelizzon: *Sovereign, Bank, and Insurance Credit Spreads: Connectedness and System Networks*, Mimeo, 2013.

- BIS (2011): *Global systemically important banks: assessment methodology and the additional loss absorbency requirement*, Rules text November 2011.

- Borgatti, Stephen, and Martin Everett (1999): *Models of core/periphery structures*, Social Networks 21.

- Bron, Coen and Kerbosch, Joep (1973): *Algorithm 457: finding all cliques of an undirected graph*, Communications of the ACM volume 16 (9): 575—577.

- Craig, Ben and Goetz von Peter (2010): *Interbank tiering and money center banks–BIS Working Papers No 322*, October 2010.

- Daróczi, Gergely, Michael Puhle, Edina Berlinger, Péter Csóka, Daniel Havran, Márton Michaletzky, Zsolt Tulassay, Kata Váradi, Agnes Vidovics-Dancs (2013): *Introduction to R for Quantitative Finance*, Packt Publishing (November 22, 2013).

- Eisenberg, L., Noe, T.H. (2001): *Systemic risk in financial systems.Management Science* 47 (2), 236—249.

- FSB, IMF, BIS (2009): *Guidance to Assess Systemic Importance of Financial Institutions, Markets, and Instrument: Initial Considerations–Background Paper, Report to the G-20 Finance Ministers and Central Bank Governors*,October 2009.

- Furfine, C.H. (2003): *Interbank exposures: quantifying the risk of contagion.Journal of Money, Credit, and Banking* 35 (1), 111—128.

- Iazzetta, I. and M. Manna, (2009): *The topology of the interbank market:developments in Italy since 1990*, Banca d'Italia Working Papers No. 711,May 2009.

欢迎来到异步社区！

异步社区的来历

异步社区（www.epubit.com.cn）是人民邮电出版社旗下 IT 专业图书旗舰社区，于 2015 年 8 月上线运营。

异步社区依托于人民邮电出版社 20 余年的 IT 专业优质出版资源和编辑策划团队，打造传统出版与电子出版和自出版结合、纸质书与电子书结合、传统印刷与 POD 按需印刷结合的出版平台，提供最新技术资讯，为作者和读者打造交流互动的平台。

社区里都有什么？

购买图书

我们出版的图书涵盖主流 IT 技术，在编程语言、Web 技术、数据科学等领域有众多经典畅销图书。社区现已上线图书 1000 余种，电子书 400 多种，部分新书实现纸书、电子书同步出版。我们还会定期发布新书书讯。

下载资源

社区内提供随书附赠的资源，如书中的案例或程序源代码。

另外，社区还提供了大量的免费电子书，只要注册成为社区用户就可以免费下载。

与作译者互动

很多图书的作译者已经入驻社区，您可以关注他们，咨询技术问题；可以阅读不断更新的技术文章，听作译者和编辑畅聊好书背后有趣的故事；还可以参与社区的作者访谈栏目，向您关注的作者提出采访题目。

灵活优惠的购书

您可以方便地下单购买纸质图书或电子图书，纸质图书直接从人民邮电出版社书库发货，电子书提供多种阅读格式。

对于重磅新书，社区提供预售和新书首发服务，用户可以第一时间买到心仪的新书。

用户帐户中的积分可以用于购书优惠。100 积分 =1 元，购买图书时，在   里填入可使用的积分数值，即可扣减相应金额。

纸电图书组合购买

社区独家提供纸质图书和电子书组合购买方式，价格优惠，一次购买，多种阅读选择。

社区里还可以做什么？

提交勘误

您可以在图书页面下方提交勘误，每条勘误被确认后可以获得100积分。热心勘误的读者还有机会参与书稿的审校和翻译工作。

写作

社区提供基于 Markdown 的写作环境，喜欢写作的您可以在此一试身手，在社区里分享您的技术心得和读书体会，更可以体验自出版的乐趣，轻松实现出版的梦想。

如果成为社区认证作译者，还可以享受异步社区提供的作者专享特色服务。

会议活动早知道

您可以掌握 IT 圈的技术会议资讯，更有机会免费获赠大会门票。

加入异步

扫描任意二维码都能找到我们：

| 异步社区 | 微信服务号 | 微信订阅号 | 官方微博 | QQ 群: 368449889 |

社区网址：www.epubit.com.cn

投稿 & 咨询：contact@epubit.com.cn